日本農業経営年報　No.10

産地再編が
示唆するもの

編集代表　八木 宏典
編集担当　佐藤　了
納口るり子

農林統計協会

日本農業経営年報の発刊に当たって

1）農業経営研究はもともと農業の発展の大きな基礎は農業者自身が高い能力をもち活力に溢れ，かつ幸福であることにあると考え，そこにいたる道筋を組みたてようとするものである。それはひと口に言って農業者の経済的，社会的自立と自立の道を探るものだと言っていい。

明治の先学横井時敬は一国の元気は中産の階級にありとして中産階級としての活力ある農民層の形成を期待した。しかし国益先行の農業政策は農民にその忠実な受け手たるべきことをのみ求め，その代償として保護の手を厚くした。勤勉な農民は育ったが自律的農民は育たず横井の先見性もカラ振りに終わった。

2）しかし時代は急激に変わった。農業を取り巻く内外の環境が大きく変化したのである。国も農業経営という個の重要さと力に注目せざるをえず農業経営の育成政策にたちむかわざるをえなくなった。農業政策としても大きな転換期を迎えたのである。

言うまでもなく農業経営政策は物流計画的政策とは基本的に異質であって発想そのものの転換を必要としよう。農業者の自主性を尊重し行政的画一性を排し活動の選択の幅を拡大できるように支援することこそ重要であって脇役に徹する政策姿勢が求められる。国もトップダウンの政策と並んで農業経営のボトムアップの政策体系とはいかなるものか。厳密にして具体的な検討を要する。

3）新しい時代の大涛が日本農業を呑みこもうとしている。一つは世界自由市場化の大涛でありそれに連動する日本農業の著しい構造的後退である。二つは食料の安定と安全および国土の保全の緊急性である。社会が一致してこれに立ち向かうべきことは当然であるが，そのためにはまず個が個としての自主と自律をしっかり持たなければどうにもならない。好むと好まざるとにかかわらずしっかりと自分を持たない者はながされる。農業者は自ら思考し自ら律し自らを恃む力を養うという大道をあゆむべき時である。そのための基本戦略を国と地方との連携をはかりながらその役割分担を明確にしつつ，農業者自身の顔と手で作り上げたい。日本農業経営年報はその一助となることを願うものである。

平成13年5月　編集代表　金沢夏樹

はじめに

日本国民は食料への関心が薄いと言われることがあるが，必ずしもそうとばかりも言えない。たとえば「食料の自給と輸入に関する意識」(内閣府) においては，1990 年代以降，食料の国内自給率が下がるほど「食料はできるだけ国内で作る」意識が上がり，2010 年 90%，2014 年 92% と，極限値に近づいていることに改めて注目される。この背景には，39% という自給率の低迷に加え，2000 年代に入るころから，BSE，口蹄疫，鶏インフルエンザ，食品の添加物や偽装，遺伝子組み換え食品の増加など，食のグローバル化を背景とした諸問題や諸事件が相次いでいること，2007，2008 年に主要穀物の価格が 3 倍強に急騰する国際食料危機の勃発とその後の高止まり傾向，2011 年の東日本大震災と福島第一原発の重大事故の影響などがあるだろう。

だが，個々人の日常の食行動はどうであろうか。仕事や生活に追われ，近場のスーパーで買うモノは安い輸入食品，調理済み食品，加工品。弁当や清涼飲料水をコンビニに頼る生活。これを「安近単 (安い，近い，簡単)」を求める食生活と言うのだそうだが (久田徳二，同編著『北海道農業の守り方』2015)，自分がそうでなくとも周辺の若い人などがこのパターンに陥っていると実感する人も少なくないだろう。この「安近単」食生活は自分の健康を破壊するばかりでなく，自分の命が何でできているか，都会の生活が地方で作る食や水や空気に支えられていることを分からなくする。あげくの果ては，自分が生物の一員であるという自覚を欠如させ，地球が命のつながりであることを実感できなくする。それは，効率優先で日本列島の大地や自然から離れた社会を作ってきた一つの帰結だ。

近年，確かに，何事もモノとカネと簡便さで判断する風潮が目立つ。だが，その一方，作り手と受け手の距離を縮め，関係をより確かなものにしようとする取り組みもある。とくに近年，鍛錬して極めた技や腕に惚れ込み，その作り手たちをリスペクトするグループがネットをも利用しながらそこかしこで展開し，様々な活動を繰り広げていることが報じられるようになった。その受け手としての消費市民たちは，まず生産の成果物に注目するが，次第に作り手である農の匠たちの技・腕，そして特定地域で自然と向き合うその心証にまで及ぼうとする。要するに，匠たちが自然の恵みを引き出す過程と成果を，驚きと共感をもって讃え，享受する主体たる市民たちの存在感が徐々に増していることに注目されるのである。そうだとすれば今度は，作り手や農産物産地側の人と組織がそれをどのように受け止めて自分達の力に転化していけるのかが問われてくることになる。

本書は，その表題を『産地再編が示唆するもの』とし，基本法農政の選択的拡大作目から，①野菜，②果樹，③酪農・肉用牛を取り上げ，とくに1990年代以降の産地再編の実相を浮かび上がらせることに注力したものである。1960年代から70年代に全国に形成されていった産地は，80年代以降，国民所得の一定の向上と安定を背景に，高品質・銘柄指向を強める消費者需要に応えるため，相次ぐ再編を積み重ねてきた。結果，農業経営から消費者に至る流通経路は，それまでの水平的なコーディネーションから垂直的なコーディネーションへの重心の移動が起きてきた。また，この時期は，円高の高進と農産物貿易の自由化による低価格攻勢が強まる一方，社会問題化した食の安全性や資源問題や環境問題に配慮せずには市場や消費者から評価が得られなくなり，さらには多くの担い手経営が自らの世代交代期に対処せざるを得なかった。産地は，こうした内外の変化を捉え，何よりもまず，①“おいしい・安心・安全な農産物・食品”を実現し，②それらを一定の低コストで生産して安定供給できる競争力やブランド力を身に付け，③自然資源・エネルギー資源問題や地球環境問題への社会的な責任に対応した環境保全型農業やその他の環境配慮などを実践し，④川下からの垂直的コーディネーションの強まりに対抗して，消費生活者などとの都市農村交流の実践や農業・農村からの情報発信に努めることが不可避であった。こうした4要件への対応の具体的な様相に接近することを執筆者共通の関心事とすることとした。

本書は『日本農業経営年報』第10号である。だが，前号の発刊から実に2年余を経過してしまった。責めはすべて編集担当者にある。読者ならびに関係者に衷心よりお詫び申し上げる。発刊の遅延は執筆者の業績発表の機会を遅らせ，ときに再調査・書き直しの労と多くの心労を重ねさせる。お詫びの申し上げようもない。

最後に，本書の編集にご協力いただいた木村伸男，津谷好人，梅本雅，木南章の各氏と，切れそうになる手綱を引き締めて刊行業務に携わってくれた農林統計協会の木村正氏に深くお礼を申し上げる。

平成 27 年 12 月 15 日

佐藤　了　納口るり子

目　次

序 章

佐藤　了

1．本年報「産地再編」のねらいと対象の限定

(1) 本年報「産地再編」のねらい

いま，日本の農業では，政治・経済・文化のグローバル化が進行する下で，戦後農業を支えてきた昭和ヒトケタ代のリタイアが決定的に進みつつある。こうした中で全国的には後退を余儀なくされる農産物の産地が少なくないが，首尾良く再編を進めて新たな発展軌道を拓きつつある産地も見られる。それらの産地を支え，押し上げた要因や条件はどのようなものなのか。本年報では，その具体的な様相をできるだけ多様な事例に焦点を当てて捉え，農業者および農産物の産地がイニシアティブを持ちながら産地を再編もしくは再構築していくには何が必要なのか，その要件を解明する手がかりを問いたい。

本年報は，このようなねらいから『産地再編が示唆するもの』に接近していくが，その場合，基本となる二つの用語を簡単に定義しておきたい。まず「産地」とは，あるまとまった量と質の農産物の生産や集積があり，市場や消費地の評価を得ている地域のことと捉えることとする。したがって産地たる地域では，農産物の生産から流通（の一部）を担う関係者たちが生産活動のみならず何らかのマーケティング活動を行い，産地の存続や発展に寄与しようとしていることが想定されることになる。その「再編」とは，産地の関係者自らが産地の存続・発展を図っていくために，産地内外に生じてくる条件変化に対して，生産経営の技術的な基盤や規模・組織の再編，および産地の販売諸組織等の構造や機能を再編していくことである。したがって「産地再編」とは，第一義的には特定産地における自己再編を指すことになる。その過程で，産地相互間に

は競争や協調による産地の移動，棲み分け，新形成など産地間再編が発生する。それも「産地再編」の一環と捉えられるが，本年報では，特定産地の自己再編，なかでも生産経営自身がどのような自己変革を図っていくかに焦点を当てて行きたい。

(2) 対象の限定

本年報では，取り上げる対象を 1961 年以降の基本法農政によって需要の拡大が見込まれ，選択的拡大の対象とされた作目，なかでも①野菜，②果樹，③酪農・肉用牛に絞ることにした。その意図は，この 3 作目がわが国の農産物・食料として重要であること，ならびに各作目に見られる需要動向や生産の基盤条件，経営や技術，産地の事情等の違いを把握することによって，産地再編の実相をできるだけ具体的かつ立体的に捉えていきたいと考えたことにある。もっとも，稲作や普通畑作の産地は固より，サトウキビやシュガービート，こんにゃくいもなどの工芸作目や茶業，さらには鶏卵業やブロイラーや地鶏飼育等の養鶏も取り上げるべき対象かも知れない。準備過程ではそれぞれを対象とする可能性も検討したが，あえて上述の 3 作目に限定したのは主として編集担当者の能力限界と紙幅の制約による。

本年報では，分析対象の期間を 1990 年前後から現在に至る約 20 年間とした。以下では，産地をとりまく内外の環境変化を大まかに概観していくが，それは同時にこの対象期間において産地再編を問う本年報の意義を考察することにもなるであろう。

2．産地をとりまく環境変化

(1) 1980 年代までの環境変化の概要

1960 年代から 70 年代にかけて，旧基本法の選択的拡大政策を背景に，農産物需要拡大に対応して全国に形成されていった青果物，果樹，畜産など農産物の産地は，80 年代以降，国民所得の一定の向上と安定を背景に，高品質・銘柄指向を強める消費者需要に応えるため，相次ぐ技術革新に対応し，商品・製品の多様化と市場の細分化に応えようと再編を積み重ねてきた。とくに80年代以降，スーパーマーケット等小売産業の強大化をテコとして小売主導の流通システム化が進み，川上に位置する産地への要求も激しさを増し，商品の希少性・品揃え・ロットを含む店舗間競争アイテムの調達など，農業経営から消費者に至る流通経路は，それまでの水平的なコーディネーションから垂直的なコーディネーションへの重心の移動が決定的となってきた。また，1980年代半ばからは，農産物の輸入が増加，食材調達の海外シフトが激しくなってきた。その条件変化は巨大かつ急速であった。85年のプラザ合意，86年の前川レポートと中曽根内閣の対米（レーガン政権）約束による内需主導型への切り替え，日米経済構造調整会議の設定，GATT多角的ラウンド開始の宣言，88年オレンジ果汁，90年リンゴ果汁，91年牛肉・オレンジ等の自由化，93年コメの部分開放等，日本の国境措置は矢継ぎ早に取り払われて農産物貿易の自由化が進められることとなった。

(2) 1990年代以降の動向

本年報の分析対象期間の動向を概観しておこう。

表序-1は，1990年から2010年までのわが国の食料自給率，農家数および農業産出額の推移を見たものであるが，まず自給率の変化に注目しよう。2015年，わが国の政府は食料自給率目標（供給熱料ベース）を50%から45%に引き下げたが，1990年時点で自給率はなお48%であった。それを支えた品目としては，米の100%に加えて牛乳・乳製品78%，肉類69%などで，さらに野菜，果実も9割以上の自給率を維持していた。

だが，それは95年までにいきなり5ポイント下落した。品目別にみると，肉類が5年間に12ポイント下落して57%に，さらには果実がなんと50%下落して49%になった。この間，牛肉や果実の貿易自由化に踏み切られたことは上述した通りだが，その影響たるや凄まじいというほかない。自給率は1990年代後半の5年間にさらに3%下落したが，この時期，品目別に最も目立つ変化は米自給率の落ち込みで，ここには1995年発足したWTO下のミニ

表序 -1　わが国の食料自給率，農家数及び農業産出額の推移

		1990	1995	2000	2005	2010 年
食料自給率（供給熱量ベース，%）		48	43	40	40	39
品目別	米	100	104	95	95	98
	野　菜	91	85	82	79	77
	果　実	99	49	44	41	34
	小　麦	15	7	11	14	8
	大　豆	5	2	5	5	6
	牛乳・乳製品	78	72	68	68	67
	鶏　卵	98	96	96	94	96
	肉　類	69	57	52	54	56
飼料自給率		26	26	26	25	25
主食用穀物自給率		75	65	60	61	59
総農家数（1,000 戸）		3,835	3,444	3,120	2,848	2,528
自給的農家数注		864	792	783	885	897
販売農家数		2,971	2,651	2,337	1,963	1,631
米販売 1 位		1,717	1,613	1,357	1,056	881
野菜	施　設	181	179	160	146	131
	露　地	…	366	439	676	591
果　実		531	489	330	277	242
畜　産		346	247	157	122	97
農業産出額総額（兆円）		11.7	10.4	9.1	8.5	8.1
品目別	米	3.2	3.2	2.3	1.9	1.6
	野　菜	2.6	2.4	2.1	2.0	2.2
	果　実	1.0	0.9	0.8	0.7	0.7
	畜　産	3.1	2.5	2.5	2.5	2.6
	そ の 他	1.5	1.4	1.4	1.3	1.0

資料：農林水産省「食料需給表」「農林業センサス」「生産農業所得統計各年版」等。
注：自給的農家とは「経営耕地面積 30a 未満かつ販売額 50 万円未満の農家」，販売農家とは「同 30a 以上または同 50 万円以上の農家」。

マム・アクセス米等の輸入で自給体制が崩れたことが現れている。その後，2000 年代に入って食料自給率は横ばいにも見えるが，品目別にみると果実の落ち込みのテンポが大きく，また，主食用穀物自給率の後退にも歯止めが掛かっていないことが分かる。

次に農家数の推移をみると，この間，総農家数は 383 万 5,000 戸から 252 万 8,000 戸に 130 万戸強，34% が減少し，とくに販売農家数の減少が顕著である反面，自給的農家（経営耕地 30a 未満かつ販売額 50 万円未満）の数が 1990 年を 100 とすると，95 年 92，00 年 91，05 年 102，10 年 104 と 2000 年代に入る頃

からその実数は増加してさえいる。販売農家数の減少が大きかったのは，1990年（野菜はデータの関係で95年）を100として2010年の数字で見ると，畜産(28)，果実（46)，米販売1位（51）などであり，逆に野菜の販売戸数は161と施設野菜農家の減少傾向を露地野菜農家の増加で相殺して全体として増加する傾向にある。

一方，農業総産出額の推移をみると，1990年11.5兆円から2010年の8.1兆円まで7割程度に減少し，90年を100とすると，10年には米が50，野菜が85，果実70，畜産84と各品目も軒並み大きくダウンサイジングし，その縮小傾向に歯止めが掛かる兆候は見られない。

ちなみに，以上の数値から1戸当たり農業産出額（各品目総額／販売農家数）を概算してみると，同期間，畜産は3倍（899万円→2,680万円)，果実は1.5倍（188万円→289万円）と拡大しているが，これに対して米は0.98倍（186万円→182万円)，野菜は0.64倍（477万円→305万円）と，現状維持ないしは縮小化する傾向にある。

以上のように，この間，農業・農村では，①全体的には農家戸数も農業産出額も縮小傾向にあり，とくに販売農家数の減少が目立つ一方，②自給的農家数が維持される傾向，さらには③例外的に露地野菜の販売農家数は増加しているが，野菜販売農家全体としては1戸当たりの算出額は縮小している，などが認められた。要するに全体的な縮小傾向，自給的農家の堅固な維持傾向の一方で，畜産の三倍化など経営の大規模化傾向への分化・分解が見て取れる。一言でいえば，わが国の農業は，1990年代以降，耕種農業を中心に農業恐慌的な状況に直面しているのである。

以上では量的な変化を中心に見たが，もうひとつ重視すべきは，この間に食品の偽装問題や残留農薬問題，口蹄疫問題，狂牛病BSE問題，鳥インフルエンザ問題などが頻発して社会に衝撃を与え，それをキッカケに，食品・農産物商品の質的な側面への人々の注目度合が急速に大きくなってきたことであろう。さらに，7，80年代以降深まりを見せる資源問題や環境問題への注目と相まって，人々は，食べ物の安全と安心を求めて食品の加工製造工程，農産物の作り方，ひいてはそれが作られる自然資源や自然環境のあり方にまで知識と関心を拡げるようになってきた。こうしたことにも，産地再編という本年報の観点から十分に注意を払っていく必要がある。

3．産地再編を問う意義と主要な論点

(1) 産地再編を問う意義

以上のように見てくると，貿易自由化の影響や小売などの強大化などによって市場条件が産地側にヨリ厳しく働き，川下からの垂直的コーディネーションの力が大きくなる中で，農業者や産地がイニシアティブを持って産地を再編もしくは再構築していくことは決して容易なことではないと改めて知らされる。だが，産地再編を遂げてきたところでは，そうした幾多の困難に直面しながらも，諸変化に対応して部分的にせよ困難を打ち破って今日の姿に到達して持続的な展望を切り開いているものと考えられる。そうであるとすれば，その実践課程の中には他産地や他経営にとってヒントになる「何か」が含まれているのではないか。素朴な言い方ではあるが，その「何か」を探求するのが本年報において産地再編を問う本来の意義であると思う。

それは，大略，次の3点にわたって点検していくべきであろうと思われる。一つは，上述のようにこの時期は，円高の高進とともに，農産物貿易の自由化により重要品目への低価格攻勢が強まってきたのであり，低価格な輸入農産物などにいかに対処していったかに注目される。二つは，この時期が食の安全性や資源問題や環境問題への対処が厳しく問われ，かつて需要拡大の産地形成期には生産諸資源・諸資材を多投入して生産増加を図った産地においても，安全性や省資源，環境保全に配慮せずには市場や消費者からの評価が得られないという事情が強まってきたのだが，この質的な側面にどのように対処してきたかである。さらに三つは，かつて1960年代から80年代までの各作目の需要拡大期に育成された各産地の担い手経営の多くは家族労働力を主体とする家族経営であったが，この時期，多くの担い手経営が迎えることになったであろう世代交代期にどのように対処してきたのかという点である。

(2) 主要な論点

わが国の「産地」とは，高度経済成長期以降，膨張する都市住民の需要に応えるために，旧基本法の選択的拡大政策を背景に作られた「同一品目を生産する家族経営の地域的集積と農協等を中心とした共同販売組織の形成」を意味していたように思われる。第1の論点は，その産地の包括的な姿がどう変容し，多様化してきたのかである。この点に関しては，たとえば「大規模な生産法人は一つの産地として認識されるようになっている」，「加工流通業者と生産法人や家族経営との垂直的な取引関係も産地として認識されるようになっている」などという見方や，「直売所を中心とした多品目生産の零細家族経営の地域的集積」も産地の姿の一つと捉えることができる，という見方まで現れている。また，「ブランド」概念等との関連で産地概念を拡充するか変更する必要性や妥当性についても，視野に入れておく必要がある。概して言えば，以下では，野菜，果樹，畜産（乳牛・肉牛）の主要作目のいくつかの産地事例に限ってではあるが，主産地化，特産地化，特定経営化，多品目複合産地化などの方向に多様化が進んだ産地の今日の姿を描き出していくことに手掛かりが得られるかどうかということになる。

第2の論点は，産地再編の諸要因をどのように把握するかである。産地とその再編について模式的にとらえると，図序-1に示すようにいくつかの要素から複合的に構成されている。すなわち産地再編とは，市場・消費地の形成と変容を起点として，輸入や他産地の動向，自産地の基盤となる経営諸要素の賦存・調達構造などを考慮に入れながら，産地自らがマーケティング，技術革新，経営継承の単位たり得るように，①市場対応・販売組織，②技術革新対応，③担い手経営にわたって産地内部の構造と機能の組み替えに挑戦していくものと想定される。とくに，本書が経営年報であることにもいささか関連しているが，産地の構成農家や農業法人の経営主体が上述の諸点にわたっていかに自己革新を図り，必要な収益を確保して次世代につないでいくかを事例分析における共通的な関心事項として接近を試みることとした。

この間の内外の諸条件の変化を念頭に置くとき，産地再編には，次の4つの

図序 -1　産地再編の構成要素

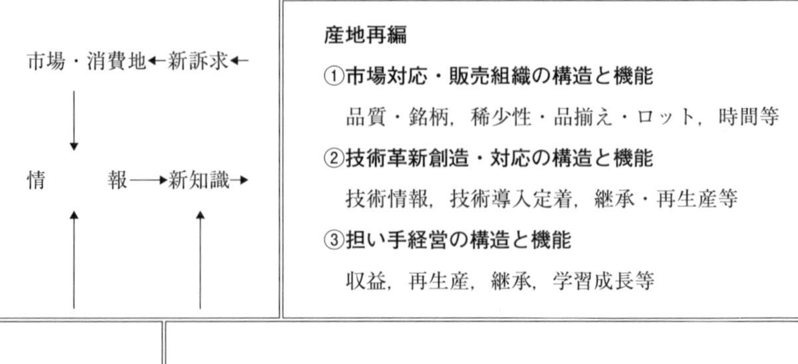

要件への対応が必要であったのではないかと考えられる。それは，①“おいしい・安心・安全な農産物・食品”であること，②そうした農産物・食品を一定の低コストで生産して安定供給できる競争力やブランド力があること，③自然資源・エネルギー資源問題や地球環境問題への社会的な責任に対応した環境保全型農業や環境配慮などを実践すること，④川下からの垂直的コーディネーションの強まりの中で消費生活者などとの都市農村交流を実践し，農業・農村からの情報発信に努めることの4点である。本年報ではそれぞれの事例に則してこうした4要件への対応の有無や内容を確認し，その具体的な様相を浮かび上がらせていくことに努めたい。そこから，この間，産地を再編・存続させてきたメカニズムあるいはストーリーの「何か」が見出されてきて，産地再編の今後のあり方への示唆につながっていくと確信するからである。

ある農産物の輸入が拡がり，競争が強化されてくると，その農産物の価格が下落し，該当する産地や生産者の“コスト合理性”が問われることになる。だが，いうまでもなく農産物・食品は，価格云々以前に人間の生命活動そのものに直接的に関わるものである。この間，幾多の事件や問題噴出に直面させられてきた世界の消費生活者とりわけ世界最大級の輸入国である日本の消費生活者は，農産物商品の質的な側面への関心を強めざるを得ず，その安全・安心，さらにはおいしさなどを問うことにつながってきた。こうした事態の進行の下での産地再編とは，上述の“コスト合理性”に対比させて言うと“使用価値の合理性”の確保を根源とし，その上で価格やコストにも配慮するマーケティング，技術革新，経営の自己革新などをテコにした産地の自己革新に取り組む姿に他ならないのではなかろうか。敢えて言えば，上述の①③④という農産物商品の質への取組を通じて消費者に訴求し，農業・農村への理解・支持を得ることを志向する，いわば生産者と消費者の関係性を再定義しようとする動きがこの間のわが国の産地再編を稼働させてきた原動力であったのではないだろうか。その上で，「一定ロットの均質な農産物商品を定時に低価格で」という川下からの要求に応え得た産地もあるだろうし，その条件が整わずに，より小規模・小範囲の対応に留まったところもあるだろう。以下では，その双方に留意して産地再編の実相を描き出していくことになろう。

なお，以上のほか，流通過程の多様化と垂直的コーディネーションの強まりに応じて「農協共販」を典型としてきた産地の販売組織の変容，生産経営のメンバーシップ組織でもある「生産部会組織」の再編問題，さらには販売・流通の都合からいわゆるリレー産地の形成なども産地再編の焦点の一つであることは間違いないが，本年報ではこれらに関する事例検討を意図的には取り上げられなかった。

4．構成の概要

以下，各部の構成概要は次のとおりである。Ⅰ部は野菜編，Ⅱ部は果樹編，Ⅲ部は酪農・肉用牛編とし，各部には，作目ごとの産地再編の特徴と統計的な動向分析を加えて概観するとともに，各部ともいくつかの典型的な産地再編事例の考察を配置し，各部ごとにまとめを執筆願うこととした。その上で，終章において作目ごとの産地再編の特色を踏まえ，一定の総括を与えることとした。

参考文献

〔1〕武部隆「第10章 産地論」長憲次編『農業経営研究の課題と方向』農林統計協会，1993年，pp.246-262.
〔2〕大泉一貫「地域農業の組織と管理：産地形成論的接近」農林業問題研究学会編『地域農林経済研究の課題と方法』富民協会，1999年，pp.201-236.
＜以上，「産地論」レビュー文献＞
〔3〕香月敏孝「野菜作農業の展開過程 ―産地形成から再編へ―」農業政策研叢書，2005年3月。
〔4〕西井賢悟「信頼型マネジメントによる農協生産部会の革新」大学教育出版，2006年。
〔5〕澤浦彰治「農業で利益を出し続ける7つのルール」ダイヤモンド社，2010年。
〔6〕嶋崎秀樹「儲かる農業」竹書房，2009年。

第Ⅰ部　野菜作産地の再編

第１章　野菜作産地の特質，分析対象産地の選定

納口　るり子

第Ⅰ部では，2013年における全国の農業総産出額8.5兆円の27%，2.3兆円を占める野菜を対象に，産地化とその実態について取り上げる。日本農業において野菜は畜産（32%，2.7兆円）に次ぐ産出額となっており，米（21%，1.8兆円）を上回っている[1)]。

まず第２章では，野菜作産地を巡る状況についてポイントを整理したうえで，野菜生産に関する統計を用いて，全国的な動向と露地・施設別，産地別，県別，品種別の生産動向の推移を述べる。また，野菜作産地の動向について重要な要素である，指定産地と集出荷組織について農林水産省の統計や調査報告を用いて考察する。集出荷組織としては，総合農協のシェアが高く，2005年で58%を占める。また，経年的に総合農協のシェアが高まってきている。さらに，小売店・外食向けへの直接販売が増加するのに伴い，集出荷組織が加工施設を保有し，パッケージングや漬物加工，カット処理などに取り組んでいることが述べられている。特に全国に対する地域別シェアが増加している地域としては，大消費地を抱える関東地域が1985年以降約30%のシェアを維持していることと，北海道と九州・沖縄のシェアが高まってきていることが述べられている。

この地域動向を踏まえて，第３章〔1〕から〔4〕の野菜作産地事例を，北海道，千葉県，群馬県，鹿児島県に選定して紹介し分析する。都市近郊である関東の産地と，北海道・九州という遠隔産地である。また，集出荷組織として総合農協のシェアが高いことに鑑みて，取り上げる産地は任意の出荷組合や大規模な農業法人ではなく，農協を単位とすることにした。北海道，群馬県，千葉

県の事例は単位農協の取り組みであるが，鹿児島県は経済連の事例である。また，複数野菜が作付けられている産地（北海道，千葉県，鹿児島県）と，キャベツ専作地帯である群馬県嬬恋村を取り上げている。さらに，千葉県と群馬県は古くからの野菜産地であるのに対して，北海道と鹿児島県は，水田転作で野菜が導入された，比較的新しい産地である。

各事例では，以下の諸点に配慮して分析を行う。すなわち，生産作目，産地の気象的特徴，産地化の年代，販売方法の特徴，生産技術の特徴，生産者の特徴，産地の課題などについて論述し，対照的な諸点を持つ各産地を相対的に比較することにより，日本全体の野菜作産地の現状を描き，今後の展開方向を示したい。

注

1）農林水産省「平成 25 年生産農業所得統計」による。

第２章　野菜作産地の動向

宮入　隆

１．はじめに

わが国において，野菜生産は高度経済成長期の1960年代より，需要の増大に合わせて急速に商品生産が進展した。当時は全般的に消費者物価の上昇がみられるようになったが，なかでも野菜の価格は最も激しい上昇をみせ，また，年により大幅な変動を繰り返していた。野菜は生活必需品として消費者の関心も高く，価格の高騰はしばしば新聞等マスコミでも取り上げられ，社会問題の一つとなっていった[1)]。

野菜価格の高騰の要因は，基本的に需要の増大に対して，供給側が十分に対応できなかったことにある。大都市の形成によって大幅に需要が拡大した一方，供給側では，従来，野菜供給を担っていた都市近郊の産地が都市の拡大とともに衰退し，供給力を低下させた。しかし，それに代わる新しい産地の育成や流通体制の整備は遅れていた。また，産地サイドでも個人出荷の割合が高く，集出荷施設の整備など大型需要に対応した集出荷体制の確立も求められていた。

このような需給状況のもとで，価格安定という物価対策の側面と，流通近代化に対応した産地育成のため，1966年に制定されたのが野菜生産出荷安定法（以下「野菜法」）である。同法は，「主要な野菜についての当該生産地域における生産及び出荷の安定等を図り，もって野菜農業の健全な発展と国民消費生活の安定に資すること（第１条）」を目的としており，消費上重要な野菜（指定野菜）を中心に指定産地制度を柱として野菜産地の育成が進められることとなった。それにより1960年代後半以降，指定産地制度と卸売市場制度が両輪となって，野菜の生産と流通の近代化が推し進められてきたのである。また，

1970年代に入ると米の生産調整の開始とともに，多くの稲作地域で野菜作が複合部門として導入されたが，そこでは指定産地の運営主体となった農協を中心に産地形成が推進されていった。

以上の経過を踏まえ，我が国の野菜生産および産地形成の特徴は以下のように整理できる[2)]。第1に，高度経済成長期以降に生産と流通の広域化・大型化が促進されてきたこと，第2に，従来の近郊産地から遠隔産地への立地移動が展開し，同時に遠隔産地を中心に特定品目への生産が集中し，需要に合わせた周年供給体制を整えるなかで，特定地域のシェアの拡大が進展したこと，そして，第3に，農協共販が産地形成の主要な担い手となってきたことである。

1980年代中頃にピークを迎えるまで国内産地による野菜供給は増加傾向を示したが，それ以降，生産過剰傾向から産地間競争が激化し，さらに，担い手の高齢化や後継者不足による労働力不足を主な要因として供給力も減退していった。他方で，1990年代以降，生鮮野菜などの輸入が急増し，野菜価格も低迷していくこととなった。その結果として，品目別自給率では90%以上を維持していた野菜も，2000年には81%まで低下し，現在まで同水準で推移している。

このようななかで1990年代後半以降，産地の維持を図りつつ，産地再編が進められてきたということができるが，同時に，消費・流通面での環境変化もそれを促した。その第1の要因が，スーパーを中心とする大規模小売業主導による流通再編である。先述のとおり，野菜産地形成およびその広域化・大型化は，卸売市場流通の整備とともに進展をみてきた。卸売市場において流通する主要生鮮品のうち，果実や水産物と比べ，野菜の市場経由率は2010年度で73.0%と高いが（果実は45.0%，水産物は56.0%），1990年代前半には80%後半であったことから，近年になって10ポイント以上も低下したことが分かる。このような市場経由率の低下は，卸売市場の価格形成機能を必要としない輸入品の増加とともに，大規模小売業者など小売店が産地との契約取引により直接仕入れを行う，いわゆる流通多元化を主な要因としている。小売業者が直接仕入れへの傾斜を強めるということは，産地運営主体としての系統農協組織にも，小分け・パッケージ機能などの体制整備を求めることになる。これらは単に，品目変更や生産規模の問題として生じる産地再編だけではなく，機能面にかかる産地体制の再編が要請されていることを示している。

第2の要因は，食の外部化を受けて，食品製造業や外食産業に向けても供給される加工・業務用需要の増加である。農林水産省の資料によれば，野菜需要のうち加工・業務用需要への仕向け量割合は，全体の6割程度であると推計されている[3)]。総体として野菜需要が低下し，輸入野菜の多くが加工・業務用需要に仕向けられていることからも，加工・業務用需要への対応は国内産地の重要な対応課題であるといえる。

本稿では，これらの状況を念頭に，はじめに野菜生産の動向を概観し，全般的な生産縮小のもとで，地域別シェアおよび品目別にみた都道県シェアにおいていかなる変化が生じているのか，近年の特徴を明らかにする。続いて，青果物集出荷機構調査報告を中心に，産地運営の主たる担い手である農協を中心に野菜産地再編の具体的特徴を明らかにする。

2．野菜生産の動向

図Ⅰ-2-1のとおり，野菜生産は1980年代中頃をピークに，それ以降は一貫して低下傾向を示してきた。主要野菜の作付面積は，1990年代中頃まで60万haを超えていたが，2000年には約53万haと10万haの減少となり，近年は微減傾向で推移している。1980年代中頃までは，作付面積は減少したとしても，単収水準の向上や，商品化率（出荷量／収穫量）の上昇もあって供給量自体は増加したが，1990年代は作付面積の減少が，そのまま収穫量・出荷量の減少に結びついているということができる。

表Ⅰ-2-1では，2000年以降の野菜農家数の動向を示した。この10年間に露地栽培，施設栽培でそれぞれ8.0万戸（－17.7％），2.8万戸（－17.8％）と，ともに2割弱の減少となっている。露地野菜においては多少1戸当たりの平均作付面積の拡大がみられるものの，担い手の減少がそのまま国内供給力の減退に繋がっていると考えられる。さらに表Ⅰ-2-2では，露地栽培について作付面積規模別の農家数の推移を示した。まず，2000〜2010年の増減率をみると，

図Ⅰ-2-1　野菜生産の推移［全国］

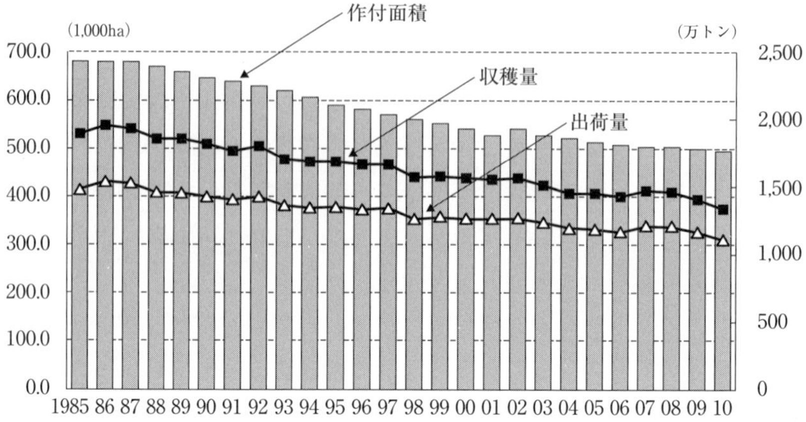
作付面積
(1,000ha)
(万トン)
収穫量
出荷量
700.0
600.0
500.0
400.0
300.0
200.0
100.0
0.0
2,500
2,000
1,500
1,000
500
0
1985 86 87 88 89 90 91 92 93 94 95 96 97 98 99 00 01 02 03 04 05 06 07 08 09 10
資料：農水省「野菜生産出荷統計」より作成

表Ⅰ-2-1　販売目的で作付した野菜の販売農家数と作付面積

	露地			施設		
	農家数（1000戸）	作付面積（ha）	1戸当たり面積（ha／戸）	農家数（1000戸）	作付面積（ha）	1戸あたり面積（a／戸）
2000年	449.9	528,200	1.2	159.9	41,755	26
2005年	435.0	563,200	1.3	146.1	38,264	26
2010年	370.3	547,900	1.5	131.4	32,909	25

資料：農水省「農林業センサス」より作成

2.0ha以上の農家数を除けば，すべての階層において2割前後の減少となっていることが分かる。結果として，2010年においても依然として30a未満まで農家数が58.0%を占めており，中大規模層のシェア拡大という傾向も見られない。つまり，広域化・大型化が実現した現在の市場環境において，野菜で販売力を高めようとすれば，今日でも組織的に生産力を高め，共同販売により価値を実現していく産地という枠組みで商品化を進めていく必要があるということができる。

図Ⅰ-2-2により，野菜の産出額の推移をみると，1990年代初頭にピークを迎え，その後減少に転じ，2000年代は停滞傾向を示している。他方で，米を

表Ⅰ-2-2　販売目的で作付した野菜（露地）の作付面積規模別農家数

単位：1000戸,（%）

	2000年	2005年	2010年	2000〜2010 増減率
0.1ha未満	106.6（23.7）	122.9（28.3）	83.3（22.5）	-21.8
0.1〜0.3ha	157.9（35.1）	157.0（36.1）	131.4（35.5）	-16.8
0.3〜0.5ha	63.5（14.1）	52.1（12.0）	53.8（14.5）	-15.3
0.5〜1.0ha	59.4（13.2）	48.2（11.1）	48.0（13.0）	-19.2
1.0〜1.5ha	23.4（5.2）	19.5（4.5）	19.4（5.2）	-17.1
1.5〜2.0ha	12.1（2.7）	10.0（2.3）	9.4（2.5）	-22.4
2.0ha以上	27.0（6.0）	25.2（5.8）	24.9（6.7）	-7.6
総計	449.9（100.0）	435.0（100.0）	370.3（100.0）	

資料：農林水産省「農林業センサス」より作成

図Ⅰ-2-2　野菜産出額の推移［1985年〜2009年］

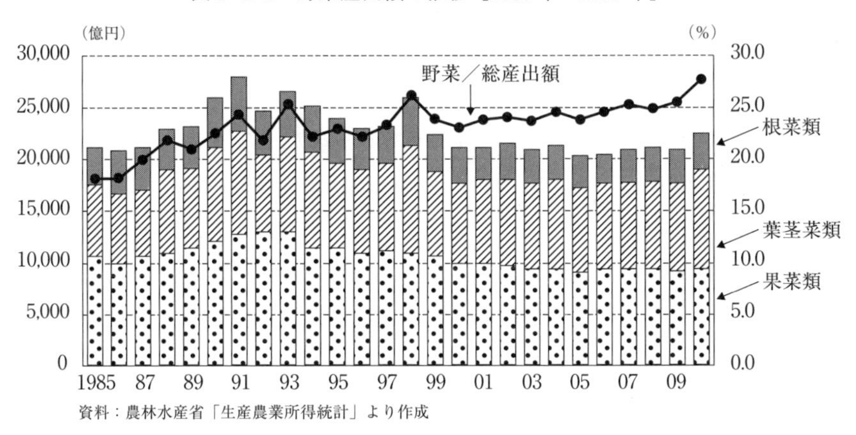

資料：農林水産省「生産農業所得統計」より作成

中心に他の部門の減少がそれ以上に高いことから，野菜の農業産出額におけるシェアは拡大してきた。2010年現在，農業産出額に占める割合は27.7%で，米（19.1%）を引き離し，畜産に次いで大きな割合を占めている。農業生産の全般的な縮小のもとで，産出額の面からは，農業における野菜作の重要度は増しているということができる。

3．地域別・品目別動向 ―野菜生産の集中化傾向―

まず，図Ⅰ-2-3により産出額から地域別動向を確認すると，高度経済成長期以前から野菜生産が盛んで，大消費地地域を抱える関東地域は一貫して30％前後と一定のシェアを維持しているが，他方で南北に長い我が国において両端に位置する主要農業地域，北海道，九州がシェアを高めている。その他の地域では，もともとシェアの低い北陸，近畿・中国地方のほか，東山地域や東海地域，四国地域など，それぞれ長野県や愛知県，高知県など先進的な野菜産地を含む地域は微減傾向である。これらのことから，遠隔地化を伴いながら，特定の地域へと集中が進んでいることがみてとれる。

さらに，表Ⅰ-2-3では，1990年以降の野菜産出額の上位10県の推移を示したが，ここでも上位5県・10県のシェアがともに上昇しており，都道府県別にみても，野菜生産の集中化は明らかである。また，この10年間の特徴としては，都市近郊産地からより遠隔地へと野菜産地が移動してきたことを象徴するように，1960年代より一貫して首位であった千葉県から，2000年後半以降は北海道が1位となり現在に至っていることである。とくに北海道では，テンサイ等の畑作物が減少し，畑作地域においても広く野菜の導入が進んだことにより，実額としても野菜の産出額が上昇傾向を示している。

図Ⅰ-2-3　野菜産出額の地域別シェアの推移

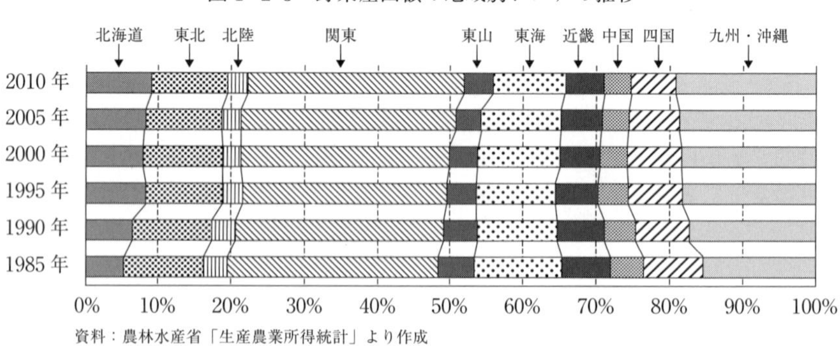

資料：農林水産省「生産農業所得統計」より作成

表Ⅰ-2-3　野菜産出額における上位都道府県シェアの推移

単位：億円（%）

	1990年		2000年		2010年	
全国計		24,542（100.0）		21,195（100.0）		22,485（100.0）
1位	千葉	1,830（7.5）	千葉	1,763（8.3）	北海道	2,032（9.0）
2位	茨城	1,758（7.2）	北海道	1,656（7.8）	茨城	1,743（7.8）
3位	北海道	1,574（6.4）	茨城	1,394（6.6）	千葉	1,676（7.5）
4位	愛知	1,215（5.0）	愛知	1,120（5.3）	愛知	1,114（5.0）
5位	埼玉	1,131（4.6）	熊本	1,039（4.9）	熊本	1,113（4.9）
6位	熊本	1,105（4.5）	群馬	845（4.0）	埼玉	1,057（4.7）
7位	群馬	956（3.9）	埼玉	827（3.9）	群馬	904（4.0）
8位	長野	898（3.7）	静岡	729（3.4）	栃木	789（3.5）
9位	静岡	892（3.6）	長野	717（3.4）	長野	785（3.5）
10位	宮崎	783（3.2）	福岡	663（3.1）	福岡	750（3.3）
上位5県		7,508（30.6）		6,972（32.9）		7,678（34.1）
上位10県		12,142（49.5）		10,753（50.7）		11,963（53.2）

資料：農林水産省「生産農業所得統計」より作成

次に主要野菜（指定野菜）14品目について，品目別に1990年と2010年の主産県の出荷量シェアの変化を表Ⅰ-2-4によって確認する。なお，この表では上位3位までの主産県シェアを高い品目順に並べている。2010年現在で最も主産県シェアが高いのは，ばれいしょ（91.4%），たまねぎ（81.5%）で，これらは80%以上が3県によって占められており，50%以上のシェアのものは，14品目のうち6品目におよぶ。

上位県のシェアが低い品目（なす，きゅうり，トマト）は，いずれも果菜類である。これらは全国各地で作付できるが，個別経営での規模拡大は困難であるとともに，野菜の中でも日持ちが悪いという商品特性が強く，産地が分散することで周年供給が実現している品目である。実際に，トマトやキュウリは，それぞれ148産地，136産地と指定産地数の最も多い品目となっている。それに対し，主産県のシェアが高いばれいしょや玉ねぎは相対的に貯蔵性が高く，北海道等の畑作地域で収穫機の導入など大規模化による生産コストの低減が実現しやすい品目である。

また，1990年と2010年の主産県シェアを比較すると，14品目のうち，ピーマン，さといも，ねぎを除く品目においては，主産県のシェアが高まっていることが分かる。とくにたまねぎ，なすでは10ポイント以上の上昇となってい

表Ⅰ-2-4　品目別主産県シェア［1990年・2009年］

単位：千t、%

	1990年					2010年				
	全国 出荷量	シェア				全国 出荷量	シェア			
		1位	2位	3位	3県計		1位	2位	3位	3県計
ばれいしょ	2,746	北海道 82.9	長崎 5.1	鹿児島 1.9	89.9	1,864	北海道 83.1	長崎 4.5	鹿児島 3.8	91.4
たまねぎ	1,121	北海道 48.4	兵庫 14.2	佐賀 7.8	70.4	915	北海道 57.9	佐賀 14.8	兵庫 8.9	81.5
はくさい	885	茨城 25.2	長野 20.9	北海道 4.7	50.8	701	茨城 30.9	長野 25.2	愛知 4.0	60.0
レタス	476	長野 37.9	茨城 11.3	香川 5.9	55.1	501	長野 32.6	茨城 15.8	群馬 9.9	58.3
にんじん	560	北海道 27.2	千葉 19.7	青森 9.4	56.2	527	北海道 29.3	千葉 19.8	徳島 8.9	58.0
ピーマン	145	宮崎 25.4	高知 17.2	茨城 16.1	58.7	118	茨城 26.3	宮崎 20.4	高知 9.7	56.4
キャベツ	1,301	群馬 14.2	愛知 13.7	千葉 9.4	37.4	1,193	愛知 19.1	群馬 18.2	千葉 9.7	47.0
さといも	185	千葉 18.9	宮崎 17.9	鹿児島 10.4	47.2	104	宮崎 19.3	千葉 16.0	埼玉 10.6	45.9
ねぎ	410	千葉 18.6	埼玉 15.8	茨城 7.1	41.5	376	千葉 15.7	埼玉 13.3	茨城 10.0	39.0
ほうれんそう	301	埼玉 12.2	千葉 11.7	群馬 9.7	33.6	221	千葉 16.0	埼玉 12.1	群馬 7.6	35.7
だいこん	1,721	北海道 10.3	千葉 9.1	宮崎 8.4	27.9	1,175	北海道 12.6	千葉 12.6	青森 9.6	34.8
なす	378	群馬 6.0	埼玉 5.3	茨城 4.9	16.2	247	高知 11.5	熊本 11.3	福岡 8.6	31.4
きゅうり	770	群馬 9.2	福島 9.1	埼玉 8.4	26.7	495	宮崎 11.3	群馬 10.5	福島 8.9	30.6
トマト	659	千葉 8.5	熊本 7.9	愛知 7.4	23.8	614	熊本 15.3	北海道 7.3	愛知 7.0	29.6

資料：農林水産省「野菜生産出荷統計」より作成

る。このように品目別にみても，近年，生産地域が特定の都道府県に集中している状況がみてとれる。

本章の冒頭でも述べたように，わが国では，野菜法に基づく指定産地制度のもとで，産地の育成が図られてきた。一定の面積・数量要件とともに[4)]，共同出荷の割合が2/3以上という共販率要件を満たすことで指定産地として認められる。指定産地となることで，国・都道府県および生産者が資金を積み立て，出荷品目の価格低落時に，補給金を受けることができるようになる。このような集団産地の育成が，野菜産地の集中・大型化をもたらしたということができる。

次の表Ⅰ-2-5では，品目別に出荷量に占める指定産地シェアを1990年と2010年で比較しているが，全体的に野菜生産が縮小している中にあって，作付面積・出荷量の双方において，大半の品目で指定産地シェアが上昇している。品目別に指定産地シェアの高い順に並べたが，たまねぎ，レタス，ばれいしょ，にんじんまでは先の主産県シェアと同様に，指定産地シェアも高い。また，先の表Ⅰ-2-4で，主産県シェアは3割台と最も低いトマト，きゅうりにおいても，指定産地シェアが60%台と高くなっている。実際に，トマトやキュウリは，それぞれ148産地，136産地と指定産地数の最も多い品目となっている。これら夏野菜のイメージが強い2品目は，現在は夏秋物よりも冬春物の出荷割合が多い。ここからも分かるとおり，消費の周年化に合わせて，南北に長いわが国において，出荷時期別（種別）に広範に指定産地が配置している品目である。

表Ⅰ-2-5　指定産地シェア［1990～2010］

単位：%

	作付面積		出荷量	
	1990年	2010年	1990年	2010年
たまねぎ	72.4	80.0	87.6	92.0
レタス	68.3	76.1	52.4	82.2
ばれいしょ	−	65.9	−	80.0
にんじん	52.3	66.3	67.0	73.9
キャベツ	45.0	52.9	59.0	64.4
トマト	33.2	51.6	46.2	65.1
きゅうり	39.1	47.0	58.0	68.4
ピーマン	33.0	39.1	63.8	68.8
はくさい	33.0	36.0	59.2	57.9
ほうれんそう	23.4	31.4	21.7	26.5
だいこん	21.0	29.4	30.7	42.0
ねぎ	16.5	23.9	22.4	27.2
なす	14.8	21.3	42.8	53.0
さといも	17.6	13.6	26.4	21.3

資料：農林水産省「野菜生産出荷統計」より作成

注：1）さといもは秋冬さといものみ

2）ばれいしょについては，1990年の指定産地の生産量が資料に示されていないため，（−）にした。

以上の地域別・主要品目別にみた野菜生産の動向からは，第1に，この20年間，野菜の生産量は全般的に低下しつつ，指定産地シェアが高まっていることからも特定の地域への集中化が見られること，第2に，労働集約的な野菜作については，この期間も北海道や九州に代表される主要農業地域，つまり広域的な流通を前提にした野菜産地の割合が高まってきたとみることができる。

4．集出荷機構と市場対応の動向

以上の野菜生産の状況を前提に，ここでは農水省の青果物集出荷機構調査報告のデータ[5)]に基づいて，集出荷面から産地組織の再編動向について分析を進める。

まず，表Ⅰ-2-6では野菜の集出荷組織数の推移をみている。1991年調査時点では全体で6,000以上の組織数があったが，2006年には2,111組織へと6割を超える減少となっている。最も減少が激しいのが任意組織（農協法で定められた農事組合法人以外の法人もここに含まれている）であり，1990年代後半から著しい減少を示している。また，2000年以降には専門農協（農協で定められた農事組合法人を含む）の減少も大きくなった。これら集出荷団体の解散の他，総合農協も広域合併の影響により，組織数が減少していることが集出荷団体の高い減少率となって現れている。

次に表Ⅰ-2-7では，野菜全体の傾向をみるため，指定野菜14品目を合計し

表Ⅰ-2-6　野菜の集出荷組織数の推移

単位：組織，(%)

	1991年	1996年	2001年	2006年	2006-1991 増減率
集出荷組織計	6,171（100.0）	5,268（100.0）	3,660（100.0）	2,111（100.0）	-65.8
集出荷団体	4,950（80.2）	4,070（77.3）	2,703（73.9）	1,475（69.9）	-70.2
総合農協	3,150（51.0）	2,540（48.2）	1,810（49.5）	1,110（52.6）	-64.8
専門農協	40（0.6）	40（0.8）	42（1.1）	23（1.1）	-42.5
任意組合	1,760（28.5）	1,490（28.3）	851（23.3）	342（16.2）	-80.6
集出荷業者	1,180（19.1）	1,160（22.0）	918（25.1）	604（28.6）	-48.8
産地集荷市場	41（0.7）	38（0.7）	39（1.1）	32（1.5）	-22.0

資料：農林水産省「青果物・花き集出荷機構調査報告（平成18年）」より作成

表Ⅰ-2-7　集出荷組織別出荷量シェアの推移

単位：トン，(%)

	1990年	1995年	2000年	2005年
出荷量総計	11,658,900 (100.0)	11,294,000 (100.0)	10,554,200 (100.0)	9,731,700 (100.0)
集出荷組織計	7,181,200 (61.6)	7,394,800 (65.5)	7,545,100 (71.5)	7,136,000 (73.3)
集出荷団体	5,696,200 (48.9)	5,687,200 (50.4)	5,973,700 (56.6)	5,807,000 (59.7)
総合農協	5,226,100 (44.8)	5,326,200 (47.2)	5,595,500 (53.0)	5,603,000 (57.6)
専門農協	58,200 (0.5)	57,900 (0.5)	183,681 (1.7)	87,600 (0.9)
任意組合	411,900 (3.5)	303,100 (2.7)	193,850 (1.8)	115,900 (1.2)
集出荷業者	1,269,200 (10.9)	1,385,000 (12.3)	1,277,660 (12.1)	996,500 (10.2)
産地集荷市場	215,800 (1.9)	322,600 (2.9)	294,347 (2.8)	332,300 (3.4)
個人出荷量	4,477,700 (38.4)	3,899,200 (34.5)	3,009,100 (28.5)	2,595,700 (26.7)

資料：農林水産省「青果物集出荷機構調査報告」および「野菜生産出荷統計」より作成
注：出荷量総計は，「野菜生産出荷統計」の14品目の総計であり，個人出荷の数値はこの出荷量総計から，集出荷組織計の数値を差し引いて推計した。

た集出荷組織別の出荷量の推移を示した。ここでは，野菜集出荷統計により出荷量総計も合わせて表記し，そこから集出荷組織の出荷量を差し引くことで，組織出荷以外のものを個人出荷量として推計している。ここから見えることは，全体の出荷量が一貫して低下傾向を示す中で，集出荷組織全体の出荷量は2000年までは減少傾向を示していないことである。その結果，集出荷組織の出荷量シェアが高まってきた。とくに総合農協は1990年代から出荷量とシェアを最も伸ばしていることが分かる。表Ⅰ-2-8では，品目別に総合農協の出荷量シェアをみている。1990年と2005年を比較して，わずかながら総合農協シェアが低下しているものも4品目（レタス，たまねぎ，にんじん，さといも）あるが，10ポイント増加しているものは，ばれいしょ，キャベツ，ほうれんそうの3品目あり，その他も，総合農協の出荷量のシェアは増加もしくは維持されてきたということが示されている。また，品目別に見た場合でも，最も総合農協シェアが低いさといもでは3割以下であるが，他の品目では4割以上が総合農協によって集出荷が担われているという状況が示されている。

つまり，ここからは農協離れによる農協取扱量の減少といわれる状況とは異なった傾向が示されている。合わせて，推計した個人出荷量に関しても，むしろ減少傾向にあるように見える。

この要因としては，統計上の制約として，野菜生産出荷統計が調査範囲を

表Ⅰ-2-8　集出荷段階での出荷量に占める
農協シェアの推移

単位：%

	1990年	1995年	2000年	2005年
野菜計	44.8	47.2	53.0	57.6
キャベツ	53.5	53.9	53.0	74.6
レタス	74.0	75.9	75.6	72.8
ピーマン	66.3	73.1	69.3	67.9
トマト	62.1	63.0	66.0	63.9
なす	51.3	56.3	59.3	61.0
ばれいしょ	29.7	30.7	51.6	60.4
たまねぎ	64.3	67.6	64.1	60.2
きゅうり	56.3	59.9	60.6	59.3
はくさい	45.1	43.4	48.7	48.9
ほうれんそう	30.1	29.1	30.7	46.5
にんじん	50.3	53.7	57.5	46.0
ねぎ	33.6	40.3	40.2	42.7
だいこん	31.9	35.9	37.2	41.8
さといも	27.7	26.2	21.7	25.2

資料：農林水産省「青果物集出荷機構調査報告」および「野菜生産出荷統計」より作成
注：総合農協の出荷量（青果物集出荷機構調査報告）／総出荷量（野菜生産出荷統計）により産出した数値である。

「全国出荷量のおおむね80%を占めるまでの上位都道府県，野菜指定産地の面積要件を満たす区域を含む都道府県，畑作物共済事業を実施する都道府県及び特定野菜等供給産地育成価格差補給事業を実施する都道府県」と限定しており[6)]，近年増加している地元直売所などへの出荷を主とする経営の出荷量が十分に捕捉されていないということも考えられる。また，消費需要の変化を受けて多様な品目の生産がみられるようになっており，指定品目だけの統計では，野菜作全体の動向を的確に示してない可能性もある。

このような統計上の制約を踏まえたとしても，卸売市場流通を中心とした一般流通において，総合農協は他の集出荷団体の解散や集出荷業者の廃業の結果，主要野菜の一般流通において重要度を増してきたということはいえるであろう。

ただし，表Ⅰ-2-9に示したとおり，都道府県別にみると，集出荷組織別のシェアには差が存在している。表Ⅰ-2-9では野菜生産額の多い上位10県につ

表Ⅰ-2-9　上位県における組織区分別出荷量シェア [2005 年]

単位：トン，％

	出荷量	各組織形態別出荷量シェア				
		総合農協	専門農協	任意組合	集出荷業者	産地集荷市場
全国	7,136	78.5	1.2	1.6	14.0	4.7
長野	409	93.5	x	0.2	6.3	−
熊本	133	86.1	x	3.2	9.2	−
群馬	373	84.9	−	1.5	10.8	2.8
北海道	2,235	84.4	2.8	0.2	12.5	x
千葉	364	76.7	x	3.3	17.2	−
福岡	104	72.7	−	0.6	26.7	−
埼玉	111	60.7	−	13.9	1.0	24.4
栃木	109	60.3	−	x	39.4	−
愛知	411	59.7	−	−	19.1	21.2
茨城	467	52.0	0.3	2.7	1.5	43.4

資料：農林水産省「青果物・花き集出荷機構調査報告（平成 18 年）」より作成

注：「x」は団体等の個々の秘密に属する事項を秘匿するため，統計数値を公表していないもの，「-」は事実のないものを示している。

いて，総合農協のシェアが高い順に並べているが，そのシェアが最も高い長野県の 93.5％から最も低い茨城県の 52.0％まで大きな開きがある。これは，各地域の産地形成の開始時期や消費地からの立地条件，生産品目の相違など様々な要因が関係していると考えられるが，指定産地制度のもとで農協共販がシェアを高めてきた一方で，特定の地域では産地市場や集出荷業者が依然として重要な位置を占めていることを示している。

表Ⅰ-2-10 では，集出荷組織別に出荷先のシェアをみている。卸売市場への出荷割合は依然として最も高いが，2000 年以降から急速に低下し，2005 年には出荷量割合は約 70％となり，その他の出荷先への直接販売が高まっている。流通多元化への対応が遅れているとされる総合農協も，卸売市場への出荷割合が他の団体より高いとはいえ，近年は直接販売の割合を高めていることが分かる。

卸売市場以外で最も出荷量が多いのは加工業者への出荷である。3 割の組織が加工業者に直接出荷を行っており，出荷割合は 2 割を占めている。その他の小売店や外食向け，消費者への直接販売については，取り組む組織数の割合は増加しているものの，実際の出荷量割合は大半が低くなっている。これらのことから言えるのは，第 1 に野菜において市場外流通は主に加工需要向けに増加

表Ⅰ-2-10　出荷先別組織数および出荷量割合

単位：%

		卸売市場		小売店		加工業者		外食産業等業者向け		消費者への直接販売		その他	
		組織数	出荷量	組織数	出荷量	組織数	出荷量	組織数	出荷量	組織数	出荷量	組織数	出荷量
集出荷組織計	2005年	90.0	70.2	18.3	4.6	29.2	20.4	11.9	1.7	13.6	0.4	14.1	2.7
	(2000年)	(92.3)	(77.5)	(15.2)	(2.9)	(26.5)	(15.1)	(3.5)	(0.8)	(16.3)	(0.9)	(11.4)	(2.8)
集出荷団体計	2005年	95.2	71.1	16.5	4.1	25.8	22.4	9.7	1.0	15.6	0.3	13.3	1.1
	(2000年)	(96.3)	(80.5)	(12.8)	(1.7)	(23.2)	(15.3)	(2.6)	(0.3)	(19.1)	(0.9)	(10.7)	(1.3)
総合農協	2005年	**97.3**	**71.4**	**16.6**	**3.8**	**31.4**	**22.7**	**10.7**	**1.0**	**16.2**	**0.3**	**14.1**	**0.8**
	(2000年)	(98.3)	(80.8)	(13.9)	(1.1)	(31.2)	(15.8)	(3.1)	(0.3)	(23.0)	(0.9)	(12.9)	(1.1)
専門農協	2005年	78.3	59.6	34.8	7.6	34.8	19.5	26.1	1.1	8.7	x	30.4	12.1
	(2000年)	(76.2)	(76.6)	(40.5)	(8.2)	(28.6)	(11.4)	(11.9)	(0.8)	(28.6)	(0.2)	(14.3)	(2.7)
任意組合	2005年	86.3	65.7	14.6	15.7	6.4	7.6	5.0	3.0	14.0	1.2	9.6	6.8
	(2000年)	(91.9)	(75.5)	(8.9)	(12.3)	(6.0)	(5.4)	(1.2)	(1.1)	(10.2)	(1.7)	(5.8)	(4.0)
集出荷業者	2005年	80.0	67.0	21.9	8.2	38.6	14.9	17.7	5.3	9.1	1.0	15.6	3.6
	(2000年)	(83.0)	(67.3)	(21.4)	(7.4)	(36.6)	(17.4)	(6.0)	(3.5)	(8.7)	(1.1)	(12.5)	(3.3)
産地集荷市場	2005年	71.9	64.5	40.6	2.8	12.5	2.7	6.3	x	3.1	x	25.0	28.3
	(2000年)	(59.0)	(55.1)	(41.0)	(9.1)	(15.4)	(0.9)	(5.1)	x	(5.1)	x	(35.9)	(34.9)

資料：農林水産省「青果物・花き集出荷機構調査報告（平成18年）」より作成

注：1)「x」は団体等の個々の秘密に属する事項を秘匿するため，統計数値を公表していないものを示している。

2) その他は左記のもの以外の産地集荷市場，産地問など流通業者へ出荷したものである。

表Ⅰ-2-11　加工施設の保有状況［2006年現在］

単位：組織数，（%）

	集出荷組織数	保有組織数						
		缶・瓶詰	漬物	果汁	カット処理	パッケージング	冷凍	その他
集出荷組織計	2,110	32 (1.5)	91 (4.3)	8 (0.4)	85 (4.0)	139 (6.6)	36 (1.7)	59 (2.8)
集出荷団体	1,470	26 (1.8)	79 (5.4)	7 (0.5)	27 (1.8)	72 (4.9)	19 (1.3)	36 (2.4)
総合農協	1,110	24 (2.2)	72 (6.5)	7 (0.6)	21 (1.9)	61 (5.5)	16 (1.4)	31 (2.8)
専門農協	23	--	2 (8.7)	--	2 (8.7)	1 (4.3)	2 (8.7)	1 (4.3)
任意組合	342	2 (0.6)	5 (1.5)	--	4 (1.2)	10 (2.9)	1 (0.3)	4 (1.2)
集出荷業者	604	6 (1.0)	12 (2.0)	1 (0.2)	58 (9.6)	66 (10.9)	17 (2.8)	23 (3.8)
産地集荷市場	32	--	--	--	--	1 (3.1)	--	--

資料：農林水産省「青果物・花き集出荷機構調査報告（平成18年）」より作成

注：その他は，左記以外の加工施設で，乾燥した加工品やコロッケ・ギョウザ等の調理冷凍食品等及びそれらの用を目的とした中間加工品を製造する加工施設である。

していること，第２に，直接販売への取り組み件数は増加しているが，その成果として，十分に出荷量の増大が伴っていないことである。

直接販売を実施するためには，販路確保や商談において有利な条件を引き出していく交渉力が求められ，そのための人員確保などのコスト負担の他，従来の選果・予冷に係る施設装備以外にも，新たな機能拡充を求めることになる。表Ｉ-2-11には，その一端を示すため，集出荷組織における加工施設の保有状況を示した。集出荷組織による加工事業は，従来，缶詰や漬物，果汁施設などが主流であったが，近年，カット処理やパッケージングが産地段階に求められ，それらに対応した施設の保有がみられる。ここに示されるように，保有組織数は未だ数％ほどであるが，加工施設のうちパッケージング施設が最も多い保有施設になっているのは近年の特徴であるといえよう。

５．まとめ

わが国における野菜生産は，産出額でみればその重要度を増しているとはいえ，1990年代以降は一貫して減少傾向を示してきた。また，担い手の規模拡大も十分には進んでおらず，担い手の減少がそのまま国内供給力の減退となって現れている。

そのような生産縮小の下で，古くから都市近郊という立地条件のもとで先進産地となってきた関東地域は依然として高いシェアを維持しているものの，主要農業地域である北海道や九州地域が一貫してシェアを高めており，その他の地域における野菜生産の縮小が著しいことが明らかとなった。主要品目においても，主産地県や指定産地シェアの高まりから，特定地域への集中化傾向が確認された。これらの傾向は1980年代までの野菜作においてもみられた傾向であるが，それがより深化しているということができる。北海道などの主要農業地域への集中の背景には，野菜生産が労働集約的であるゆえに，担い手の高齢化など生産基盤の脆弱化による労力不足の影響が顕著に現れやすく，また，輸入野菜の増加や産地間競争の激化とその下での価格低迷がコスト低減を厳しく求めるとともに，後発産地の参入をより困難にしており，それらが複合的に影響しあい，特定地域への集中化が進んだと考えることができる。

近年の野菜価格の推移をみれば価格の上昇を望むことは困難である。そのため，コスト低減のための機械化等の生産技術の向上が必要であることは間違いない。だが，それと同時に，野菜生産を持続させていくためには，収穫作業を中心とした労力確保を個別経営のみで対応するだけではなく，産地運営の中で組織的に対応していくことも検討されるべきであろう。つまり，従来の産地運営においては，生産段階で部会による生産技術の高位平準化を目指した取り組みは実施されてきたが，生産活動そのものは個別性が強く，販売段階での共同化が中心であった。今後は農協などが個別経営の生産維持のために生産段階により踏み込んで，収穫作業を請け負う等の事業に取り組む必要もあると考えられる[7)]。

集出荷組織の分析からは，他組織のシェアの縮小から相対的に農協共販が位置づけを高めている状況が示された。前節では省略したが，広域合併を背景とした組織数の縮小傾向から，当然のことながら1組織当たりの出荷量は大型化している。また，広域合併や系統組織の再編を伴って，系統利用率の著しい低下に示されるように，1990年代以降は系統共販内部の再編が進行したことも大きな変化であろう。

そして，市場対応に関しては，卸売市場への出荷割合の低下から，一定の直接販売の増加傾向が示された。直接販売の相手先としては加工業者の割合が高く，その他の小売業などへの直販の取り組みは増加しているものの，出荷量自体は少なく，十分に成果がみられていない。その一方，直販事業などで求められるパッケージング施設などの拡充も進められていることも明らかとなった。

ここに一端が示されるように，近年の野菜産地においては，消費形態や流通環境の変化にいかに対応して産地機能を充実させるかが重要になっている。それは小分け・パッケージング機能など，従来は卸売市場の業者が担っていた業務も取り込むことを必要としており，産地内部の担い手不足に歯止めをかけて生産量を維持しつつ，産地機能の高度化を同時に実現しなければならないということを示している。さらにいえば，業務用キャベツなどで見られるように，加工業務用向けの出荷を行うためには，集出荷作業面の対応だけではなく，加工専用品種の導入など生産面での変更も必要となる。これらに対していかに対応していくかが現在の産地再編の焦点になっているといえる。

注

1）野菜法制定の背景については戸田〔6〕に詳しい。
2）香月〔4〕pp.264-265を参照し，1990年代以前の我が国の野菜生産および産地形成の特徴を要約した。
3）農林水産省〔8〕p.3を参照。原資出展は農林水産政策研究所。
4）野菜指定産地は，野菜法第4条で，「指定野菜の種別ごとに，一定の生産地域で，出荷の安定を図るため，集団産地として形成することが必要と認められるもの」とされ，具体的な指定基準（面積要件，数量要件，共販率要件）を省令で定めている。面積要件については，葉茎菜類・根菜類など露地野菜25ha，果菜類（夏秋もの）15ha，果菜類（冬春もの）10haとなっており，数量要件は，産地の区域内で生産される数量の指定消費地域向けの割合が1／2以上であること，そして共販率要件として，共同出荷の割合が2／3以上であることとされている。これら要件を満たして野菜指定産地に指定されると，農畜産業振興機構が実施している指定野菜価格安定対策事業および契約指定野菜安定供給事業の対象産地となり事業に参加することができる。
5）青果物集出荷機構調査は5年おきに実施されており，最新の『平成18年青果物・花き集出荷機構調査報告』は，組織数については2006年度現在，出荷量については2005年産実績が掲載されている。それ以前のものについても同様に，組織数と出荷実績の集計年度がずれている。
6）集出荷機構調査報告の調査対象についても，「全国の青果物又は花きの集出荷業務を行う全ての集出荷団体，集出荷業者及び産地集荷市場並びに平成17年の花きの出荷金額（集出荷団体，集出荷業者又は産地集荷市場に直接出荷したものを除く。）が2,000万円以上の多量出荷農家等」とされており，小規模の出荷農家等は対象とされていない。
7）泉谷〔1〕には，農協が先進的に野菜収穫作業の請負を行っている青森県と北海道の事例が分析されている。

参考・引用文献

〔1〕泉谷眞実「農協による野菜収穫作業の請負と野菜産地発展における意義と課題」全国農業協同組合中央会編『協同組合奨励研究報告第三十輯』家の光出版総合サービス，2004年9月，pp.11-29。
〔2〕板橋衛「農協の農産物直売事業の展開と共販組織の再編に関する研究」全国農業協同組合中央会編『協同組合奨励研究報告第三十七輯』家の光出版総合サービス，2011年11月，pp.37-60。
〔3〕慶野征じ「農協共販システムの革新と課題（第4章）」斎藤修・慶野征じ『青果物

流通システム論のニューウェーブ―国際化のなかで―』農林統計協会，2003年5月。
〔4〕香月敏孝『野菜作農業の展開過程―産地形成から再編へ』農文協，2005年3月。
〔5〕岸上光克「野菜生産を取り巻く環境変化と産地の課題（第9章）」橋本卓爾・藤田武弘・大西敏夫・内藤重之『食と農の経済学―現代の食料・農業・農村を考える（第2版)』ミネルヴァ書房，2006年4月，pp.121-134。
〔6〕戸田博愛『野菜の経済学』農林統計協会，1989年4月。
〔7〕独立行政法人農畜産業振興機構編『野菜の生産・流通と野菜制度の機能』農林統計出版，2011年7月。
〔8〕農林水産省「加工･業務用野菜をめぐる現状」2013年1月。（農林水産省ウェブページ「加工・業務用野菜・果実対策」より）http://www.maff.go.jp/j/seisan/kakou/yasai_kazitu/pdf/kg-yasai.pdf
〔9〕福田晋「わが国農業構造の到達点と展望―水稲・畜産・野菜の比較検討を通して―」日本農業経済学会『農業経済研究第83巻第3号』岩波書店，2011年12月，pp.175-188。

第3章　野菜作産地における産地再編の事例

〔1〕遠隔・後発野菜産地の産地形成
—JAむかわほうれんそう・レタス部会—

志賀　永一

1．北海道水田作地域の分化

北海道水田作地域は1990年以降大きな地域分化を遂げた。それは，5%前後の水田本地面積の減少を伴いながら，①水稲作付比率を8割前後に維持する町村と②水稲作付比率を5割以下にまで低下させる町村に分化したことである。前者は上川中央や北空知などのいわゆる「良質米」生産地域であり，後者は上川北部や南空知などの地域であった。このような地域分化の進展はすでに指摘されていたが，水稲作付比率を大きく低下させた後者の中に，小麦，大豆など土地利用型作物に転換した地域と野菜導入を振興した地域が存在している[1)]。

周知のように，北海道耕種農業の産出額は米に変わって野菜が第一位を占める実態にあり，このような動向を水田作地域の野菜転換地域が推し進めたのである。本節で取り上げるむかわ町（2006年に鵡川町と穂別町が合併している。以下，旧村を示す場合は鵡川町と漢字表記する）は，以上のような野菜転換を進めた代表的な町村である。北海道の水田作地域をめぐっては，良質米生産による米産地維持の取組みや大規模水田作地域における麦・大豆転作の取組み，農地流動化に対応する共同経営法人設立の動きなどが取り上げられている[2)]。しかし，もう一つ野菜産地への転換という動きが存在している。本節でJAむかわを取り上げたのも，こうした動きがあることを紹介するためである。このような点からいえば，本事例は本書キーワードである「産地再編」というよりも水田作農業の「経営再編」といったほうが適当であると考える。しかしながら，後述するようにJAむかわでは野菜導入という「経営再編」から野菜が定着し，現況では野菜産地を維持するための「産地再編」が課題となっている。以上のように，水田作地域の「経営再編」の第3の動きとして展開してきた野菜産地の動向と，その中で生じている野菜「産地再編」の課題を検討することにする。

2．鵡川町農業の再編過程

むかわ町は北海道胆振総合振興局（旧支庁）管内に位置し，北海道の玄関口新千歳空港からは高速道を利用すれば30分ほどの距離にあり，北海道の特産品である「シシャモ」の町として，またノーベル賞を受賞した鈴木章教授の出身地としても著名である。

鵡川町の経営耕地規模別農家戸数をみると，1970年代は3〜5ha層がモード層を形成し，相対的に耕地規模の大きい北海道にあっては小規模農家層が主体であったことが確認できる（表Ⅰ-3〔1〕-1）。その後，農家戸数の減少に伴い規模拡大は進展するが，1階層上位の5〜10ha層がモード層であり，それは2005年まで継続している。土地利用をみると，80年頃までは水稲が中心で転作は牧草中心であったことがわかる。80年以降，転作作物として小麦が導入されるが，面積は増加せず，転作は牧草を中心に豆類，てん菜などの作物が選択されている（表Ⅰ-3〔1〕-2）。町村合併の影響を除くため，最近の転作状況を

表Ⅰ-3〔1〕-1　経営面積規模別農家数（鵡川町）

（単位：戸）

	総農家数	1ha未満	1〜3ha	3〜5ha	5〜10ha	10〜20ha	20〜30ha	30〜50ha	50ha以上
1970	755	87	118	318	205	23	3	1	
1975	704	57	116	274	234	19	4	0	
1980	638	75	65	198	252	37	7	4	
1985	596	72	67	145	240	61	6	5	
1990	542	94	43	91	217	82	12	3	
1995	490	82	43	69	168	101	22	4	1
2000	460	22	43	63	138	96	18	11	2
2005	316	48	34	26	88	70	28	20	2

資料：農林業センサス
　注：2005年は農業経営体数

JA むかわの資料により確認すると，転作率は 70%弱におよび，牧草，大・小豆，てん菜の作付面積が多い。こうした転作作物の中でじゃがいも（食用）のほか，かぼちゃ，キャベツなどの露地野菜の作付もみられる（表Ⅰ-3〔1〕-3）。このような土地利用の結果である農業産出額をみると，70 年代は水稲単作に近い実態であり，産出額計と耕種産出額計の差である畜産の産出額が増加して

表Ⅰ-3〔1〕-2 鵡川町における主要作物作付の推移

（単位：ha）

	水稲	小麦	大豆	小豆	てん菜	ばれいしょ	牧草
1965	2,380	0	30	50	47	67	202
1970	2,280	0	15	33	49	56	339
1975	2,260	0	10	60	97	12	1,180
1980	1,600	299	215	150	164	9	1,330
1985	1,860	154	292	216	89	39	1,280
1990	1,720	247	314	274	137	61	1,110
1995	1,710	33	176	192	136	92	…
2000	1,200	67	303	269	248	80	1,530
2004	857	94	210	408	258	47	1,670

資料：「北海道農林水産統計年報」（市町村編）
注：…は記載のないことを示す。

表Ⅰ-3〔1〕-3　転作の実施状況（JA むかわ町）

（単位:ha, %）

年度	水田面積	水稲	転作	転作内訳（主要な作物）								小計
				大豆	小豆	てん菜	牧草	カボチャ	ジャガイモ	キャベツ	その他野菜	
2004	2,598	854	1,744	203	310	219	650	61	23	35	66	1,567
2005	2,600	800	1,800	187	298	208	676	74	23	58	68	1,591
2006	2,596	763	1,833	291	194	186	693	70	40	52	72	1,596
2007	2,596	821	1,775	255	190	202	683	71	40	48	78	1,566
2008	2,594	823	1,770	244	218	196	689	71	41	51	84	1,594
2009	2,594	836	1,757	226	215	176	690	86	33	42	89	1,557
2010	2,586	855	1,731	250	163	148	706	78	31	47	92	1,515
2004	100	32.9	67.1	7.8	11.9	8.4	25.0	2.4	0.9	1.3	2.5	60.3
2005	100	30.8	69.2	7.2	11.5	8.0	26.0	2.8	0.9	2.2	2.6	61.2
2006	100	29.4	70.6	11.2	7.5	7.1	26.7	2.7	1.5	2.0	2.8	61.5
2007	100	31.6	68.4	9.8	7.3	7.8	26.3	2.7	1.5	1.8	3.0	60.3
2008	100	31.7	68.3	9.4	8.4	7.5	26.5	2.7	1.6	2.0	3.3	61.5
2009	100	32.2	67.8	8.7	8.3	6.8	26.6	3.3	1.3	1.6	3.4	60.0
2010	100	33.1	66.9	9.7	6.3	5.7	27.3	3.0	1.2	1.8	3.6	58.6

資料：JA むかわ町
注：JA 未加入の軽種馬経営があるため，面積は表Ⅰ-3〔1〕-2 と一致しない。

図Ⅰ-3〔1〕-1　農業産出額の推移（鵡川町）

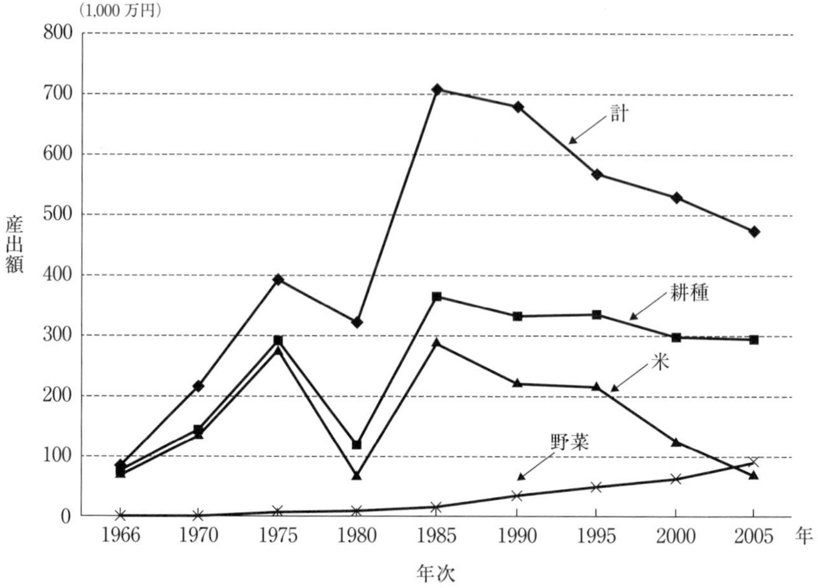

いることが注目される。畜産産出額は 90 年代半ばまで町の農業産出額の半分を占めるまでの成長している。近年，肉牛振興が行われているが，この畜産の大半は軽種馬生産であり，バブル崩壊までの競馬ブームを反映し産出額を増加させていた[3)]。他方，耕種に目を転じると，耕種産出額の中心は米であり，その構成割合は減少しているものの 90 年頃までは首座を占めていた。しかし，転作の強化と米価の低迷により米産出額は実額・割合ともに低下し，80 年代後半から野菜生産額が増加し，2000 年以降，米と野菜生産額が逆転するにいたる（図Ⅰ-3〔1〕-1）。現在，鵡川町は野菜生産の町へと変貌しているのである。JA むかわの販売金額でも，2000 年の販売金額は 35 億円で，米が 12 億円，野菜は 7.7 億円であった。09 年の販売額は 36 億円で 10 年前とほとんど変わりないが，米は 6.4 億円に半減し，替わって野菜は 16.6 億円に増加している。その野菜の中で，1 億円を超える品目はトマト（4.9 億円），ほうれん草（2.3 億円），メークイン（2.3 億円），レタス（2.2 億円），キャベツ（1.4 億円），カボチャ（1.3 億円）であり，ニラもほぼ 1 億円の品目となっている。

3．ほうれんそう・レタス部会の取り組み

JAむかわの主要野菜はトマト，ほうれん草，レタス，キャベツ，カボチャであるが，その産地の位置を北海道内の市町村順位で確認すると，ほうれん草は第2位，レタスは第7位，トマトは第11位，キャベツは第8位であり，鵡川町は北海道内でも有数の野菜産地に成長したことが確認できる（表Ⅰ-3〔1〕-4）。JA販売額ではトマトが上位であったが，ほうれん草，レタスは北海道内の主産地としての地位を築いているとともに，JAむかわの野菜振興の中心品目でもあった。

既述のように，鵡川町の農家は相対的に小規模で，転作対応も牧草主体で小麦作も定着しなかった。これには鵡川町の自然条件が大きく影響している。鵡川町を含む胆振地域は冬季には降雪が少なく日照時間も多いが，春先から初夏にかけて強風と霧が多く農作物を作付するには決して良好な条件にはない。そのため，こうした気象条件にも強い水稲作が選択されてきたのであり，当初から野菜作も露地野菜だけではなく施設野菜（無加温）が振興されてきたのである。2005年センサスによれば，ほうれん草作付経営体72のうち施設は70経

表Ⅰ-3〔1〕-4　鵡川町の野菜作付面積と市町村順位

（単位：ha，順位）

	ほうれん草		レタス		トマト		キャベツ	
	面積	順位	面積	順位	面積	順位	面積	順位
H2	30	11	…	15位以降	…	13位以降	…	23位以降
H7	42	11	7	17	…	19位以降	…	22位以降
H12	66	5	10	13	…	21位以降	…	21位以降
H16	53	…	…	…	10	…	47	…
H17	59	6	…		12	18	70	6
H21	51	2	28	7	17	11	48	8

資料：北海道農協中央会・ホクレン農業協同組合連合会「北海道野菜地図」その15H4.1，20H9.1，25H14.1，30H19.1，39H23.2より作成。

注：1）順位は作付面積の順位，同面積の場合は出荷量順。

2）「以降」を付した順位は，記載市町村の中に鵡川町がない場合である。

3）…は市町村作付の記載なし。

4）H17以降は合併町村「むかわ町」の数値である。

5）鵡川町は合併しているため，旧町村表記最終年のH16も記載した。

営体，レタスも37経営体のうち35経営体が施設，トマトも28経営体のうち27経営体が施設である。露地野菜はキャベツ，カボチャが中心である。

JAむかわは野菜品目ごとに部会を形成しているが，これら部会が集まり「鵡川蔬菜園芸振興会（以下，振興会）」を組織している。振興会の沿革を確認することで，野菜振興の取り組みを検討する（表I-3〔1〕-5）。振興会は1979年に設立されているが，その時にじゃがいも部会とともにほうれん草，レタスの各部会も設立されている。野菜導入当初は露地栽培で行われるが，ほうれん草は雨よけハウス栽培へと転換し，導入から5年後には町の助成などでハウス栽培へと移行していく。そして，早くもほうれん草販売額は1億円を達成し，野菜作振興をリードしていく。このような野菜作振興を支援するため，集出荷貯蔵施設の整備，共選体制の整備などが進められている。このほか，レタス，トマトはJA育苗センターが建設され，部会員の出役により運営されている。

こうした施設面の整備とともに，部会では先進地視察や市場での研修が行われ，その内容がJAむかわ独自の野菜作型や出荷体制の形成につながっていく。ほうれん草部会は旭川市など，レタス部会は伊達市などの先進地に出向き，それら産地を目標に肥培管理方法や出荷方法などを取り入れている。なかでも，市場での研修は熱心に取り組まれている。ほうれん草・レタス部会は市場関係者から荷造り方法などの情報提供を受けるとともに，量販店の紹介を受け，どのような野菜が売れるのかの研修を重ねた[4)]。これらが1991年からの振興会の道外研修や03年からの道外販売推進などの取り組みとして継続されている。

これら研修内容は部会の研修会や青空教室・目慣らし会などを通じて，部会全体の取り組みとされていくことは他地域の部会同様である。JAむかわの研修成果の端的な例は，野菜の作型形成であろう。ほうれん草の生産が先行する中，レタス部会は市場関係者から「露地栽培ではもうからないのでトンネルでもやって早く出荷したらどうか」という，より早期の出荷要請・アドバイスを受ける。先進地伊達市でも冬季のレタス栽培には取り組んでおらず，部会ではほうれん草のハウスを利用し3月からのレタス定植に取り組むのである。この取り組みは成功し，定植時期は2月へ，さらに1月へ，12月へと早期化するのである。こうして11月中旬から播種し，12月中旬に定植する「冬レタス」，

表Ⅰ-3〔1〕-5　鵡川蔬菜園芸振興会の沿革

年次	会員数	事項	部会の動向
1979	48	振興会設立	じゃがいも，ほうれん草，メロン，レタス
1980			かぼちゃ，トマト
1981	88	雨よけハウス導入48棟	キャベツ，サヤエンドウ
1982	169		
1985	(～1997)	北海道，町の助成で施設園芸拡充	
1986			スイートコーン（1991年解散）
			ほうれん草1億円達成
1989	215	野菜集荷場・貯蔵施設落成	
		じゃがいも共選開始	
1990		サヤエンドウ機械共選開始	ごぼう
			じゃがいも1億円達成
1991	(～1994)	道外研修	ごぼう・長いも（長いも部会統合）
1992			ニラ
1993	201		イチゴ，（メロン解散）
	(～1995)	鵡川フェア開催（道外）	ほうれん草3億円達成
1995	(～1997)	オーストラリア研修	
		ほうれん草機械共選開始	
1996			大根，（ごぼう・長いも解散）
1997		じゃがいもハードコンテナ対応	
1998		振興会20周年	
1999	160	北海道産業貢献賞受賞	
	(～2002)	道外研修	
2001	152	中国農業視察研修	
2002		店頭消費宣伝販売，かぼちゃ共選開始	トマト1億円達成
2003	(～現在)	道外販売推進	キャベツ1億円達成
2004	162	野菜荷受庫落成	水菜
			レタス・かぼちゃ1億円達成
2006			トマト3億円達成
2007		ホクレン夢大賞受賞（レタス部会）	
2008		トマト共選機械更新	
2009		じゃがいも共選機械更新	
2010	160	ほうれん草共選機械更新	トマト5.5億円達成

資料：鵡川蔬菜振興会資料により作成

その収穫後に4月上旬に播種し6月から収穫する「春まきほうれん草」，そして「春夏まき」「夏まき」「晩夏まき」ほうれん草という，ほぼ周年でハウス利用を行うレタス―ほうれん草栽培の作型が創出されたのである（表Ⅰ-3〔1〕-6）[5]。道外出荷を行うためレタスの集荷場への出荷時間は6：30から7：00の間であり，冬季にもかかわらず3：00頃からの収穫作業に取り組んできたのである。

表Ⅰ-3〔1〕-6　鵡川町における野菜の作型

（単位：月日，日）

野菜名 作型	レタス 冬まき	ほうれん草 春まき	 春夏まき	 夏まき	 晩夏まき	トマト 抑制
播種期	11/15～3/5	4/11～4/30	5/1～7/20	7/21～8/20	8/21～8/31	4/10～4/25
育苗・生育日数	30	50	25～40	30～40	40～50	60
定植期	12/20～4/5					6/5～6/20
収穫期	4/1～5/31	6/1～6/20	6/10～8/20	8/20～9/30	9/30～10/20	7/20～11/10

資料：胆振農業改良普及センター東胆振支所資料により作成

部会は，この作型と作付面積を市場関係者に明らかにし出荷計画を相談している。逆に，市場関係者のクレームに対する対応は素早く，連絡のあった当日には部会役員が当該生産者に出向き改善策が協議されている。このような厳しい生産者の栽培・肥培管理高位平準化の取り組みが産地としての成長を支えているのである。この市場関係者との連携は現在も重視されており，2年に一度市場関係者に参加してもらう「産地交流会」を開催し研修に取り組んでいる[6)]。

以上のような経過で野菜産地形成は進行し，そこで形成された野菜作経営は従前の水稲単作的経営から施設野菜作＋水稲経営という複合経営への経営再編が行われたのである。先の農業産出額構成から考えると地域農業の再編を伴っていたといえよう。

4．野菜生産と産地の課題

JAむかわでは，現在野菜作が地域農業の基幹部門になっている。その野菜産地は次のような産地再編の課題を抱えている。その第1は，野菜作部門の拡大にともなう水稲作などの土地利用部門の確立問題である。第2は，野菜品目数増加と作付面積拡大にともなう野菜品目ごとの産地維持問題であり，このことは第3の問題である周年・継続的なハウス栽培にともなう連作障害対策でもある。これら諸問題が表Ⅰ-3〔1〕-1でみた農家戸数の減少という担い手・労働力減少の中で発生している。

ここで2戸の事例農家を取り上げる。I氏は42歳，妻，父母の4名で9.6haの経営を行っている。作付は水稲6.5ha，露地かぼちゃ（生食）0.2haのほかはハウスレタス，ほうれん草の栽培を行っている。ハウスは3,000坪（平均100坪ハウス，30棟）である。作型は冬レタス―ほうれん草（3作）である。レタスは早朝出荷のため家族経営で対応せざるを得ないが，ほうれん草には新規参入希望者や中国人研修生70～80名の雇用労働力を利用している。労働力確保とほうれん草の病害発生が課題となっている。また，B氏はレタス栽培の草分けであるが，60歳，妻と2名で7.0haを経営している。作付は大豆2.3ha，てん菜2.3ha，露地かぼしゃ（生食）0.2ha，他はハウスレタス，みず菜，かぶ，ほうれん草である。ハウスは2,000坪（平均100坪ハウス，20棟）であり，冬レタス20棟の後はみず菜5棟（3作），かぶ5棟（8～10作），ほうれん草2～3棟で，真夏には未作付のハウスが存在している。B氏は前年度まで水稲を作付していたが，機械更新や水稲生産組合が存続できなくなったことから休止し，全作業委託のてん菜作付に変更していた。また，ハウス利用はほうれん草の病害発生で収量が低下したため，みず菜やかぶに移行し，ほうれん草の作付を減少させるとともに病害発生確率の高いハウスは利用を制限している。

これら2事例からハウス施設への投資に重点を置いてきた施設野菜作農家は，水稲作付を中心にしながらも家族労働力や生産組合，受託農家の存在などで土地利用部門の作付を行っているのであり，労働力確保の側面から土地利用部門の安定化には受託経営組織の育成が課題となっている[7)]。また，これまでの野菜の主力であったほうれん草の病害発生は作付減少に結果し，7月中旬から8月末までの夏まきほうれん草の安定出荷という課題を部会に突き付けている。ほうれん草作付の減少は，トマト作付の増加の要因でもあり結果ともなっている。表I-3〔1〕-6に示したように，ほうれん草は冬まきレタスの後に播種されるが，抑制トマトも同時期の播種であり，収穫期も晩夏まきほうれん草の終了時まで継続する。つまりトマトはほうれん草の代替機能を果たすのであり，病害でトマトに移行すればほうれん草は減少，トマトは増加となるのである。ほうれん草部会では，土壌消毒手法の検討，品種選択，さらに根切り作業を集荷場で行えないかなど，面積維持のための模索を行っている。

JA むかわでは露地栽培では良好とはいえない気象条件を施設栽培に転換することによって，北海道でも有数の野菜産地を形成してきた。そして現在，著名な産地となったことによる安定供給の継続という野菜産地特有の課題に直面している。それを産地内部からみれば，病害対応，労働力確保，野菜以外の土地利用部門の位置づけ，そのための受託組織育成など，新たな産地内部の再編問題を抱えているのである。

5．産地形成の特色と再編の課題

鵡川町における野菜産地形成は規模拡大条件が制約される水田作地域での水田作経営の転換であった。その転換により形成された野菜作導入経営は，日照時間の多さ・降雪量の少なさという長所を生かしながらも寒冷な気温に対応するため施設野菜作部門として拡大・定着が図られた。無加温ながらハウス施設の導入は通年利用を目指す野菜品目選定が検討され，レタス―ほうれん草という作型が創出された。道外出荷を目指した遠隔産地，しかも 80 年代後半からの施設野菜振興という後発産地である JA むかわにおける産地形成の特徴は，出荷市場とのつながり強化・重視であり，市場からの要請に応じた産地形成であり，その要請に応える部会を中心とした厳しい管理体制であった。

このような水田作地域における施設野菜産地形成は，野菜部門外の土地利用部門をいかに利用するかという課題を抱えたままの展開であった。現況では，水田作を受託する経営体が出現しているが，地域全体をカバーする規模には至っていない。また，野菜作は病害の発生という連作障害，集出荷施設を含む労働力確保問題，さらに収益条件などからトマト作などへ転換する農家も多く，ほうれん草，レタスという JA むかわのブランド野菜の定量・安定出荷を継続するための産地再編課題を抱えている。野菜生産をめぐる諸問題は，若手の部会役員を中心に対応策の検討が始まっているが，土地利用部門の担い手育成は振興会といった地域振興の視点をもつ組織と JA などが一体となって検討しなければならない課題であろう。

注

1) 水田地域の経営分化に関しては小池（2010）を，野菜導入地域の存在に関しては志賀（2010）を参照。
2) 法人の動向および取り組みに関しては，仁平（2005），小松（2010）を参照。
3) 転作で牧草栽培が多かったのは軽種馬経営や肉牛経営に利用されているためである。
4) 野菜出荷先は，振興会設立当初は道内であったが，その後道外市場出荷に転換し，その市場開拓の過程で道外市場関係者とのつながりを強化していった。
5) 当時のレタス部会長は，レタス成功の要因を①先進地で取り組みがないこと，②レタスは寒さに強かったこと，③ほうれん草のハウスがあったこと，④日照があり除雪の必要がないこと，⑤道内の外食産業や生協が利用してくれたこと，そして⑥ハウス投資を可能にする収益があったこと，などを指摘している。
6) 2011年3月に開催された「産地交流会」には，道外市場関係者15名，道内市場関係者17名が参加している。
7) 旧鵡川町では軽種馬経営の廃業もあって，食品企業等が農業生産法人を設立し農地取得を行っている事例がある。これら法人の独自の取り組みがJAを中心とする地域農業振興に与えている影響に関しては他日を期したい。

引用文献

〔1〕小池（相原）晴伴「北海道における水田地帯の分化と転作対応」梶井功編集代表・矢坂雅充編集担当『民主党農政―政策の混迷は解消されるのか―』日本農業年報56，農林統計協会，2010年，pp.25-36.
〔2〕小松知未「大規模水田地帯における組織法人化と経営改善に関する研究」北海道大学学位論文，2010年。
〔3〕志賀永一「北海道水田作地域・経営方式の分化と戸別所得補償制度（モデル）対策の影響，2010年度北海道農業経済学会シンポジウム報告資料（北海道農業経済学会『フロンティア農業経済研究』第16巻第2号，2013年2月），2010年。
〔4〕仁平恒夫「大規模水田地域・南空知における法人の増加と特徴」『北海道農業研究センター農業経営研究』第90号，北海道農業研究センター総合研究部，2005年，pp.28-47.

（本稿は2011年10月に提出したものである）

〔2〕大都市近郊野菜産地の再編
—JA富里市の販売事業展開とその特徴—

森江　昌史

1．はじめに

農林水産省『総合農協統計表』によれば，2000年度から2010年度に総合農協の販売事業収益が18.1％減少した。この要因として生産者の高齢化や引退や後継者不足など，様々なものが挙げられよう。しかし，中には合併することなく，販売事業収益を増加させた総合農協も存在する。たとえば，上述した期間と同じ2000年度から2010年度に販売事業収益が22.4％増加[1]した千葉県のJA富里市（以下「JA富里」という。）である。

小稿では，JA富里の分析により，野菜産地の再編問題に接近する。このことは，JA富里の社会的な立地条件を踏まえれば，大都市近郊野菜産地の再編問題を取上げることでもある。とくにJA富里が一角を占める北総台地の畑作地帯は，歴史的に野菜生産者が個人出荷など多様な販売行動をとっており[2]，農協共販組織があまり強くない地域である。したがって，2000年代に販売事業収益が増大したJA富里を分析することは，野菜生産者が農協に求める販売面での役割を間接的に理解することにもなろう。

以下では，まずJA富里の概況を示すとともに，北総畑作地帯の農協として厳しい集荷環境に置かれていることを確認する。次に1990年代半ば以降の急速な販売事業展開に焦点を絞り，その背景と実態を概観し，さらに特徴を概括する。最後にJA富里の分析結果に基づき，大都市近郊の農協に求められる販売機能について若干論及する。

2．JA 富里の概況と集荷環境

JA 富里管内は，東京都心から60km 圏内にあり，成田国際空港の西側に近接して東関東自動車道・富里インターチェンジがあるなど交通の便がよい。農業産出額の割合が野菜71.7%，畜産8.8%，花き6.2%で，名産のスイカやニンジンなど野菜作が盛んである（農林水産省『平成18年生産農業所得統計』)。『2010年世界農林業センサス』によれば，法人化している農業経営体が16経営体で，法人化していない農業経営体が877（うち個人876）経営体である。経営耕地規模別に販売農家数の割合をみると，1ha 未満層が20.8%，1～3ha 層が62.6%，3ha 以上層が16.6%を占める。

2010年度のJA 富里は，正組合員戸数が1,375戸で，職員数が122名（一般職員74名，営農指導員3名，契約・パート職員45名）である。農産物販売額が79億6,324万円であり，このうち生産者からの受託販売が52.9%を，その他の対企業取引（買取販売）等が47.1%を占める（表Ｉ-3〔2〕-1）。2000年度に比べて農

表Ｉ-3〔2〕-1　取引形態別にみたJA 富里市の販売額とその構成比

（単位：1,000円，%）

取引形態		販売額 2000年度	販売額 2010年度	増減額	増減率	販売額の構成比 2000年度	販売額の構成比 2010年度
受託販売	青果物	3,976,039	3,493,467	-482,572	-12.1	61.1	43.9
	花き	242,263	152,837	-89,426	-36.9	3.7	1.9
	その他農作物	47,808	31,325	-16,483	-34.5	0.7	0.4
	畜産物	593,494	531,604	-61,890	-10.4	9.1	6.7
小計		4,859,604	4,209,233	-650,371	-13.4	74.7	52.9
その他	対企業取引	1,283,483	2,754,096	1,470,613	114.6	19.7	34.6
	直売所等*	204,366	623,093	418,727	204.9	3.1	7.8
	対生協取引	158,039	63,127	-94,912	-60.1	2.4	0.8
	インショップ	-	313,693	-	-	-	3.9
小計		1,645,888	3,754,009	2,108,121	128.1	25.3	47.1
合計		6,505,492	7,963,242	1,457,750	22.4	100	100

注：1）JA 富里市『通常総会資料』に基づいて作成
2）*印の「直売所等」は，宅配や給食向けなどを含む。なお，ほかの取引と異なり，地産地消の観点から販売事業（営農部）ではなく，産直事業（生活購買部）とされる。

産物販売額は22.4％増え，また従来型の受託販売は13.4％減少し，その他は128.1％増加した。つまりJA富里は，2000年代に受託販売以外の取引を大幅に伸ばした結果，販売額が2割強も増えたのである。ただし富里市の農業産出額は，2000年から2006年に16.5％（野菜16.8％）減少した。したがってJA富里の販売額増大は，地域農業の発展というよりむしろ自らの集荷力向上によるものである。換言すれば，JA富里は生産者から販売先として一層選ばれるようになっており，とりわけ受託販売以外の取引で顕著である。

集荷力に関連してJA富里は，共販組織の整備が遅れて始まったこともあり，共販組織そのものが強くなかった。たとえば，生産部〔生産部会〕設置規程の制定が1978年で，40支部ごとの共計体制が変化する一因になった五つの集荷場設置の完了が1987年である。後発のJA富里と対照的に農協管内では，複数の集荷業者のほか，1950年結成の任意出荷組合「丸朝組合」（芝山町）を母体として1964年に設立された野菜専門の丸朝園芸農協（1975年に朝日農業賞受賞）が集荷活動等を先行させていた。さらに生産者は，東京等への個人出荷も可能である[3)]。こうした厳しい集荷環境に置かれたJA富里では，生産者から販売先として選ばれるとともに商機を逃さず活かすことが常に意識されており，これらの意識が後述する販売事業の展開を促し，結果的に集荷力を向上させた内因である。

3．販売事業の展開とその特徴

(1) 事業展開の一背景

1990年代中頃からJA富里の販売事業は，大きな転換期に入った。加工業務用の新規契約取引（1995年），直売所開業（1996年），小売企業向けに小分作業をするための施設整備（1998年）など，急速に展開したのである。背景として，取引先や消費者など販売事業の外部環境および生産者など内部環境の変化が挙げられる。このうち，ほかの野菜産地とも共通する外部環境の変化については割愛し，内部環境の変化については生産者の側面，それも事業展開の起点となった加工業務用の新規契約取引に関する一面のみ触れる。

1993年頃から価格下落などにより，一部の生産者が卸売市場出荷への不満を表していた。また，経営者の代替わりや後継者の就農などを契機に，規模拡大をはかる一部の露地野菜作経営が出現し，とりわけ一般常雇への賃金支払い等を意識する経営者が販売価格の安定を求めるようになっていた。要するに，価格乱高下の可能性がある卸売市場出荷よりも，価格安定的な取引を志向する条件が整いつつあったのである。

(2) 加工業務用の新規契約取引

JA富里では，1972年の加工用トマトや1980年の加工用バレイショなど，以前から加工用で契約取引が行われていた。1995年，種苗企業の紹介により，加工業務用を専門にする卸売企業がバンズ（ハンバーガー用のパン）にはさむトマトを求めてきた。このトマトは，卸売市場出荷用に作付けされていたため，卸売市場で売りにくいS以下の等級について契約が成立した。以後，その卸売企業を仲介する等により，いろいろニーズをもつ多彩な外食企業等との契約取引が拡大した。

1995年以降の新規契約取引の特徴として，第一に営農指導部門（現営農指導課。図Ⅰ-3〔2〕-1）が大きな役割を果たしていることが挙げられる。当初，企業との商談は，「これくらいの物が，いつ，どのくらい収穫できる」といった産地情報を伝えながら進められ，ときに県外産地を紹介して原料・食材調達に協力することもあった。また低価格の加工業務用では，予測される生産者手取額の提示などにより，営農指導部門が生産者を説得することもあった。たとえ低価格であっても，歩留まりに配慮しながら収量を上げることで収益が得られる，といった説得である。現在の営農指導部門は，新品目導入時の品種選定とその試験栽培，ポジティブリスト制度に基づく農薬選定，価格や数量や納期など企業との売買契約交渉（JA富里が生産者に代わって代金未回収等のリスクを負うとともに3%の外手数料を得る），成約後に生産を委託する生産者（JA富里との面積契約）の組織化と指導を担当している。ただし，生産者30名ないし契約面積5ha以上に取引規模が拡大すれば，販売事業課が担当することになる。な

図Ⅰ-3〔2〕-1　JA富里市の野菜共販組織体制（2010年度）

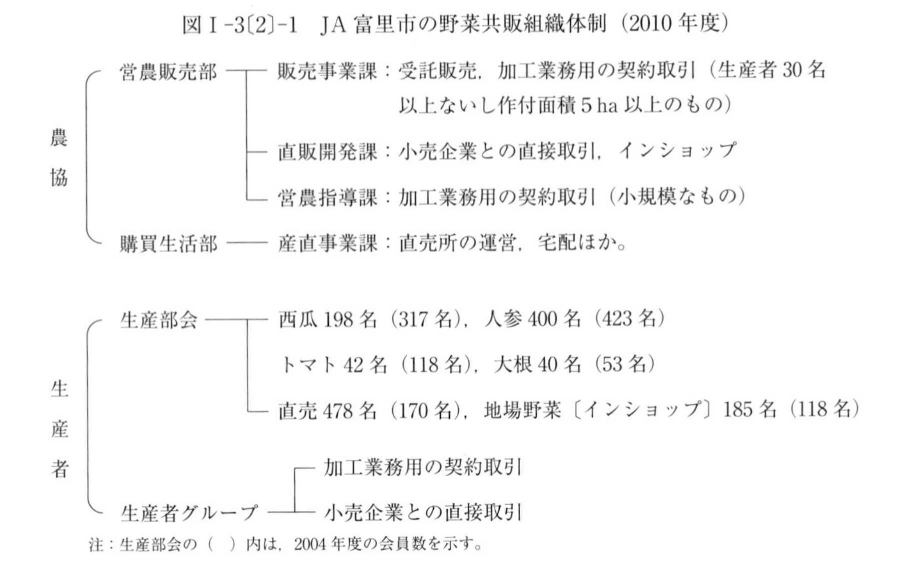

注：生産部会の（　）内は，2004年度の会員数を示す。

お，取引先と数量契約を結ぶため，不作にそなえて生産者に2割増しの作付けを指導している。契約量を超えた余剰分は，卸売市場など他チャネルで販売される。

第二の特徴は，営農指導部門が担当する契約取引では，生産部会と別に比較的小規模な生産者グループが結成されていることである。しかも同グループは，JA富里が生産者を選ぶように売買契約単位で結成されている。具体的には責任感が強く，労働力や技術や施設など生産能力があり，経営者の年齢や後継者の就農など経営発展が見込める中核的な生産者を主としているのである。いわゆる平等主義的な生産部会と異なり，選択的に生産者が組織化された背景には，かつて企業と契約を結ぶ中，生産委託した某生産者が播種すらしていなかったような苦い経験があった。ただし生産者グループは，履行の観点から契約ないし指導を守らない生産者が排除される反面，大規模経営など生産部会の未加入者にも門戸が開かれている。いわば生産部会の枠組みにとらわれない生産者の再組織化（共販組織再編）であり，生産部会未加入者も指導対象とする営農指導部門ならではの柔軟な発想といえよう。なお，営農指導部門が担当する契約取引では，JA 富里とその指名した生産者グループリーダーとの交渉で作付計画等が決められ，同リーダーを軸に生産出荷が計画的に実行される。

(3)　家計消費用販売の多様な展開

加工業務用の新規取引が始まった翌1996年にJA 富里は，地産地消の産直事業として直売所を開業した。しかし直売所への着手は，旧富里町議会での議員質問がきっかけであり，自発的な行動とはいえない。その後，2004年には商業集積効果をねらい大型ショッピングセンターの出店予定地近くに直売所2号店を開いた。

1998年には，家計消費用の販売が展開する上で重要な物流拠点が設けられた。伝統的に考えれば小売業の基本業務といえる小分作業を代行（物流面での機能的リテールサポート）するため，2,000万円をかけてピッキングセンター（PC）が完成したのである。その結果，仲卸業者等に小分作業を任せることなく，小売企業の専用物流センターに直接納品できるようになり，リードタイム（発注～納品）短縮など直接取引が行いやすくなっている。事実，PC 完成後の短期間に小売企業からの受注量が増大したため，処理できない物について元JA 職員が経営する株式会社（第2PC。ただしJA 富里は出資せず）に小分作業を委託している。なお二つのPC は，大都市近郊という立地条件が活かされ，県内産のない時期も県外から積極的に集荷することなく，周年的に稼働している。この理由は，県外産地に対し，小売企業が納品場所としてJA 富里のPC を指示するためであり（小売企業が利用料を支払う），JA 富里自ら集荷する県外の取引先は九州南部の一箇所にすぎない。

既述した加工業務用の契約取引，PC 設置などにより，外食・小売企業との接触・取引機会が増えたことは，卸売市場への出荷行動にも影響を与えた。2001年，川下の販売先まで把握して出荷する「販路確定販売」という方針が立てられたのである。同方針は，卸売市場を経由するものの，小売企業の仕入れたい野菜を販売する，別言すれば小売企業個々の具体的ニーズにより応えようとするものである。

こうしたニーズ適合的な販売志向は，卸売市場出荷にとどまらず，小売企業との直接取引の拡大を図らせた。しかし直接取引の開拓は，決済口座開設などで簡単に行かないケースも少なくなかった。このため，2003年に始まったインショップ[4]では，この対応をテコに某小売企業との決済口座を設けた。いいかえれば，特徴ある売場づくりの一手法であるインショップを引受け，売場づくりに協力することを条件に直接取引が実現したのである。また，2000年代前半から小売企業との直接取引では，加工業務用と同じような生産者グループが組織されている。もともと，生産部会の共選品から必要な物を抜取って納品する方式，つまり卸売市場出荷との調整を要する方式がとられていた。その後，加工業務用での生産者グループ結成に触発され，小売企業に提案（営業）しやすい等の理由により，生産部会と別に機能的な生産者グループが作られたのである。

このように家計消費用の販売は，直売所開設，PC設置，卸売市場での「販路確定販売」，インショップ開始と展開してきた。一連の動きは，卸売市場での無条件委託販売を主にした従来型販売からの転換であり，いわば川下での顧客獲得を目指すものである。ただしJA富里では，顧客獲得のみならず，バイヤーの配置換え等をきっかけに取引関係が解消されるリスクを減らすため，顧客との関係維持強化も目指されている。その視点に立てば，PCによるリードタイム短縮，インショップによる特徴ある売場づくりへの協力も意味があろう。さらに，取引関係強化の象徴が2008年に設立された㈱セブンファーム富里[5]である。JA富里は，同ファームの設立に尽力しただけでなく，出資もしている。この対応には，2007年の食品リサイクル法改正（2012年度までの食品小売業の目標実施率45%）を受け，「完全循環型農業」の実現を目指すことで企業の社会的責任（CSR）を果たそうとする大規模小売企業への支援という側面もある。

(4) 販売事業展開の特徴

1990年代中頃から急速に展開した販売事業の特徴として以下のことが挙げられる。第一に卸売市場での無条件委託販売をはじめ，契約取引やインショップなど販売チャネルの数が増えている。このことは，生産者からみて選択できる販売方式の数が増えたことを意味する。

第二に，加工業務用の比較的小規模な契約取引および小売企業との直接取引では，次のような取引の仕組みが作られ，JA富里が生産者と取引先との仲介機能を積極的に果たしている。すなわち「取引先との売買契約に基づきJA富里は，数量や規格や納期など，取引先ニーズに適合するように生産者から野菜を買取って納品」という仕組みである。とりわけ加工業務用では，受注生産方式がとられている。また買取販売により，JA富里は生産者に代わって代金未回収等のリスクを負っている。

第三に，前述した仕組みについて販売面と生産面から取引プロセスが管理されている。販売面では，取引関係の維持強化が志向され，取引先のニーズに応えたり問題解決等に協力したりすることで，簡単に取引関係が解消されないよう配慮されている。もう一つの生産面では，平等主義的な生産部会と一線を画し，JA富里が柔軟かつ選択的に生産者を組織して管理している。この生産者グループは，大規模経営など生産部会の未加入者だけでなく，小売企業との直接取引をしない他農協管内の意欲的な生産者（JA富里の准組合員）[6]にも門戸が開放されている。ちなみに，同グループに参加していない生産者でも，直売所かインショップの生産部会に加入すれば，直接販売の機会を得ることができる。

4．むすびに代えて

小稿では，大都市近郊で歴史的に厳しい集荷環境に置かれていながら2000年代に販売事業収益が増大したJA富里を対象に，1990年代半ば以降の急速な販売事業展開について背景と実態を概観し，特徴を概括した。この事業展開は，JA富里が生産者から販売先として選ばれるように商機をつくり活かすとともに，そのための共販組織再編と施設整備を進めてきた過程といえよう。とりわけ共販組織再編では，加工業務用の比較的小規模な契約取引および小売企業との直接取引を遂行するため，生産部会と別に選択的な生産者グループを結成した。同グループは，契約履行の観点から責任感が強く，労働力や技術など生産能力があり，経営者の年齢や後継者の就農など経営発展が見込める中核的な生産者を主に組織されたものである。結果的に，これの新設により，生産部会の加入・未加入の別も農協管内外の別も問わず，より多くの生産者を共販組織に取り込めるようになった。こうした選択的な生産者グループと平等主義的な生産部会とを並立させた共販組織再編（生産者の再組織化）は，2000年代にJA富里の販売事業収益が増大した要因の一つである。見方を変えれば，大規模経営の出現に代表されるような経営方針や経営資源の違いなど同質性を失った生産者に対し，共販組織再編の起点となった加工業務用の契約取引，小売企業との直接取引，インショップなど複数の販売方式を提供することにより，JA富里の集荷力が向上し，販売事業収益が増大したのである（ただし直接取引など一部は条件つきの提供）。

以上より，大都市近郊の農協に求められる販売機能として次のことが挙げられよう。第一に異質化する生産者に対し，既述したような各種の販売方式を提供することである。第二に，そのうち契約取引では，本質的な対立関係にある生産者（売手）と取引先（買手）との仲介機能を積極的に果たすこと，それも取引先ニーズに適合するように行うことである。第三に，これらを実行するための共販組織体制づくり，すなわち必要に応じた生産者の再組織化と施設整備のほか，小稿で言及しなかった営業体制の整備[7]を行うことである。

注

1）販売事業（営農部）と別扱いの産直事業（生活購買部）を除けば，16.5％増になる。なお後者の事業には，直売所や給食用や宅配用やコンビニエンスストア向け（フードデザート対策）等，地産地消にかかわる販売が含まれる。

2）1980年頃，北総畑作地帯での市場対応は「個人出荷，商人・業者出荷，任意組合出荷，農協出荷，契約出荷など様々な形態がとられて」いた。木村伸男『農業経営発展と土地利用』日本経済評論社，1982年，p.94.

3）個人出荷の一例として経営耕地面積10ha（うち借地6ha）のA経営は，二十数年前から東京都中央卸売市場にネギを個人出荷している。2008年産のネギは，作付面積3haのうち，東京市場への個人出荷が約1／3，JA富里の対企業取引が約2／3を占める。2009年3月2日，経営者に対するインタビューより。

4）インショップ（shop-in-shop）とは，専門店ないし独立店舗のような形式で設けられた小売店舗内の売場のことである。場所（不動産）を貸すテナントと区別される。

JA富里のインショップは，小売店舗の売場使用料が高いものの，直売所と同じように生産者自ら売価を設定できる魅力があるため，図表で示したとおり，生産部会員数が増加し，売上高が3億円を超えた。

5) セブンファーム富里の設立経緯や事業内容等については，仲野隆三「小売企業と組合員・農協出資による農業法人の取組み」『農業経営研究』143，2010年3月，pp.23-28が詳しい。

6) 農産物出荷を目的とした農協管外の准組合員75名，うち常時出荷者35名である(2007年度)。仲野隆三「第6章 営業活動と連携した営農指導のあり方」佐藤和憲ほか「[特別研究課題] JAにおける戦略的営業活動の基礎理論と管理に関する研究」『協同組合奨励研究報告』第三十六輯，家の光出版総合サービス，2010年，p.49.

7) 農協の営業体制については，森江昌史・清野誠二「第4章 先進的JAによる営業活動の到達点」佐藤ほか（前掲書），pp.29-36を参照のこと。

〔3〕高冷野菜産地の再編
―JA嬬恋村キャベツ出荷組織とキャベツ作経営―

後藤　幸一

1．はじめに

嬬恋村は，群馬県の西北部に位置し長野県境に接しており，耕地は標高900～1,400mに分布する夏秋キャベツの産地として知られる。キャベツの導入は戦前であるが，戦後は種バレイショやハクサイも栽培され，1970～80年代にはこれら品目に加えレタス，ダイコンも農業経営の一部として栽培された。その後キャベツに収斂し栽培面積拡大と出荷量を増大させてきた（図Ⅰ-3〔3〕-1）。この夏秋キャベツ生産拡大の背景には，国営パイロット事業等の農地開発による生産基盤の整備や地域施設の拡充がある。個別経営においては，農業機械化の進展による生産効率の向上や2世代就業および季節雇用労働力に依存した作業体系によって形成された経営構造がキャベツ専作経営に適合してきたことがある[1)]。規模拡大条件のもと階層分化をともないながら厚い層のキャベツ作大規模経営を形成した。

一方では，JA嬬恋村を中心とするキャベツの販売活動が市場対応としても，それに対応した組織活動としても需要サイドに積極的な関わりをもってきた。生産の伸張期から生産過剰が顕現する1970～80年代にかけて，嬬恋村のキャベツ出荷は農協傘下においても多数の零細出荷組織が存立し，さらに産地商人の介在もあり農協共販の方向性が模索されていた[2)]。90年前後にJA嬬恋村の出荷組合が再編され，現在の組織形態の枠組みができあがったが，再編が各出荷組織の主体性を保持したものであったことから販売組織活動の基礎単位となった[3)]。これらの時期を前後して，さらに全国各地への広域出荷体制を促進し，販売促進の取り組みを強化した[4)]。この販売組織活動は，各JA出荷組織が補完し合いながら全体としてJA嬬恋村の販売体制を作り上げている。

図Ⅰ-3〔3〕-1　嬬恋村のキャベツ栽培面積およびJA出荷量の推移

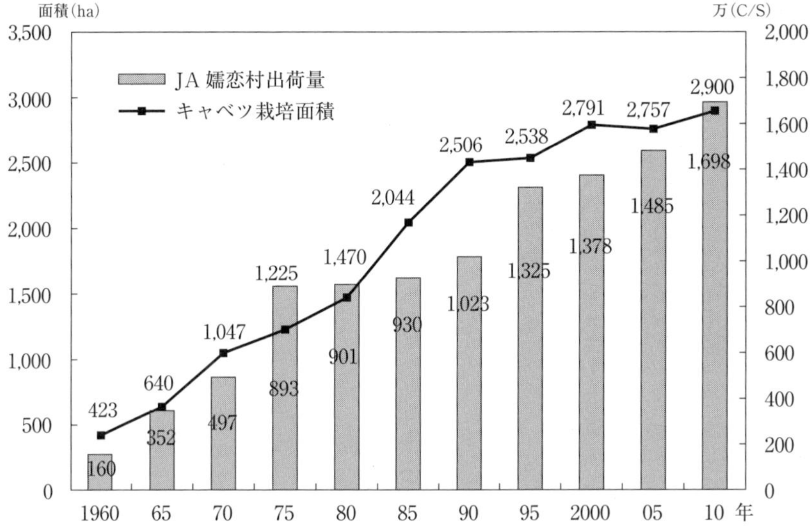

資料：面積は各年次センサス，出荷量はJA嬬恋村生産者大会資料。
注：1C/Sは標準8球詰め10kgであるが，一部（10%程度）は業務用15kgC/Sである。

ここでは，JA嬬恋村の組織的販売活動が個別経営の規模拡大に影響し，規模拡大したキャベツ作経営と市場との関連および経営の課題を明らかにしたい。その方法として，キャベツの主要生産地域の西部地区の出荷組合からJA嬬恋村を構成するT組合とB組合，それぞれの個別経営を調査対象とした。地域特性をもった各出荷組合とキャベツ作経営が全体として嬬恋村の統一的なキャベツ産地を形成しているからでもある。

2．JA嬬恋村の出荷体制と市場対応

(1) JA嬬恋村の出荷体制

嬬恋産キャベツは，販売量からいえばその主体は京浜市場である。そこで夏秋キャベツにおける嬬恋産キャベツの位置を東京市場で検討してみたい。夏秋キャベツの産地で競合するのは，岩手，北海道，長野であり，これら諸県との

図Ⅰ-3〔3〕-2　東京都中央卸売市場における夏秋キャベツ取扱量と単価の推移

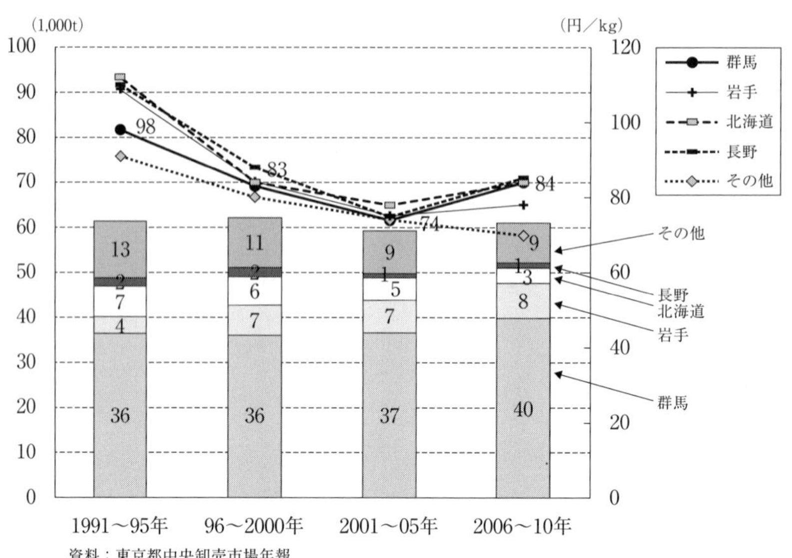

資料：東京都中央卸売市場年報

注：1）取扱数および単価は，各5年間の平均である。

2）取扱数量は7～10月の合計である。

3）1991～95年単価は，価格高騰年の93年単価の影響がある。

比較において群馬県産（95%は嬬恋産）の動向をみると次のことがいえる。市場における位置を図Ⅰ-3〔3〕-2の東京都中央卸売市場における群馬県産キャベツの位置で示した。市場における群馬県産の販売量は，1990年代前半に3万6,000tであったものが2000年代の後半には4万tと増大し，シェアを59%から65%に高めている。同時期の1kg当たりの販売単価は，他の諸県よりも10円程度低かったものが直近の5年間では，群馬84円，岩手78円，北海道84円，長野85円と遠隔産地と同等かそれ以上の価格評価を得ている。

そこで最初に，現在の出荷体制と市場対応をどのように整備してきたかを出荷組合の再編過程にみたい。JA嬬恋村のキャベツ出荷は六つの単位組合により構成されている。現組織は，87～92年の間に組織再編された六つの組合である。旧キャベツ出荷組合は，11の集落（大字）それぞれの集落内に交錯して組織されたり，集落内の隣保班単位の農事組合として組織されていた。キャベツ生産が盛んで栽培面積の多い西部地域は四つの組合に，東部地域は二つの組合に再編統合された。西部地域では，87年にO集落内の開拓集落の四つの組合によるN組合，91年に同じくO集落にある旧集落の七つの組合によるO組合，92年には今回調査対象としたT組合とB組合がそれぞれ五つの組合と二つの組合により再編された。東部地域では，兼業農家が多く，また規模も相対的に小規模であるため87年に集落を越え18組合が合併しTU組合に，89年には開拓集落の3組合がS組合となった。これらの出荷組合は，居住地域を基礎としていること，さらに農業経営の展開過程が類似していることで，それぞれの出荷組合は組織的に強固な統一性を保持している。この合併再編を契機として，JA出荷組合に属する組合員は，全量出荷とし業者出荷はできないこととした。

JA嬬恋村のキャベツ出荷組合の組合員は，約380名である。調査時点では，最も大きいT組合が134人，B組合が87人，O組合とN組合がそれぞれ80人前後と30人弱，残り人数が東部地区の小規模の2組合である。センサスでみる3ha以上販売農家は445戸であり，組合員は大規模農家が多いことを考え合わせるとその数値の85%に相当する。JA嬬恋村のキャベツ出荷組合の組織率は極めて高いことが想定できる。各組合はJA嬬恋村のキャベツ出荷組織でありながら出荷販売活動において主体性が発揮されており，それは組合員参画型の組織活動体制に現れている。特に，組合員自らが参画した市場対応とキャベツ品質保持のための出荷時の検査体制にそれをみることができる。

具体的事例としてT組合とB組合をみたい。T組合は，組合員が全員で組織活動に取り組む体制ができている。役員は，組合長1名，副組合長3名，書記2名，会計1名であり，企画，資材，検査，運送，出荷の各部門を設け部長5名と執行部を構成する。役員の7名あるいは各部部長を含めた12名は，全国各地の指定市場へ出向いたり，市場関係者を迎えたり，年数回の販売促進活動や情報交換を行っている。さらに野菜協力委員として60名がおり，5部門のどれかに所属している。企画部は，目揃い会や検討会などの行事や会議を担当し，資材部は出荷用ダンボールの材質検討など，検査部は出荷時の規格や品質検査を行い，出荷部はクレーム対応を担当している。とりわけキャベツの出荷時の検査体制を重視し野菜検査委員としての29名が，検査専門の雇用者5

名と協力して輪番で検査に当たっている。一方，B組合は組合長1名，副組合長2名，書記1名，会計1名，検査部と施設部があり，部長各1名の計7名で執行部を構成している。この執行部は，東京市場を中心に全国各地の指定市場への販売促進活動を行う。さらに野菜協力委員として29名，野菜検査委員が20名いる。協力委員は理事としての役割を果たし月1回の理事会により組織運営に加わっている。出荷時の通常検査は検査専門の雇用者5名によって行われるが，野菜検査委員も協力して検査を行ったり，組合員全員が輪番でスポット的に検査を行う場合の中心的な役割を果たす。施設部は圃場に点在する集荷所や防除用水施設の管理を担当している。

(2) JA嬬恋村の市場対応

JA嬬恋村のキャベツ出荷販売体制は，JA嬬恋村と各組合で役割を分担しつつ統一的な共販体制をとっている。JA嬬恋村の役割と機能は，各組合に共通する販売促進，価格設定や価格安定化対策，各組合間の出荷調整等である。販売促進では，統一的な販売方針のもと市場との販売促進会議や交渉を行う。JA全農が介在する契約取引として「Gルート販売」があり，これは通年取引量と価格を年間または週間で取り決める方式で全出荷量の約30%を占める。価格安定化対策として，保証基準価格を下回った場合に交付する価格安定化対策事業と価格上昇が見込めない場合の市場隔離を行う需給調整特別事業，こららの不足分を独自の野菜生産安定基金で補っている。また，各組合と指定市場との取引において市場間で過不足が生じた場合に各組合の分荷先を調整する。

一方，個別市場を相手にした販売促進，市場分荷や出荷量の決定はJA支所を範囲とする六つの出荷組織ごとに実施する。販売額の精算は，組合ごとに規格別にプール計算で行われる。販売促進の推進役になる単位組合の役員を中心とする執行体制，品質の統一や向上を図るための組織的検査体制を組んでいるのは前述した通りである。JA嬬恋村の出荷組合は，販売地域の比重の置き方が異なるとともに市場でも分担関係をとり棲み分けている。

嬬恋村のキャベツ販売は，東北から九州に及んでいるが，表Ⅰ-3〔3〕-1の通り，主に京浜市場を中心とする関東に56%の他，西日本各地に出荷している。

販売量は約1,700万c/sであり，８月，９月の出荷量が多いが，早くは６月下旬から出荷晩期は10月中旬までである。キャベツの種類を大きく分類すると外食産業等の業務・加工で用いられる通常寒玉といわれるキャベツと量販店を中心に個人消費で好まれる春系キャベツに分類できる。地域的な消費傾向からすれば，大まかには前者が関西市場での引きが強く後者は関東で好まれるが，消費筋によっても変わってくる。表Ⅰ-3〔3〕-2は，キャベツの種類別出荷実績である。嬬恋全体では寒玉系が63.5%，春系が36.5%である。T組合では，寒玉系の比重が高く約69%であり，B組合で寒玉系と春系が同じ50%である。表Ⅰ-3〔3〕-3は，JA嬬恋村と対象組合の指定市場を示したものであるが，T組合は中京，関西など西日本への出荷も多く，B組合は関東を中心とした市場が多い。このことはT組合における関西で需要が多い寒玉系の生産量が多いことにも対応し，関東では春系需要が多くB組合の市場対応とも関連している。

京浜市場でのT組合とB組合の取引事例をみたい。T組合の指定卸売会社のあるO市場では仲卸を通じて販売される。ここでのキャベツの６割は業務

表Ⅰ-3〔3〕-1　地域別出荷量

（単位：1,000C/S）

	東北	関東	中部中京	京阪神	中四国	九州	合計
JA嬬恋村	299	9,484	2,567	2,931	879	818	16,978
構成比率	2	56	15	17	5	5	100

資料：JA嬬恋村生産者大会資料
注：1）22年販売実績
　　2）1c/sは10kg，全出荷量のうち1,565千c/sは業務用15kg。

表Ⅰ-3〔3〕-2　キャベツ種類別出荷実績（平成22年）

種類	出荷量（1,000C/S）			構成比（%）		
	JA嬬恋村	T組合	B組合	JA嬬恋村	T組合	B組合
寒玉系キャベツ	9,222	4,203	1,298	54.3	61.9	36.6
業務用(寒玉系)	1,565	467	475	9.2	6.9	13.4
小計	10,787	4,670	1,773	63.5	68.8	50
春系キャベツ	6,190	2,121	1,776	36.5	31.2	50
合計	16,977	6,791	3,549	100	100	100

資料：23年度生産者大会資料およびJA資料より作成
注：1）22年度販売実績
　　2）1C/Sは10kgで業務用のみ15kg

表Ⅰ-3〔3〕-3　地域別の指定市場数

	東北	関東	中部中京	京阪神	中四国	九州	合計
JA 嬬恋村	5	53	41	25	27	12	163
T 組合		14	16	18	17	1	66
B 組合	2	14	2	2	3	1	24

資料：JA 嬬恋村生産者大会資料および JA 聞き取りより

用であり，4 割が量販店等の小売りである。T 組合は，寒玉系 5 割，春系 5 割の出荷であり，前者は外食・業務用に用いられ，後者は量販店で販売される割合が高い。また，全農系列の神奈川県にある集荷センター出荷では，仲卸売が介在しないため流通ルートが短縮され，物流としても量販店集配センターへの直送が約半数あり，店頭への到着が早い。産地予冷後，翌日には輸送，量販店に到着し，その翌朝に店頭販売が可能となる。一方，B 組合の主要市場である S 市場の卸売会社では，量販店や小売り業者の比重が高いため，キャベツの種類では，春系 7 割，寒玉系 3 割を扱う。ここでの取引相手である大手量販店は都内と神奈川にある四つの集配センターを利用し，保冷効果があり荷傷みの少ないコンテナ利用取引を行っている。特に都内販売の場合は，朝収穫し，当日の午後 3 時には店頭販売できる体制をとっている。

嬬恋産キャベツの市場での特徴は，ロットと鮮度，品質や規格の統一，それを支える出荷体制，全国各市場および個別市場との市場交渉力と対応力である。それらを実現するため各組合で重点の置きどころは若干異なるものの共通するのは，組合員による販売活動への主体的な関わりと出荷時検査への積極的な参画である。また需要特性に対応した生産販売方式を採っている。このことがキャベツ市場および消費サイドからの要望に対応することができ，キャベツ販売価格やキャベツ生産拡大に反映していると考えられる。

3．キャベツ作経営の規模拡大と経営実態

(1) 生産基盤整備と規模拡大

嬬恋産キャベツの市場評価の高まりを背景として，嬬恋村キャベツ生産は地

域的な面積増加と個別経営における専作化をともなった規模拡大により産地規模の拡大を遂げてきた。表Ⅰ-3〔3〕-4 の通り 1990 年代を通じて経営耕地規模は 5ha 以上層が過半を占めるようになり，2000 年代はさらに 10ha 以上が増加している。

産地の面的広がりの条件を付与してきたのが農地開発である。高標高地帯であるが，丘陵地帯であるという地形の特性から大規模な開墾が行われてきた。主要な土地改良事業では，1970～78 年に施行された国営農地開発事業嬬恋西部地区（第１次パイロット事業）により 578ha，71～82 年には県営総合農地開発事業干俣地区により 293ha，89～2001 年には国営農地開発事業嬬恋地区（第２次パイロット事業）により 404ha の農地開発が実施された。この最後の農地開発事業では，258 戸が事業参加しており標高 1,100～1,400m の地域に 11 カ所の団地が造成された。農地開発は経営規模拡大の条件を付与し，高標高地帯へ開発が進むにつれて，標高差を利用した作業体系も可能とした[5)]。また，生産物を圃場で収穫箱詰めし搬入できる野菜集出荷施設は，69～2001 に 157 棟設置され，予冷施設は 78～2004 年の間に９地区に設置された。

個別経営においては，栽培管理作業の機械化と労働力多投による収穫作業で大規模キャベツ作経営を追求してきた。キャベツ栽培の主要作業は，ロータ

表Ⅰ-3〔3〕-4　嬬恋村の経営耕地規模別農家数　（単位：戸，％）

	年次	農家数	0.3ha未満	0.3～0.5ha	0.5～1.0ha	1.0～1.5ha	1.5～2.0ha	2.0～3.0ha	3.0～5.0ha	5.0～10.0ha	10.0ha以上
嬬恋村	1990	854	3	100	76	40	31	52	244	308	
		100	0	12	9	5	4	6	29	35	
	2000	745	5	83	75	29	16	38	120	348	31
		100	1	11	10	4	2	5	16	47	4
	2010	628	2	60	58	25	12	26	87	294	64
		100	0	10	9	4	2	4	14	47	10
T	2010	163				5		4	19	119	16
		100	0	0	0	3	0	2	12	73	10
H	2010	117	1	1	7	1		5	37	60	5
		100	1	1	6	1	0	4	32	51	4

資料：各年次農業センサス
注：1）上段は実数，下段は構成比率
2）T は T 組合のある T 地区，H は B 組合のある H 地区である。
3）農家数は販売農家数で例外規定農家は 0.3ha 未満に含めた。

リー耕―施肥・うね立て―定植―防除―収穫・運搬―有機質資材散布・プラウ耕であるが，耕耘・施肥作業の機械化に加え，1980年代中頃のブームスプレーヤとキャベツプランターの普及で栽培管理過程の省力化を実現してきた。繁忙期には，ロータリー耕用，ブームスプレーヤ搭載用，圃場からのキャベツ搬出用などにそれぞれトラクターを専用利用するため農業機械の重装備化が図られてきた。収穫労働は，手作業であるが季節雇用の導入や2世代家族労働力を多量投下することで対応している。大型農業機械の利用で省力化するとともに労働投入の平準化を図りやすいキャベツ単一よる経営構造を形成した。

(2) 専作的キャベツ経営の実態

調査対象農家は表Ⅰ-3〔3〕-5に示した9戸である。T組合のあるT地区が5戸，B組合のあるH地区が4戸である。経営規模は，おおよそ6～13haの範囲にあり，当該地域では中規模から大規模経営に属する。キャベツの専作経営が大部分であるが，一部にウドやハクサイを栽培している経営もある。農業労働力は，家族労働力と季節雇用を導入しているが，地域的な特徴もある。家族労働力は2世代従事の場合は経営主夫婦に後継者が多い。若い後継者の場合，妻は家事専従となる事例がある。資本装備は，80～100馬力級の大型トラクターを3～4台導入し最盛期の管理収穫作業に対応している。対象経営におい

表Ⅰ-3〔3〕-5　調査農家の経営概況　（単位：a，人）

	農家	経営面積	自作地	借地	作物構成		家族労働力		雇用
					キャベツ	その他	基幹	補助	
T地区	A	1,230	1,230		1,030	20	2		3
	B	1,180	940	240	1,120	60	3		4
	C	920	670	250	920		3		2
	D	790	790		790		2		3
	E	760	580	180	760		3		2
H地区	K	1,065	645	420	875	190	3		
	L	745	545	200	745		3	1	
	M	725	445	280	680	菌茸	3		0.5
	N	651	286	365	651		2	1	

資料：2011年ヒアリング調査
注：1）作物のその他は，Aはジャガイモ，Bはハクサイ，Cはウド，Mはエノキ栽培である。
2）家族労働力の補助は70才以上とし，雇用は夏期の季節雇用である。Mの0.5は季節雇用で短時間パート勤務を指している。

ても1990年代からは，とりわけ規模拡大が進展した。第２次パイロット事業を中心とした自作地と借地両面からの拡大であり，農地開発事業の農地造成は90～97年に行われ大部分の経営は80～160a農地取得している。それは，同時に小面積栽培されていたハクサイ，レタス，ジャガイ等がキャベツに代替される過程でもあった。規模拡大してきたキャベツ作経営は，一定の収益性を確保してきた。表Ｉ-3〔3〕-6では，対象経営の経営収支を示した。事例は7～11haの範囲にある経営であるが，相応の所得を確保している。所得率は31％となっており，これは同時に費用の多さも示している。出荷用ダンボール等の荷造り運賃手数料，機械等の減価償却や修繕費，農薬費や肥料費である。ダンボール代は，出荷流通上の課題であるが，機械関連費用，農薬費，肥料費はキャベツ専作の土地利用の特徴を示していると考える。

表Ｉ-3〔3〕-6　キャベツ経営の経営収支

（単位：1,000円）

項目	事例Ｉ	事例Ⅱ
農業粗収益	42,401	38,020
種苗費	1,164	1,136
肥料費	3,057	3,197
農薬衛生費	4,379	3,559
諸材料費	334	104
光熱動力費	1,024	715
農具費	113	7
減価償却費	4,411	2,006
修繕費	2,512	1,338
土地改良費	168	0
地代賃借料	682	739
租税公課	1,212	917
支払利息	33	3
荷造り運賃手数料	7,464	6,805
共済・保険掛金	1,266	937
その他経費	1,532	650
農業経営費	29,351	22,113
農業所得	13,050	15,907

資料：各農家青色申告データより

注：1）平成21年と22年の平均値として表示

2）販売単価は21年が平年並み
22年は平年より100円/c/s程度高い

3）21年所得は事例Ｉが1,184万円，Ⅱが1,237万円
22年はＩが1,427万円，Ⅱが1,945万円

キャベツ栽培の規模拡大と省力化が求められる中で堆肥散布等が難しくなり，土づくりが課題となっている。調査経営では，対応策として緑肥栽培，省力的な有機質資材利用，複合作目の廃材を活用した堆肥投入がみられる。緑肥は，野生エン麦をすべての経営で導入しており，土壌流亡，病害軽減など多目的効果を期待して栽培する。栽培鋤込みは，生育期間の関係でキャベツを8月中旬までに収穫した畑の後作に限られるため経営面積の一部となっている。個別経営の有機質資材投入状況は，豚糞のペレット堆肥をBとEで一部畑に施用している。Dでは散布の容易な形状の有機質堆肥を少量全面積に，Lでは鶏糞を一部畑に散布している。また，地域としては事例が少ないが，Kはウドと輪作しており，その作付け前に10a当たり1.5tの堆肥を投入する。Mは，冬出荷している菌茸のエノキかすを有機資材と混合し堆肥製造し一部畑に投入している。

T地区とH地区での生産構造上の特徴には若干の差異がある。経営規模別農家数で示した通りT地区で相対的に経営規模が大きい。調査経営では，T地区の自作地が占める割合が大きく，H地区で借地依存の割合が大きい。T地区で雇用労働力を2～4人導入しているのに対し，H地区は家族労働力中心である。H地区は標高が若干低く収穫初めが早く終了時期も遅い傾向がある。生産上の特性として，T地区では，キャベツ品種の寒玉系の比重が高く，H地区では相対的に春系品種が多い。春系品種の場合は，施肥管理において高度化成肥料と有機質肥料を混合して施用する。また，一部病害では春系品種に感受性が強く，それだけ栽培管理の周密化が要求される。

4．統合化されたキャベツ産地形成と持続的生産への模索

嬬恋村キャベツ販売の拡大過程においては，出荷組織の統合再編の過程においても，キャベツ出荷組織のそれぞれが強固な統一性を保持してきた。市場規模に対応したロットを確保し，市場交渉へキャベツ農家が主体的に関わり，品質や規格の統一向上のための検査体制を強化してきた。嬬恋村の中においても農業構造の特性が異なる側面もあり，これら出荷組合は，それら各地区の特性

をも反映している。特徴をもっている各出荷組織は需要特性とマッチした市場と結びつくとともに鮮度，出荷容器や輸送方法など様々な市場要望に対応してきた。JA嬬恋村は，これら組合間の出荷先や出荷量，販売促進，キャベツ販売価格の安定化など販売主体であると同時にマネージメント機能を発揮ししている。このことが，嬬恋産キャベツの総合的な評価を高め，各キャベツ経営は，キャベツ生産に特化し，規模拡大を追求し，現在の生産構造を形成してきた背景となっている。

他方では専作的キャベツ生産の中で課題となってきたのが土地作りを含めた持続可能なキャベツ生産のあり方である。それは，二つの点で重要性を増している。一つは，消費者の要望に応えたより安全で良質なキャベツ生産を行うことであり，いま一つはキャベツ作拡大のなかで連作にともなう土壌の疲弊や病害発生の課題に対処し安定した生産の持続性を確保することである。これら対応する地域的な取り組みとして1995年より，農薬の安全・適正使用を目的とし農業者，生産資材業者，関係機関等からなる嬬恋村環境保全型農業推進協議会が発足した。ここでは生産者代表とも連携が図られる中で，栽培技術に関連した対策として，緑肥作付けの推進，「こだわり栽培」によるキャベツ生産などが取り組まれた。「こだわり栽培」は，有機質資材の利用か緑肥の栽培，有機態窒素の使用，化学合成農薬の削減，フェロモン剤の使用によって生産されたキャベツである。販売自体は，JA嬬恋村の販売方針に位置づけられ1割程度を販売目標として差別化商品として取り組まれたが，価格に反映できる条件との齟齬，例えば量販店のPB商品に合致するのが難しいなど流通販売上の課題を残した。

しかし，これらの取り組みはキャベツ作経営が規模拡大し専作化する中で投入資材の軽減，病害対策，土づくりなど生産見直しの契機となったと思われる。経営条件や土地条件などによるが，生産技術体系に取り込まれることによって，継続的な安定生産，良質なキャベツ生産のための生産方法として浸透した側面がある。規模拡大により堆肥投入などの土づくりが後退してきた現状に対し，再度，有機質資材の投入のあり方，畜産地帯との地域共同による良質な堆厩肥取引と散布方式の課題も現実の生産対応方策それ自体が提起している。さらにキャベツ生産継続性の見地から，地域的レベルでの複合化産地への再度の挑戦もいずれは課題となると考える。

注

1）後藤を参照のこと。
2）星野らは，1970年代前半までの嬬恋村キャベツ生産の生産技術分析と販売対応の課題と取り上げ，販売の統一的共販組織化が遅れている現状を報告している。
3）慶野は野菜出荷組合について，多数存立していた出荷組合が基本的には集落を単位にした出荷組合に再編されたことで，野菜の出荷販売を目的とする機能的組織でありながら，それと同時に地縁的に結ばれた共同体的組織であり，ムラ原理によって補強された野菜の共同出荷販売を実現していると指摘している。また，統合は予冷技術を背景とした社会資本形成の契機があったとしている。
4）宮地はJA嬬恋村の商品化に関わる取り組みとして，関東を中心とした販路から全国的広域的な出荷体制の確立，鮮度保持施設の整備，そさい出荷組合の再編，販売促進を指摘している。
5）丸山は，標高が異なる耕地を利用して栽培時期の分散を図ったり，標高が低い地域で緑肥を導入しているなど栽培方法の違いを報告している。

参考文献

慶野征じ「高冷地野菜の農協共販と出荷組織の役割—嬬恋村農協夏秋キャベツを事例として—」『青果物集出荷機構の組織と役割』大明堂，1993年，pp. 40-69.
後藤幸一「高冷地野菜作農業の経営構造と土地生産力問題」『農業経営研究』第47巻2号，2009年，pp. 134-139.
星野亀夫・小泉浩郎「露地野菜作経営の展開過程—群馬県嬬恋村の高原キャベツ分析—」『農事試験場研究報告』1974年，pp. 93-117.
丸山浩明「浅間火山北麓の農業的土地利用と農業経営」『火山山麓の土地利用』大明堂，1994年，pp. 117-164.
宮地忠幸「市場環境の変化に対する野菜主産地の対応とその課題—群馬県嬬恋村を事例として—」『日本大学文理学部自然科学研究所研究紀要』No.41，2006年，pp. 51-63.

〔4〕JA鹿児島県経済連グループが主導する直販事業への取り組み

李　哉泫

1．はじめに

近年，鹿児島県の農協系統組織が打ち出している野菜販売戦略が，委託販売による消費地卸売市場への直上場から，量販店・生協・外食企業などを取引相手とする直販事業への積極的な対応に大きくシフトしている。その背景に，小売主導型流通システムや加工業務用需要の拡大など，青果物流通をめぐる環境の変化があることは言うまでもない。鹿児島県に関していえば，これに加え，一つに系統販売の一環として早くから直販事業に取組んできたこと，二つに，契約面積もしくは数量の確保に「再生産価格確保」という独特な値決め方式を導入したこと，三つに，農業法人経営や大規模農家を農協系統販売に広く包摂した上で，契約生産者の組織化・グループ化を図ってきたこと，といった独自の直販体制の構築に成功したことが，青果物販売における直販事業の強化を後押ししていることを特記しておきたい。

周知の通りに，直販事業への対応にあたっては，特定の契約に基づき，取引先の求める製品の確保やこれら製品の納品保証とともに，取引先の売場戦略や品揃えに貢献できる製品提案力が鍵を握る。そのために，契約条件の履行や特別な商品開発に積極的に応じうる新しい契約生産者グループを育成することが重要である。このような，直販事業の拡大に伴う契約栽培の増加や製品開発への取組みは，自ずと既存の産地生産および出荷体制に一定の変化をもたらしている。以下には，鹿児島県経済連を中心に農協系統組織が取組む直販事業の仕組みとその実態に触れた後に，JAいぶすきを事例に取り上げ，野菜の直販事業に伴い，再編を強いられる産地農協（以下，JA）の販売体制と野菜部会の態様について整理した。

2．鹿児島県における野菜生産と販売の特徴

(1) 野菜産地形成の経過

昭和40年代の鹿児島県の農業は限界地農業に例えられていた[1)]。火山灰によって形成されたシラス台地，台風常襲地帯，消費地から離れた立地条件（市場遠隔性）が限界地と称された理由である。このような事情より，商品作物とりわけ青果物の生産基盤は極めて脆弱な状況であった。昭和35年の県内野菜産出額は約30億円として，耕種農業産出額の7.4％を占めていた。ところが，同様な数値を平成22年についてみると，各々約463億円，28.5％となっており，野菜生産が大きく伸びていることが分かる。

鹿児島県の野菜生産基盤は昭和50年代において飛躍的に拡大した。その背後には，県経済連がリーダーシップを発揮して取組んできた「野菜生産販売拡大対策（以下に，対策とする）」がある。同対策は，重点農協や重点品目が計画的かつ戦略的に定められ，農協や品目ごとに示される目標値を達成すべく，既存産地における作型の改善（生産期間の延長）や施設栽培の拡大を進めるほか，「水田利用再編対策」を積極的に活用しながら新たな野菜作付面積の拡大を誘導してきた。

野菜産地づくりは一定の販売戦略の下で取組まれたが，その販売戦略の中心に，温暖な気候を生かした冬期および春先に卸売市場に上場可能な品目の早期出荷体制の整備，同一品目のリレー販売方式や多様な品目の組み合わせによる周年出荷体制の整備がある。南北に600kmと長い地形は，収穫時期のずれを活用したリレー出荷を可能とし，卸売市場の上場期間を伸ばせる利点があった。その他にも，輸送距離を意識した「零時集荷」，県内産地の統一的な品質向上を図った「芽揃え会」，広域流通基地の設置，消費地営業所の運営による営業力の発揮と市場情報の素早い伝達，系統組織が独自に実施した「野菜中核農家経営安定事業」なども，新興野菜産地づくりのために鹿児島県経済連が打ち出してきた産地マーケティング戦略の一環であったことを特記しておきたい[2)]。

(2) 主要な品目と産地

鹿児島県の農業産出額（H20，4,151億円）において，畜産物を除けば，比較的高いシェアを占める野菜品目として，馬鈴薯（97億円，2.3%）とピーマン（44億円，1.1%）が各々9位と14位にランキングされている。その他に農業産出額シェアの高い耕種作物としては，かんしょ，緑茶，さとうきび，葉タバコ，大根などがあるが，いずれも加工用として用いられる工芸作物である。

一方，作付面積ベースでみた全国の品目別シェア（H20）が上位10内にランクされている野菜品目として，さやえんどう（390ha，1位），そらまめ（449ha，1位），ばれいしょ（4,470ha，2位），かぼちゃ（957ha，2位），さといも（807ha，3位），さやいんげん（397ha，4位），ピーマン（138ha，5位），きゃべつ（1,190ha，9位）がある。そのほかにも，オクラ，らっきょう，メロン，いちごなども作付面積シェアの高い品目に含まれる。なお，これらの品目は，農協共販額においても上位10位を構成している特産野菜に該当する（表Ⅰ-3〔4〕-1）。

一方，本県の野菜生産は，その出荷品目数が他県に比べて比較的に多く，各々の品目の産地が県内全域に分散的に立地しているという特徴をもつ。JA鹿児島経済連の系統共販の実績から確認できる生鮮野菜の品目数は35種類，その他に分類しているものまで含めれば100種類以上におよぶ。このことから，鹿児島県を「少量多品目産地」と称されることもある[3)]。

表Ⅰ-3〔4〕-1より主な品目別生産地域と出荷時期を合わせてみると，ほとんどの品目が南北もしくは東西の異なる複数の産地に跨がって栽培されていることが分かる。例えば，春馬鈴薯を例にとれば，沖永良部の1月出荷を皮切りに，奄美諸島の産地から指宿，肝属を経て出水地区へと出荷産地が北上していくが，この産地間のリレー出荷によって，馬鈴薯の出荷時期を4月末まで伸ばすことができる。また，豆類に関しても同様なことがいえる。いずれにせよ，表Ⅰ-3〔4〕-1からは，どの品目にせよ，特定産地への大きな偏りは認められず，多様な品目が複数の産地によって栽培されていることから，これらの産地の品目別の出荷時期をつなげたリレー販売や，多様な品目の周年出荷が可能であることが見て取れる。

表Ⅰ-3〔4〕-1　農協系統販売における主要品目別の出荷時期および産地

順位	品目	販売額（100万円）	%	出荷時期（月） 1	2	3	4	5	6	7	8	9	10	11	12	産地（JA） 1位	2位	その他
1	ばれいしょ	5,740	22.8													出水（39.2%）	徳之島（13.9%）	肝属，大島，熊毛，指宿
2	ピーマン	3,990	15.8													肝属（63.5%）	曽於（28.4%）	指宿，川辺
3	かぼちゃ	1,929	7.7													指宿（33.4%）	北薩摩（14.6%）	曽於，南薩摩，出水，大島，日置
4	そらまめ	1,546	6.1													指宿（63.1%）	出水（19.7%）	日置，肝属
5	さつまいも	1,389	5.5													種子屋久（43.1%）	指宿（31.3%）	南薩摩，曽於
6	オクラ	1,316	5.2													指宿（85.2%）	出水（10.0%）	南薩摩，奄美
7	いちご	1,046	4.1													あおぞら（40.6%）	曽於（16.6%）	北薩摩，出水，日置，指宿
8	きゅうり	844	3.3													肝属（79.4%）	曽於（12.0%）	始良，出水，鹿児島中央，日置
9	スナップ	695	2.8													指宿（ － ）	熊毛（ － ）	-
10	ゴーヤー	683	2.7													出水（19.4%）	肝属（18.1%）	県内全域
11	実えんどう	557	2.2													指宿（41.8%）	出水（37.7%）	南薩摩，種子屋久，奄美
12	さといも	555	2.2													与論（26.2%）	和泊（21.7%）	始良，曽於，肝属，その他奄美
13	いんげん	476	1.9													肝属（54.2%）	与論（19.8%）	出水，その他奄美
14	にんじん	434	1.7													指宿（53.3%）	南薩摩（21.2%）	あおぞら，肝属，大島，徳之島
15	白ネギ	425	1.7													北薩摩（22.7%）	日置（17.7%）	始良，南薩摩，肝属，鹿児島中央，曽於，指宿

注：1) 販売額の%は，H21年度系統販売額合計に占める割合である。
2) 網掛けの色分けは，色の濃い部分が最盛期を示す。
3) 産地名の括弧内の%は，販売数量合計に占める当該産地の数量シェアである。

3．農協系統販売が取り組む直販事業

JA 鹿児島県経済連（以下，経済連とする）は，全農と統合せずに，県連として経済事業を展開している数少ない経済連である。経済連の園芸事業部が行なう野菜販売事業の平成21年度販売額は266億円である。当初（昭和45年），鹿児島経済連の野菜共販額は39億円であった。その後，昭和50年には107億円へ拡大し，さらに10年後（昭和60年）には300億円を突破した。昭和50年代を通して飛躍的に拡大した野菜共販額は，平成7年に350億円をピークに減少に転じている。その減少の多くは農家数そのものの減少，農家の高齢化による出荷数量の減少に起因するものであるといってよい。

(1) 直販事業の実績と戦略的取り組み

平成21年の経済連の野菜の直販事業の数量および金額シェアは，既に各々39%，33%に達しており，次年度（平成22年度）計画では，そのシェアをさらに高めることを戦略目標に掲げている（表Ⅰ-3〔4〕-2）。品目別の直販率の目標数値をみると，大根（76%），スナップ（59%），南瓜（56%），さつまいも（51%）など，多くの品目の契約取引の目標（重量ベース）が軒並み50%を上回っていることから，これらの品目は既に契約取引シェアが50%に肉薄していることが考えられる。

経済連の野菜販売戦略に「直販事業の拡大による安定販売」が，戦略目標のトップ（戦略Ⅰ）に躍り出たのは平成16年度のことである。その背景には，「市場外流通が拡大する中，卸売市場法も改正され産地の体制整備が急務となっている」という認識があった。ちなみに，当時の直販比率は15%と集計していた。それまでは，長らく「野菜団地の育成」が戦略Ⅰを飾っていた。このことは，平成16年度が，販売戦略が重点（卸売）市場を意識した戦略的品目の量的拡大から，最終需要者としての取引先（量販店，生協，外食企業など）のニーズに応じた契約販売の強化に旋回した，大きなターニングポイントであったことを意味する。

表Ⅰ-3〔4〕-2　野菜販売形態別の販売実績

（単位：トン，100万円）

		契約（直販）		委託		合計	
数量	22年度計画	57,222	43%	59,888	57%	122,610	100%
	21年度実績	44,375	39%	69,637	61%	114,012	100%
	前年比	119%	-	86%	-	108%	-
金額	22年度計画	9,635	35%	17,894	65%	27,529	100%
	21年度実績	8,811	33%	17,777	67%	26,588	100%
	前年比	109%	-	101%	-	104%	-

資料：JA鹿児島県経済連『平成22野菜年度「鹿児島のやさい」生産販売戦略』平成22年11月，p.5。

直販事業の拡大に当たっては，卸売市場における予約相対取引を含む買付販売に応じ，責任を持った供給体制づくりが必要であった。そのために，大規模農家や農業生産法人を中心とする「契約グループ」の育成に本格的に着手したが，その成果は，大規模農家や農業生産法人が構成する「JA園芸農業法人クラブ（合計38経営体，推定売上額16億円）」の設立に現れている。また，直販事業への参画を誘導するに当たって，生産者の販売所得の安定化を保証すべく，契約前の再生産価格の提示という独自の手段を設けた。この再生産価格とは，（後に詳述する）鹿児島くみあい食品株式会社（以下，「くみ食」とする）が，独自の生産費積上げ方式に基づき，契約条件に示される栽培方法や荷姿を考慮し，生産者が損を被らない適正販売価格を打ち出したものであり，現在は，経済連も同様な方式を直販事業に用いている。

(2)　農協系統の直販事業の仕組み

県経済連の野菜直販事業は，経済連自らが受注するケースと「くみ食」が販売主体となっているケースに分かれる（図Ⅰ-3〔4〕-1）。経済連の野菜販売額に占める直販事業の割合は，前者が40%，後者が60%である。「くみ食」は，生協・量販店や外食産業を取引相手とする直販事業に，25年前から取組んでいる，経済連の出資を受けて設立した子会社である。これに対して，経済連本体は，「くみ食」もしくはJAが単独で対応しにくい，出荷ロットの大きい大手青果会社や外食チェーンの発注に応じている。また，数量および値決めによる契約取引が直販事業の基本的な仕組みであることは共通しているものの，くみ

図Ⅰ-3〔4〕-1　JA鹿児島経済連の産直取引の仕組み

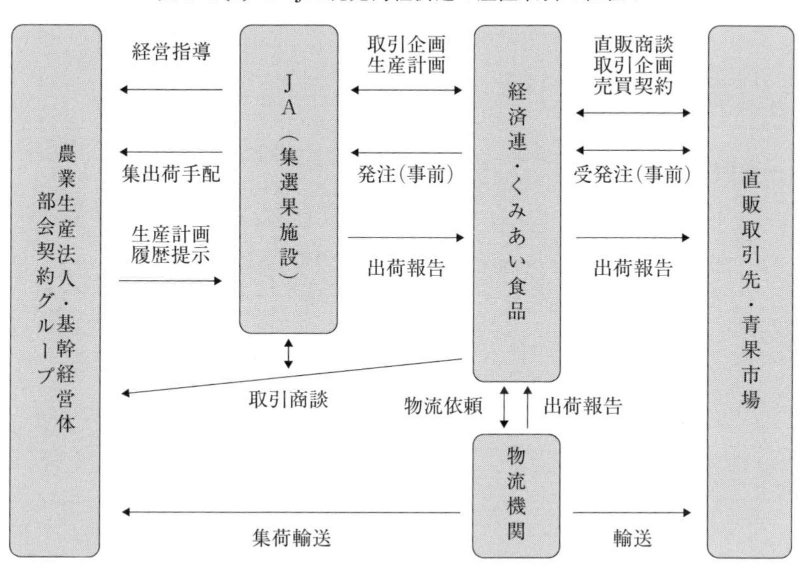

食の場合は，その契約の大半に慣行栽培と異なる栽培方法が課されているという違いがある。そのために，経済連とくみ食が，互いに異なる契約グループを確保しなければならない。

(3)「くみ食」における野菜直販の実態

「くみ食」は，当初（1972年），つけもの加工工場の運営のために設立した。ところが，漬け物の需要が大きく後退する中で，1986年に新たな事業部門として青果物販売事業が加わった。経済連が国庫補助により導入した出荷調製施設（以下，包装センターとする）の事業主体となり，鹿児島市内の生協の野菜売場に陳列できる小分け商品を供給する役割が与えられたのがきっかけであった。その後，25年間に渡って，青果物の直販事業に大きく傾斜した事業構造を維持しつつ，取引先のニーズやウォンツに対応しうる直販体制を構築し持続的な売上げの成長を成し遂げてきた[4)]。昭和61年に，売上げ約13億円からスタートした野菜販売事業は，平成21度には約63億円へと大きく成長した。売上シェアの高い品目としては，さつまいも（15%），馬鈴薯（12%），ピーマン

(8%)，オクラ（7%)，南瓜（7%)，スナックえんどう（7%)，いんげん（7%)，そらまめ（7%)，ゴーヤー（5%)，などがあり，その他軟弱野菜を含む90種類余りの野菜を販売している。

1）取引先

くみ食は，取引相手（平成21年度）を，量販店（32社，52.5%)，生協（25先，38.1%)，外食・惣菜・通販（32社，5.6%)，その他（32社，3.8%）の四つにカテゴライズしているものの，売上の90%以上は量販店や生協に集中している。当初は，受注数量を上回る仕入れ数量を卸売市場に出荷することもあったが，現在は，緻密な納品計画の下で，すべての販売先は特定の企業となっている。ちなみに，受発注システムは量販店や生協を区分して運用しているが，両者のリードタイムや決済システムの違いに起因するものである。

一方，くみ食の販売先に関しては，大手量販店の青果物PBに積極的に対応していることも大きな特徴である。一部量販店のプレミアムPBは，通常の市場価格より高値販売が可能であるために，有利販売に繋がるものの，厳しい安全性基準や品質要求に応えるのは容易ではない。そのためにも，以下に述べる産地および商品の確保が事業成功の鍵を握っているといっても過言ではない。

2）産地および商品の確保

① 産地および生産者の確保

当社が行っている契約取引には「播種前の固定価格・面積契約」「固定価格・数量契約」「市況スライド方式」があるものの，大部分は播種前面積契約である。「くみ食」が，県内の生産者と締結している契約件数（生産者もしくは生産者グループ数）は217件であり，契約面積は678haである（表Ⅰ-3〔4〕-3)。これら契約グループは，離島地域（奄美，熊毛）を含み，県内全域に広がっている。契約面積から見込まれる仕入数量（12,391t）は，当該年度の仕入実績（15,670t）の約80%を占めていることから，面積契約による製品カバー率を推測することができる。契約1件当たりの面積規模には，産地によってばらつきがあるものの，概して小面積が県内全域に点在していることがみてとれる。

表Ⅰ-3〔4〕-3　くみあい食品のJA別契約件数および面積（平成22年）

JA	件数A (件)	面積B (a)	%	B/A (a)	数量 (t)	主な品目
あまみ	36	16,866	24.9	469	2,073	南瓜，馬鈴薯，人参，ゴーヤー
いぶすき	30	13,117	19.3	437	2,918	春南瓜，人参，おくら，紅さつま，レタス
種子屋久	14	12,150	17.9	868	1,878	安納芋，馬鈴薯，スナップ，南瓜
鹿児島きもつき	58	10,302	15.2	178	2,895	スナップ，キヌサヤ，インゲン，玉葱，ピーマンほか多数
鹿児島いずみ	13	5,394	8.0	415	1,086	馬鈴薯，おくら，ブロッコリ
そお鹿児島	12	4,959	7.3	413	564	紅さつま，枝豆，里芋，スイートコーン
あいら	20	2,497	3.7	125	604	ゴーヤー，里芋，トマト
南さつま	10	780	1.2	78	132	そらまめ，おくら，枝豆
伊佐	3	740	1.1	247	38	牛蒡
さつま川内	5	530	0.8	106	74	牛蒡，らっきょ
さつま	6	300	0.4	50	90	大和芋，南高梅
さつま日置	9	175	0.3	19	39	加工用小ねぎ，ゴーヤー
総計	217	67,810	100.0	284	12,391	-

② 契約条件の履行と納品保証

「くみ食」の契約面積（678ha）のうち，約300haは慣行栽培とは異なる特別な栽培方法とりわけ減農薬・減化学肥料を契約条件としている。そのために，契約に際しては，その内容を生産者側に熟知させることに留まらず，当該条件の履行がなされているかについてモニタリングが必要である。そのために，当社は，播種前の段階で圃場での検討会を行うほか，JAの営農指導員と連携してモニタリングを実施している。

これまでは，農協が独自に定める特別栽培認証をもって対応してきた。近年は，鹿児島県の新しい認証制度（いわゆる「K-GAP」）に切り替えている最中である。近年，一部量販店からはグローバルGAP対応を強いられており，益々厳格さを増している安全性および品質基準を如何にクリアするかが，大きな悩みとなっている。

「くみ食」では，取引先の安定的な品揃え計画に連動して，毎日一定数量の発注を受けるものの，天候によって収量変動を余儀なくされる青果物を，それに合わせて確実に確保・供給することは容易ではない。そこで，週間計画を基本とする予察システムを稼働し，県全域の契約グループの収穫情報をコントロールすることにより，納品数量・規格の過不足に対応している。この場合に，産地の分散，取引先ごとに異なる多様な規格とともに，後にみる包装センターにおける小分け作業が数量調整に大きく役立っている。また，すべての契約圃場における栽培方法を，最も厳しい契約条件に合わせるように，生産者を誘導していることも，欠品対策の一つとして位置づけられている。

3）包装センターの運営とデリバリーシステムの構築

「くみ食」は，出荷製品の小分け・パッケージングを行なう「包装センター」を運営している。同センターは，品目または取引先によって異なる約1,000通りの包装形態に対応し，年間述べ約1,700万パックを調製している。この包装作業には外注（請負契約）が活用されているが，その詳細を見ると，包装センターが約400万パック，県内外注が900万パック，（後に見る）県外外注が400万パックとなっている。小分け・包装に当たっては，産地の共選場を経由する場合もあれば，契約生産者グループの個選に止まるケースがある。ただ，JAの有する共選場の卸売市場向けの細かい規格や段ドール箱詰めでは，量販店や生協の売場の求める規格や包装には対応できないために，規格外を取り除く1次選別済みの製品が，包装センターで選別されるのが一般的である。ちなみに，その理由は，量販店・生協などの直販取引先の求める等階級に比べ，卸売市場向けの等階級の区分が，総じて細かく設定されているために，産地共選場を経由した場合のコストアップを回避するためである。結果として，これが，生産者の負担を軽減できるほか，選別や物流コストの削減および納入価格の低減による，「値ごろ感」の実現に大きく役立っているという。また，包装センターでは，規格外のものでも販売可能な製品に加工することができる。例えば，豆類については，皮を剥くことによって，規格外のものを製品化しているが，そらまめが代表的な例である。

近年，受注から納品までのリードタイムが極めて短くなりつつある中で，輸送距離の長い遠隔産地において，リードタイムを短縮する手段を講じることが大きな課題となっている。「くみ食」は，この問題を解決するにあたって，いくつかの拠点地域（神奈川県，千葉県，兵庫県，三重県）に貯蔵庫を借り，受注前に送られた野菜の小分け・包装業務を委託している。これにより，遠隔地の量販店の前日発注にも新鮮な野菜を納品できるシステムを構築している。

4．野菜産地における直販対応 ―JAいぶすきを中心に―

(1) 産地の概要

JAいぶすきは，平成5年に，指宿，喜入，山川，頴娃，開聞の五つの農協が合併して誕生した大規模合併農協である。平成22年度の組合員数は12,078人（うち，正組合員数8,582人），年間取扱高は195億3,694万円である。2005年農業センサスによれば，管内には4,968の農家世帯が農業を営んでおり，うち，2,061戸の農家が野菜栽培を行なっている。畜産を除く農産物受託販売実績（122億8,420万円）のうち野菜販売額（50億4,234万円）が占める割合は41％と相対的小さいが，ほかに緑茶の取扱高シェア（56億9,498万円，46.4％）が大きいからである。とはいえ，県内のJA別の共販額ランキングでは，JAきもつきと1，2位を競う，県内最大の野菜産地といってよい。

指宿地区は温暖な気候により古くから豆産地としての地位を確立してきた。これに対して，山川，開聞，頴娃地区には，根菜類を中心とした露地野菜の栽培が盛んであり，多様な野菜が組合わさった品目数は極めて多い。平成21年の野菜販売額（50億6,829万円）に占める品目別のシェアを確認すると，そらまめが22.9％，オクラが17.2％，南瓜が14.0％，さつまいもが7.7％，スナックが6.2％，実えんどうが5.3％，人参が2.1％，干し大根が1.4％である。

(2) 出荷形態と品目部会―契約取引への対応―

JAいぶすきは，野菜出荷形態を三つのパターンに区分している。委託販売による卸売市場への上場，経済連との契約取引，「くみ食」との契約取引がそれである。これを，平成22年度の実績について確認すると，委託販売が36億9,726万円，経済連との契約取引が4億2,825万円，くみ食との契約取引が9億1,683万円であった。契約取引による販売額シェア（27％）は，系統販売の同シェア（33%）を下回っていることがわかる。その理由は，JAいぶすきは，古くから大手青果会社との取引が長期安定的に進んできた経緯があるために重点卸売市場との付き合いを保つ必要があるほか，そらまめなどの豆類の市況変動が激しい故に播種前の固定価格・面積契約を基本とする直販事業に不向きな一面があるからである。

JAいぶすきは，現在，1,728名を部会員とする「JAいぶすき野菜部会協議会」を運営しており，その傘下に品目別に分かれた11部会が組織されている。JA管内の野菜農家数が2,000戸余りであることを勘案すれば，極めて高い部会組織率である。

このような野菜の部会組織率のために，直販事業における契約グループづくりは，個々の生産者を自ら誘うことはできず，必ず部会組織を通して行われている。くみ食や経済連は，取引先，品種，面積・数量，出荷規格，包装形態，納品計画を定めた，品目別の生産企画書を協議会に手渡し，当該品目の部会員の手挙げ方式をもって契約生産者を決めている。図Ⅰ-3〔4〕-2には，平成23年度の契約グループを，出荷先を区分して示している。くみ食との契約には，

図Ⅰ-3〔4〕-2　JAいぶすきにおける野菜部会組織（平成23年）

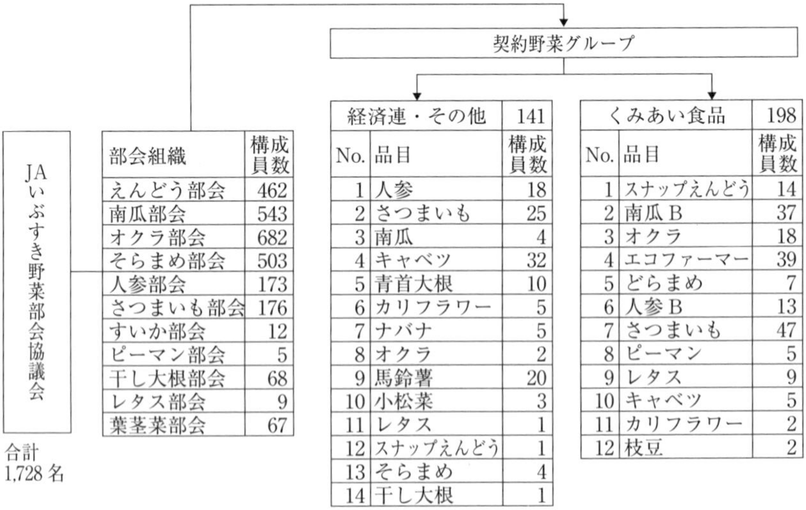

JAいぶすき野菜部会協議会

部会組織	構成員数
えんどう部会	462
南瓜部会	543
オクラ部会	682
そらまめ部会	503
人参部会	173
さつまいも部会	176
すいか部会	12
ピーマン部会	5
干し大根部会	68
レタス部会	9
葉茎菜部会	67

合計
1,728名

契約野菜グループ

経済連・その他　141

No.	品目	構成員数
1	人参	18
2	さつまいも	25
3	南瓜	4
4	キャベツ	32
5	青首大根	10
6	カリフラワー	5
7	ナバナ	5
8	オクラ	2
9	馬鈴薯	20
10	小松菜	3
11	レタス	1
12	スナップえんどう	1
13	そらまめ	4
14	干し大根	1

くみあい食品　198

No.	品目	構成員数
1	スナップえんどう	14
2	南瓜B	37
3	オクラ	18
4	エコファーマー	39
5	どらまめ	7
6	人参B	13
7	さつまいも	47
8	ピーマン	5
9	レタス	9
10	キャベツ	5
11	カリフラワー	2
12	枝豆	2

12のグループに198名の生産者が参加しており，経済連との契約には，14のグループに141名の生産者が属している[5)]。

契約グループに属する部会員の属性については，一つに，地区別の仲間同士による結合が強く，二つに，相対的に規模の大きい農家が中心であり，かつ平均年齢も若いほか，三つに，面積の一部を契約栽培に提供していることがいえる[6)]。このように，経営主の年齢が相対的に若く，かつ経営面積規模の大きい農家が契約栽培を選好する理由としては，一つに契約数量の確実な確保には一定の面積が必要であること，二つに，多様な出荷先の確保により市況変動に対するリスクの配分が可能であること，三つに播種前値決め契約が販売所得の安定化や経営の計数的管理に役立っていること，といった三つが挙げられる。なお，契約グループの会員の年次別の変動については，契約農家の脱退と参加の繰り返しはほとんどないという。

(3) 産地の変化と産地再編の課題

JAいぶすきの野菜出荷体制は，直販事業を含む多様な出荷形態の出現によりいくつかの問題に遭遇している。

一つ目は，野菜部会の運営をめぐる問題である。これまで野菜部会は，品目別に共販への参加意志をもった生産者を無差別に迎え入れ，販売事業において公平・平等な取扱いの原則を貫いてきた。ところが，出荷形態の多様化が進む中で，部会組織内に属性の異なる複数のグループが存在するようになった。現在，安定的な取引先を持たない卸売市場への委託販売は，しばしば大幅な価格低下を強いられる。また，値決め契約による経営の安定化指向が強まる中で，契約グループへの参加を望んでいても，慣行栽培と異なる栽培方法や定時・定量を基本とする納品保証に応じうるほどの面積規模を有する生産者は少ないのが実状である。

一方，JAいぶすきでは，鹿児島市内の量販店およびスーパーマーケット，地元のAコープへのインショップを中心に，約300人の野菜部会員が直売事業に取り組んでいるが，その取扱高（平成22年）は1億4,400万円である。現在，高齢の零細農家が大部分を占める直売グループを「(仮称) 直販部会」として，既存の部会組織から分離する案が提案されている。このように，JAいぶすきの野菜部会組織には，すでに階層分化の兆しが見え始めている。部会組織の変容や出荷形態の多様化を意識した新たな部会組織の再編が急がれている[7)]。

二つ目は，品目別の営農システムの計画的な管理をめぐる問題である。従来，優良品種の奨励，標準的な作型の提示，栽培技術の標準化，品質の高位平準化，規格・等級の標準化が，野菜の産地マーケティングを支える生産システムの根幹を成していた。しかしながら，直販事業が採用する契約取引は，契約グループごとに，品種，栽培方法，出荷規格が異なるために，品目単位の営農体系の標準化が極めて困難な状況にある。今後においては，取引先の要望への対応は基より，新しい製品開発・提案までを念頭に入れた，産地営農体系のあり方を探らなければならない。

三つ目は，集出荷施設の効率的な利用をめぐる問題である。契約取引では取引先によって出荷規格や小分け・包装の単位が具体的に指定される。農協系統販売である限り，JAの集荷施設の集荷機能は活かされるが，契約グループの収穫物が選果ラインを通ることはほとんどない。野菜の直販取引の拡大は，JAの集出荷施設とりわけ選別ラインの稼働率の低下や，小分け・包装形態に沿わない機械選別が行われた場合の再選別という非効率性を引き起こす要因になりかねない。

四つ目は，共販事業における付加的サービスの提供をめぐる問題である。今後，直販事業の拡大を目指した契約グループの拡充はともかく，産地としての出荷規模を維持するためには，生産者のスキルアップとともに，一定の数量確保に必要な面積規模の拡大が欠かせない。ところが，高齢化に伴う野菜農家の減少や作付面積の縮小が続く中で，担い手農家による規模拡大は足踏み状態にある。その理由の一つに，規模拡大の前提となる労働力の確保困難がある。目下，JAいぶすきにおいては，意欲ある担い手経営の規模拡大を支援すべく，農作業受託組織の育成，労働力支援システムの整備，法人経営の育成のために相談窓口の運用といった付加的サービスの提供のあり方を検討している最中である。

5．おわりに —課題と展望—

鹿児島県においては，分散的に立地する県内の野菜産地を，農協系統組織とりわけ経済連が集中的かつ戦略的にマネジメントしてきたことや，「くみ食」が直販事業のノウハウや取引先をみつける営業力を蓄積したことが，近年の野菜の契約取引の拡大に大きく貢献している。出荷ロットが大きく，かつ基目の細かい契約条件に，JA を単位に完結的に対応することは極めて困難であるからである。また，くみ食が擁する 100 社以上の販売先，マーケット情報とりわけ取引先の売場戦略に配慮した製品提案力などは，量販店などの小売企業を相手とする営業経験の乏しい系統組織にとって大きな力となった。また，経済連や「くみ食」が，独自に運用する再生産価格確保も，生産者が安心して契約栽培を受け入れる条件として働いた。

ところが，直販事業を通して供給する野菜製品の安定的な確保や取引先に提案できる新しい製品開発をめぐっては，産地サイドとりわけ JA を単位とする産地マーケティング体制に一定の変化が求められている。委託販売による卸売市場への上場を基本とする JA 完結型の共販体制は，近年の出荷形態や出荷製品の多様化に対応するにあたって少なからぬ課題を呈していることを，JA いぶすきの事例から確認した。特に，品質，安全性，規格に関する厳格な契約条件の履行において，一定のスキルや面積規模を備えた契約生産者を育成するためには，既存の部会組織を細分化して上で，経営者意識や経営規模などに配慮した，部会組織の再編について考える必要があろう。また，取引先によって異なる出荷規格や小分け・包装形態は，JA の集出荷施設の効率的な利用を妨げているだけでなく，集荷と出荷調製が二元的に行われる非効率性を招いている。

一方，益々厳格な安全性基準を要求する販売先が増えつつある中で，その基準をクリアし，かつ取引先に提案できる新しい製品開発にも対応可能な新たな産地営農体系を確立していくためには，JA の有する現場密着型の営農指導機能に，今以上の期待がかかっている。

以上のことから，県全域を一元的に捉えた，直販事業への取組みを強化するに当たっては，販売主体もしくは産地マーケティングのコーディネーターとしての「経済連」や「くみ食」と，製品の生産・供給の役割を担う「JA」が一定の役割分担に基づいた連携体制を強めることが望まれる。前者の役割は，資金や情報の提供，営業力強化による販売先の確保・拡大，販売先の売場戦略に配慮した製品開発・提案，小分け・包装センターの運営などがある。後者については，取引先や販売主体が求める契約条件を履行しうる，農業生産法人をふくむ生産者グループの育成，安全性基準の履行に関するモニタリング，新しい製品開発における栽培技術の確立やそのための営農指導，労働力支援システムなどの付加的サービスの提供などがある。また，JA の有する集出荷施設の活用についても，品目単位に定めたJA 完結的な利用原則を止揚し，出荷規格や輸送パターンに配慮した物流の拠点として柔軟かつ統一的に管理できる方向も考えるべきであろう。

注

1）梶井功編『限界地農業の展開』御茶ノ水書房，1971 年。ここでの限界地農業は，鹿児島県の農業を指している。

2）鹿児島経済連『農協の経済事業』第 4 章第 1 節（1989 年，pp.171～179）から，昭和 50 年代の経済連の野菜生産拡大への取り組みを確認することができる。

3）坂爪浩史『現代の青果物流通―大規模小売企業による流通再編の構造と論理』筑波書房，1999 年，p.100。

4）「鹿児島くみあい食品株式会社」は，事業部門として，「発酵食品事業」「青果直販事業」「冷凍食品事業」「直営農場部門（県内 2 箇所，5.4ha）」を持っている。青果直販事業が総売上に占める割合は約 70％である。「くみ食」については，坂爪，前掲書，第 3 章，pp.94-102 において，1997 年までの詳細が整理されている。

5）図Ⅰ-3〔4〕-2 には契約者グループを品目ごとに区分しているが，契約内容によっては同一品目のグループでも，取引先や栽培方法などによって，さらに複数のグループに分かれるケースがあることに注意されたい。

6）この情報は，JA いぶすきの野菜販売課や営農指導員を対象としたインタビューから得られたものである。品目によっては，必ずしも部会員と契約グループの構成員間の経営規模や年齢の格差が認められないものもあり，主として露地野菜品目においてその格差が顕著に現れているという。

7）尾高恵美「農協生産部会に関する環境変化と再編方向」『農林金融』2008 年 5 月，pp.30-42 および佐藤和憲「新しい結合を求める産地マーケティング」『農業と経済』

73巻12号，2007年10月，pp.5-10においても，従来のJA野菜部会の再編の必要性やその方向について述べられている。

第4章　まとめと残された課題

納口　るり子

1．第Ⅰ部の概要

この第Ⅰ部では，野菜作の産地化と産地再編について，統計分析と4産地の事例分析により動向を明らかにしている。第2章では，産地化の起点となる1960年代以降の野菜産地化について述べている。1960年代の高度経済成長期以降，野菜生産と流通の広域化・大型化が促進され，近郊産地から遠隔産地への立地移動と特定品目への生産集中及びシェアの拡大が進行した。そして農協共販が産地形成の主要な担い手となった。このように形成された野菜産地であるが，1980年代後半以降，水田転作による新たな産地の形成と激しい産地間競争，生産の担い手不足，生鮮野菜輸入の急増などにより弱体化が起こってきた。

第3章で分析された1990年代以降の野菜作産地の再編は，前述のような産地構造を前提にして，さらなる流通と消費構造の変化が生じる中で，各産地が存亡をかけて取り組んだ産地行動の結果として読むことができる。流通の変化としては，川下側，特にスーパーマーケットのバイイングパワーの強大化があり，消費構造の変化の影響としては，中食・外食用野菜の需要増加がある。両者を踏まえた産地側の対応としては，取扱ロットの拡大，周年供給，市場を介さず契約に基づく相対取引の増加，パッケージやカット等の産地一次加工などに加え，野菜の大きさや規格などのスペックを，市場による規格から川下ユーザーのニーズに対応させること等があった。これらの変化により，農産物を売り切る責任が，市場から産地（農協など）に移行してきたとも言える。また，価格形成は市場のセリによるものが減少し，産地と取引先との交渉による値決めが増加した。中食・外食用には輸入野菜が使用されることもあるが，消費者の国産志向を踏まえて差別化戦略をとる川下側業種が国産野菜を選好するケースも増加しており，加工業務用向け野菜生産の安定供給は政策的にも支援されている。

取り上げた4産地の事例は，遅くとも1990年代までには産地化されているが，古くからの野菜作地帯である群馬県嬬恋村と千葉県富里町，水田転作に関わる事業などを活用して野菜を導入した北海道むかわ町と鹿児島県に分けられる。北海道や鹿児島県は首都圏や京阪神の市場に対して遠隔地であり，輸送によるコストや鮮度保持の問題があったため，野菜産地として台頭してくるのは1990年代以降である。

2．販売組織・市場対応と経営主体

販売組織としては，鹿児島の事例は県単位の連合会および単位農協を扱い，他の3事例は単位農協を対象としている。品目で見れば，群馬県嬬恋村がキャベツ作に特化しているのに対し，他の3産地はそれぞれ複数の野菜が作付される産地となっている。販売方法としては，市場への委託販売だけでなく，実需者との取引量と価格を取り決めた直接販売（生食用・加工用），スーパーマーケットのインショップ，JA直売所での販売など，多様な販売方法が採用されている。もっとも多様な販売方法を組み合わせているのは，消費地に近い千葉県富里町の事例である。

北海道むかわ町の野菜作は，夏期冷涼であることを生かし，本州の産地からの出荷量が限定される夏季ホウレンソウなどの生産が特徴である。群馬県嬬恋村のキャベツも，高冷地での冷涼な気候を生かした夏秋出荷であり，市場で圧倒的なシェアを占めている。一方，鹿児島県は，温暖な気候を生かした冬期～春先の野菜を全国でいち早く供給している。島嶼部も含めて県内が南北600kmに亘る地理的条件を生かした，県内産地のリレー出荷が特徴である。千葉県富里町の場合は，周年にわたって様々な野菜が出荷されている。このように，北海道や高冷産地は夏秋，九州平坦地は秋から春を中心に出荷が行われ，他産地との競合が少なく，価格的に有利な時期を出荷時期としている。一方，関東では気候的な好条件から周年に亘る出荷が可能であるが，他産地との競合状況や価格の季節変動などを考慮して，出荷の時期を決めている。

各産地はそれぞれの気候条件を生かして作物や作型を選択しており，より低コストで高品質の野菜を生産することにより，他産地との競争に打ち勝ってきた。こうした産地行動の結果が，統計分析で見た遠隔産地（九州と北海道）と関東のシェア拡大に結びついていると思われる。また，露地野菜作については，産地間競争の時代を経て，各産地の出荷時期や作型がほぼ確定し，日本全国の産地のリレー出荷が行われる状況になってきた。

経営主体としては，北海道むかわ町と群馬県嬬恋村は大規模な専業農家集団による，生産力的なポテンシャルが大きな産地である。嬬恋村では，県営・国営農地開発事業などにより耕地の拡大が図られてきたこともあり，大規模な経営が多い。担い手の多様化が課題となっている千葉県富里町では，規模の大きな専業農家は契約生産，小規模農家や高齢農家は直売所出荷というように，担い手の多様化に合わせた複数の販売チャネルが用意されている。一方，鹿児島経済連は大規模農家や法人農家を対象に組織化し，契約生産などを行っている。JA いぶすきでも，作目別部会と契約グループがあるが，後者に属する部会員は，若手で規模が大きい農家が経営面積の一部を契約栽培に向けている等の特徴がある。ここでもやはり，富里町と同様の，担い手と販売チャネルとの関係性が見られるのである。

川下業者との契約生産の場合，農家にとっては，価格が安定しているために年間の収入を計算することができるというメリットがある。しかし，約束の時期に契約数量を出荷しなければならないため，高い生産技術と作付面積の余裕を持てる，比較的規模の大きな技術力のある経営でないと対応しにくい。このように，農業経営主体の規模・技術力などにより，適切な販売チャネルは異なる。JA 富里の分析で述べられているように，「いわゆる平等主義的な生産部会と異なり，選択的に生産者が組織化された」契約取引という位置づけは，農家間の異質化と流通の多様化を農協レベルで結び付ける際に一般化しうる手法である。

3．産地施設の整備

販売方法の変更や産地規模の拡大に伴って，産地にも出荷施設や一次加工施設を設置することにより，川下のニーズに応えて有利販売につなげようという取り組みも行われてきた。JA富里は2,000千万円を投じてピッキングセンターを整備し，小売企業の専用物流センターに直接納品できるようになり，リードタイムが縮小された。JA嬬恋村は支所単位に集出荷施設と予冷庫を整備しているが，原則的に市場出荷なので，それ以上の設備投資はしていない。JA鹿児島県経済連の子会社である「くみ食」は，包装センターの整備によるコンシューマーズパック（相手先別のパッケージ）の製造のほか，遠隔産地の不利性を補いリードタイムを短縮するために，首都圏や京阪神近郊に貯蔵庫を借り，野菜の小分け・包装業務を委託している。こうした取り組みは，投資や流通リスク負担が伴うが，それにより小売側との交渉力を高めることにつながっている。

4．環境保全型農業技術の導入

産地における単一作物の専作化や連作傾向の進行に伴う，連作障害の回避や農法転換等の課題は，産地存続のために解決しなければならないものの一つである。これについては，群馬県嬬恋村と北海道むかわ町の事例で述べられている。嬬恋村ではキャベツ専作化が進む中で販売目的の輪作作物の導入は進まず，緑肥作物導入，有機質肥料利用，化学合成農薬の削減とフェロモン剤の使用などにより，連作障害や線虫害の回避方策がとられている。また，むかわ町のホウレンソウ栽培では，土壌消毒手法や品種の検討が行われている。

5．残された課題

以上，第Ⅰ部では，野菜産地全体の動向，産地主体として単位農協あるいは県レベルの連合会を分析対象とすること，産地により気候条件を生かした出荷時期，経営主体と販売チャネルの関係性，県内産地のリレー出荷による出荷時期の延長，川下側業者の要請に応えた出荷施設や一次加工施設の設置，専作化に伴う生産技術の変化などについて述べてきた。

本書で議論できなかった野菜産地の問題としては，まず，施設園芸産地，特に果菜類産地の動向である。トマト・キュウリあるいはピーマン産地が数十年の歴史を経てどのように変化してきているのか，生産コストや燃料費の問題，出荷時期変化の動向，連作回避のための生産技術の変更などがあると思われるが，本書では議論できなかった。

次に，農協以外の産地主体の問題である。農業経営年報第4号『農業経営の新展開とネットワーク』のテーマとした，農業法人を中核とし，大規模農家を会員に持つネットワーク組織は，野菜作産地の担い手として，農協以外の特筆すべき主体である。このネットワーク組織による産地再編の，農協との異同については，本書では扱うことができなかった。

最後に，産地と川下側業者との取引に伴う交渉力の問題がある。群馬県嬬恋村の夏秋キャベツのように，圧倒的な市場シェアを持ち高単価を形成している産地・品目の場合は別であるが，それ以外の産地・品目では価格と取引量の安定化のために契約取引を行う場合が増加している。しかし，市場でのセリによる値決めではなく当事者間の契約取引の場合には，産地と加工業者や小売店との間の交渉能力や取り扱い規模の差などが，取引価格やその他の取引条件に反映される。契約取引の場合，価格を市況に連動させるかどうか，面積契約か数量契約か，契約の時期と作物の生育に合わせた契約条件修正の方法，契約数量が確保できない場合の対処法，クレーム対応など，取引に伴う様々な問題が生じる。産地側は，どのようにこれらの問題に対処し，取引を優位に進めることができるのか。契約した時期に特定のスペックで契約数量を満たす野菜を確保するためには，市場出荷に比べてはるかに高度な栽培技術水準が求められる。このための産地マネジメントのあり方や管理手法の議論が必要となるが，本書では課題を指摘する事にとどめておきたい。

第Ⅱ部　果樹作産地の再編

第１章　果樹産地の特質と展開

徳田　博美

１．果樹作農業の特質

果樹産地の形成，発展および再編を理解する上では，まず果樹作農業の特質を理解しておく必要がある。

果樹作農業の特質として第一に挙げられるのは，気象条件などの自然的適地性が比較的はっきりしており，商業的に生産可能な地域が品目ごとにある程度限定されていることである。そのため，早い段階から自然条件に規定された生産の地域的集積が進んだ。すなわち，果樹産地形成の基本的要因は自然的適地性に基づいている。生産の地域的集積は，生産地域における栽培技術の改良・普及を促すとともに，生産資材の供給や生産物の物流体制の整備でも先行することとなり，自然的適地性のみでなく，社会経済的にも優位性を確保し，生産の集積がいっそう進んだ。また生産が地域的に偏在しているため，より広い範囲で販売する必要があり，広域的な流通も早い段階から展開していた。

特質の第二は，果実の消費特性として嗜好品的性格が強いことである。そのため，稲などの主食的作物と異なり，自給的性格は当初から弱く，商品作物として生産されてきた。また生産・流通への政策的関与は少なく，早い段階から統制が弱く，市場流通を基本として販売された。そのため，果樹生産者は当初から果実市場で，流通業者などとの取引を経験することとなった。それは果樹生産者の商品生産者としての成長を促すものとなった。

第三の特質は，果樹栽培は機械化が遅れており，労働集約性が高いことである。そのため，大規模経営の形成は遅れており，生産面での共同化も共同防除を除けば，ほとんど進展していない。共同防除についても，落葉果樹ではある程度の発展がみられたが，柑橘ではほとんど進展しなかった。その一方で出荷調製工程においては，機械化された大型施設が発展し，共同化が進んだ。すなわち，共選共販体制が最も発展した部門となっている。

これらの特質が，産地形成において果樹作農業特有の展開をもたらした。

2．自立的な産地の発展

以上のように早い段階から広域流通する商品作物となった果実を生産する果樹作農業では，単なる生産の地域的集積のみでなく，農民の組織的な取組が早い時期からみられ，産地としての体制の構築も早かった。第二次大戦以前においては，果実出荷の主要な担い手は産地商人であったが，先進的な果樹産地では，産地商人に対抗した共同出荷組織の形成が進んだ。さらに出荷組織の県レベルでの連合組織の形成も一部の県ではみられた。

主食的作物の生産が優先された戦争中には，果実生産は大きく落ち込むが，戦争の終了により果樹作農業は復興し，経済成長にともなって大きく成長していく。果樹作農業の復興・発展に対応し，戦後早い時期から多くの果樹産地で，集落などを範囲とした共同出荷組織が形成された。さらに県レベルの連合組織の形成も早い時期から進んだ。

果樹作農業における出荷組織の形成で特筆すべき点は，形成が早かったということのみでなく，生産者の自主的な取組として進んだということである。戦後の農業者による経済組織としては，総合農協が政府の指導の下にすべての地域で形成されるが，果実の出荷組織の多くは，総合農協とは別に果樹生産者自らの手によって形成された。それらの中には専門農協として発展していったものも少なくない。県レベルの連合組織も総合農協とは別に組織された県が多い。さらに1948年には日本果実販売農業協同組合連合会（現日本園芸農業協同組合連合会（日園連））が設立されており，全国段階でも総合農協系統とは別個に独自の連合組織が組織された。

産地の生産者組織としては，出荷組織に注目が集まるが，果樹作農業では栽培技術の研さん・普及組織も多くの果樹産地で設立された。技術研さん・普及組織も戦前から設立が進んでおり，県レベルの組織も一部の県では設立された。戦後には，主要な果樹生産県で県レベルの技術研さん・普及組織が設立され，1948年には全国連合組織として，日本果樹研究青年連合会が設立された。日本果樹研究青年連合会は，1959年に全国果樹研究連合会（全果連）に名称変更され，現在に至っている。現在でも，全果連主催で主要品目ごとに全国研究大会が毎年開催されており，数百人から多い品目では1,000人を超える生産者などが参加している。

県レベルの技術研さん・普及組織は，現在では自立した体制を有しているものは少なくなったが，青森県リンゴ協会と山梨県果樹園芸会は，法人格を有し，独自の事務所と専従職員を持ち，定期的や機関誌の発行や技術などの講習会の開催を行っており，栽培技術面などでは重要な産地組織となっている[1)]。

果樹作農業の産地組織は，戦後の経済成長に対応した果実生産の拡大に合わせて，規模，機能ともに大きく発展した。その発展にともなって，地域ごとの違いもより鮮明になってきた。産地組織発展の一つの典型とされたのが愛媛県の柑橘産地である。そこでは，集落単位の出荷組織が郡単位の専門農協に統合され，選別・箱詰め機械の開発と合わせて大規模な集出荷施設が建設され，果実出荷の大衆化に対応した大量出荷体制が構築された。

愛媛県の対極に位置づけられたのが青森県のリンゴ産地である。青森県のリンゴ産地では，出荷組織の発展は総体に遅れており，高度経済成長期においても共販率は低い水準にあり，リンゴ流通の主要な担い手は産地商人であった。一方，技術研さん・普及組織では，青森県りんご協会は大きく発展しており，産地組織としては，農協系統組織と並び立つ組織となった。

一方，大消費地に近い和歌山県有田地域の柑橘産地や山梨県甲府盆地のモモ，ブドウなどの落葉果樹産地では，高度経済成長期においても小規模な出荷組織が比較的温存されたとともに，観光果樹園も含めた個人出荷もあり，総じて出荷単位は小さく，多様な出荷形態が併存していた。

果樹産地での自立的な産地組織の発展は高度経済成長期にピークを迎える。高度経済成長の終焉とともに，果実輸入の拡大や他の嗜好性食品との競合などにより，果実価格は低迷するようになり，生産も縮小方向に転じた。それと合わせて産地組織も再編期に突入していった。

組織再編の背景には，果樹作農家の兼業化，高齢化，離脱が進み，組織の担い手が弱体化するとともに，事業規模が縮小したことがまず挙げられる。もう一つの背景は，果実の消費拡大期には，量産型の販売対応が求められたが，供給過剰による価格低迷下では，商品差別化などによる有利な価格形成を目指した販売対応が求められるようになったことがある。求められる販売対応課題の変化は，組織体制の変更を迫るものとなった。

組織再編の大きな方向の一つは，自立的に展開してきた出荷組織の総合農協への統合である。果実出荷の主要な担い手であった任意の出荷組合や，その発展形態である専門農協の総合農協への統合は，高度経済成長期前から徐々に進展していたが，高度経済成長期においても専門農協が果実出荷の主要な一翼となっていた。それが高度経済成長の終了した1970年代以降，総合農協への統合に拍車がかかった。かつては郡単位の専門農協が果実出荷の主要な担い手として産地発展を推進してきた愛媛県においても，現在ではほとんどの専門農協が総合農協に合併されており，全国的にみても果実出荷における専門農協の比重は小さくなっている。

専門農協の統合のみでなく，任意の出荷組合の衰退や総合農協への吸収，高齢化や産地卸売市場の衰退などを要因とした個人出荷から共販出荷へ移行する農家の増加などにより，農協共販率は上昇したと考えられる。特に従来，農協共販率の低かった青森県と和歌山県では，農協共販率の上昇は顕著である。果樹作農業における産地組織としての総合農協の役割はいっそう高まり，果樹産地のほとんどで，総合農協が中核的な産地組織となった。さらに総合農協の広域大型合併の進展は，果樹産地の大型化を促進するものとなった。

しかし，総合農協が中核的な産地組織となっても，これまでの自立的な産地発展の歴史は色濃く反映している。専門農協が総合農協に合併された場合でも，生産者部会組織などの形態で，ある程度自立性を持った内部組織が残され，果実の販売指導事業に関わる機能の一部を担っている場合が多くみられる。農協合併の際にも，出荷単位も合併に合わせて大型化する場合のみでなく，出荷単位は元々の専門農協の単位や，合併前の農協単位のままである場合も少なくない。農協合併は，総体としては産地の大型化を促進するが，一律的なものではなく，大型化する産地と従来の規模のまま留まる産地が併存している。

果樹産地の現状は，総合農協が中核組織として，その役割を高めているが，その実態は産地発展の歴史や産地の置かれた状況による違いは大きく，多様化・複雑化している。

3．果樹産地論の展開

果樹作農業は，先行して自立的な産地形成が進んだこともあり，これまで産地研究の主要な対象となってきた。社会経済的な変化や産地展開に対応して，様々な議論が展開してきた。

果樹産地をめぐる議論は，高度経済成長による果実消費拡大に対応して生産が拡大し，産地も発展した1960年代から，果実供給過剰に陥り，産地再編が迫られた1970年代にかけて活発になされた。

1960年代においては，飛躍的に発展する果樹作農業の生産，流通の担い手像とその機能が主要な論点となった。典型的な商業的農業である果樹作農業では，両極分解型の階層分化が進展し，富農的性格を持った上層農が，生産拡大の中核的担い手として上向的発展を遂げていることが明らかにされた。その一方で果樹栽培の労働集約的な性格などから上向化の頭打ち傾向も指摘された。むしろ，生産力的には上層農に次ぐ階層（次位層）の優位性が指摘された[2)]。すなわち，上層農が生産拡大を牽引しながらも，その発展には限界があり，広範な中小農層の参入によって生産は拡大し，生産の地域的集積，産地形成がなされてきたのである。

典型的な商品作物である果実を生産する果樹作農業では，生産過程とともに価値実現を図る流通過程の重要性はきわめて大きい。生産が拡大し，多様な階層の生産者が生産に参入している中で，流通過程でいかに価値実現しているのかが大きな論点となった。

果実販売で対照的な展開を遂げた二つの地域を中心として議論が展開した。一つ目の地域は，農協共販により販売での共同化が発展した愛媛県の柑橘産地である。愛媛県では，集落単位の出荷組織が郡単位の専門農協に発展し，その販売機能が拡充されるとともに，共販率も上昇してきた。愛媛県では，郡単位の大型専門農協，いわゆる大型共選が柑橘販売の主要な担い手となってきたが，それは消費の大衆化，大量出荷に対応した量産型の市場対応であった。大型共選の課題として，商品差別化，新製品開発，積極的な広告・宣伝による需要創造などマーケティング戦略の重要性が提起された[3)]。これは，その後の農産物マーケティング理論の嚆矢となった議論と言える。

もう一つの地域は，青森県のリンゴ産地である。青森県では，愛媛県と異なり，農協共販の発展は微弱であり，産地商人が流通過程の主役であった。ここでの議論の中心は，産地商人の果たしている機能であった。産地商人が果たしている機能は，集荷，販売という純粋な商業的機能のみでなく，貯蔵，選別などの商品として完成される生産過程の最終段階の機能，いわば流通過程に延長された生産過程を担っていることが指摘された[4)]。産地商人は，前期的商人として価値の一部を奪取し，生産者の価値実現を阻害するものではなく，生産機能の一部を担い，生産者の価値形成の一部を補完する機能を果たしていることを示したものと言える。これは，その後の販売の共同化，農協共販の発展を図る上で，共販組織が整備すべき機能を示したものでもある。

愛媛県，青森県の分析で共通しているのは，果樹産地における流通過程では，単に生産者から集荷し，消費地に移出・販売するだけでなく，その過程で選別などによる消費者のニーズに対応した商品形態の作出，貯蔵による有利な時期での販売，広告・宣伝による需要創造などのマーケティング機能の重要性を示していることである。消費の大衆化と流通の広域化が進展している下で，産地が流通過程で果たすべき役割を示したものである。

果樹作農業をめぐる状況は，1970年代前半の高度経済成長の終焉とともに一変した。それまでは需要拡大に合わせて生産が拡大していたのが，輸入果実の増加，他の嗜好性食品との競合による需要低迷などにより，供給過剰に陥り，果実価格は低迷した。そのため，果樹作農家での兼業化が進行するなど，果樹産地は厳しい状況に立たされたが，それは産地の有するマーケティング機能の重要性をさらに高めることにもなった。

それまでは需要拡大に対応した量産型マーケティング戦略が有効に機能したが，供給過剰下では商品差別化などの品質重視のマーケティング戦略が追求されることになった。愛媛県の大型共選は，産地内の品質格差を要因として，旧村程度を範囲とする出荷単位に解体した。いわゆる小マーク化である。さらに商品差別化の手段としてカラー段ボール箱の使用が広がった。供給過剰下での産地間競争が激化する中で，高品質化，商品差別化が果樹産地の主要な課題として意識されるようになり，商品戦略を主体とした産地マーケティング戦略が注目されるようになった。

しかし，高品質化，商品差別化の追求は，過度な規格の厳選化，過剰なパッケージングを伴うものであり，社会的空費という批判が投げかけられた。また頻繁な品種転換などは，長期的な生産力を後退させるという問題も指摘された[5)]。

この時期に産地マーケティング論とともに活発に議論されたのは，果樹技術構造問題である。それまでも果樹栽培は労働集約性が高いため，大規模経営の技術的限界が指摘されていたが，この時期には，この問題が顕在化してきた。果実消費が停滞し，価格も低迷する中で，高品質化が求められるようになり，大規模粗放型経営の存立基盤が縮小し，その後退も観察されるようになった。

そのような中で，果樹技術の展開方向とそれに対応した果樹作経営，産地の形態が論点となってきた。供給過剰下では，たとえ品質で劣ってでも，量を追求していくという道は，もはや限界であることは誰の目にも明らかであった。しかしながら，過剰なまでの労働投入で高品質果実を生産するという方向も，社会的な労賃水準が上昇していく中では限界があった。必要とする労働集約度を維持できないほどの大規模化でもなく，社会的な労賃水準の確保が困難なほどの過剰な労働集約化でもない方向が求められた。品質や生産性にとって基本となる技術の集約度を維持しながら，園地整備などによって可能な部分での省力化を図ることで，高い労賃水準と経済的に自立できるだけの経営規模の実現が課題とされた[6)]。

果樹技術および経営の再編は，果樹産地体制とそのマーケティング戦略の再編抜きには実現し得ない。産地マーケティングについても，高級化，商品差別化に偏しない方向が提起された。具体的には，質量ともに高いレベルに対応した大都市中央卸売市場を主体とした定期定量出荷[7]，愛媛県の温泉青果のイヨカンを典型とする適地適作に基づく産地棲み分け[8]，産直などの多様な流通チャネルを生産構造の多様性に合わせて取り込んだ重層的産地形成[9]などである。その背景には，産地ごとの競争条件の多様化，産地内部の生産者の多様化，果実流通体系および消費の変化と多様化がある。個々の果樹産地の置かれた条件に応じた産地再編の重要性が強調されるようになった。

4．果樹産地の課題と対象産地の位置づけ

1990年代以降は，果樹産地に関する議論は低調になったようにみえる。その背景には，果樹農業自体の縮小がある。1980年代後半以降，果実（加工品を含む）輸入が増加する一方で，果実生産は減少し，果実自給率は5割を切っている。

議論が低調なのは，果樹産地がいっそう厳しい状況に立たされていることを意味するものであり，果樹産地のあり方がこれまで以上に問われている。果樹産地内においては，農家の高齢化，減少が深刻化し，放任果樹園が増加しており，それに如何に対応するか，生産体制の再編が喫緊の課題となっている。その一方で，様々な品目・品種の開発や光センサーの普及など，新たな商品戦略の基礎となる技術が発展しており，それを産地の発展に活かしていくことも大きな課題となっている。さらに，果実流通では，従来の卸売市場でのセリ取引を主体とした流通システムから様変わりし，量販店などが大きなバーゲニングパワーを発揮している一方で，直売所や宅配直販などの消費者への直接販売が増加している。このような流通体系に如何に対応していくのかも果樹産地の大きな課題となっている。

特に近年は，産地ごとの直面している環境が多様化しており，それぞれの産地の状況に即した産地体制の再編・整備が求められている。

以下では，果樹産地の現状を統計データから確認し（第2章），主要な果樹産地における産地再編の実態を検討し（第3章），果樹農業における産地再編の現状をまとめる（第4章）。第3章で取り上げる産地は，青森県，山梨県，和歌山県，愛媛県，長崎県の5県である。果樹産地は，品目によってリンゴを中心とした落葉果樹産地と柑橘産地に分けられる。これまで柑橘産地の代表として愛媛県が，落葉果樹産地の代表として青森県が取り上げられることが多かった。しかし，両県ともに大都市市場から離れた遠隔地にあり，物流上の制約などから産地の大型化が進んだ。大都市に近い近郊産地では，有利な市場条件を活かし，直売や観光果樹園が展開しており，多様な流通チャネルの下で小規模な出荷組織が温存されてきた。代表的な近郊産地として，落葉果樹では山梨県が，柑橘では和歌山県が挙げられる。柑橘の遠隔産地として，愛媛県とともに注目すべき地域に九州が挙げられる。九州は高度経済成長期に飛躍的な産地拡大を遂げ，果樹農業が縮小に転じる1970年代以降の縮小も最も大きかった。したがって，最もドラスティックな産地再編が求められた地域である。ここでは，九州の中では産地再編に最も成功した地区の一つである長崎県佐世保地区を取り上げる。

注

1）青森県りんご協会については第3章第1節，山梨県果樹園芸会については同第2節で紹介している。
2）御園〔12〕参照。
3）石川〔3〕参照。
4）宮村〔13〕参照。
5）豊田〔9〕参照。
6）黒瀬〔5〕，豊田〔8，9〕が挙げられる。いずれも過大な規模拡大の追求ではなく，栽培管理の効率化を図りながら，適正な労働の集約度を維持しうる規模の経営の優位性を指摘している。
7）黒瀬〔5〕参照。
8）麻野〔2〕参照。
9）豊田〔10〕参照。

参考文献

〔1〕相原和夫『柑橘農業の展開と再編』時潮社，1990 年。
〔2〕麻野尚延『みかん産業と農協―産地棲みわけの理論』農林統計協会，1987 年。
〔3〕石川康二「果実マーケティングの展開と成長」桑原正信・森和男編『果樹産業成長論』明文書房，1969 年，pp.241-281.
〔4〕桐野昭二『これからミカンをどう作る』筑波書房，1990 年。
〔5〕黒瀬一吉『ミカン作経営の発展方式―わが国の代表的ミカン産地の実証分析』明文書房，1989 年。
〔6〕全国果樹研究連合会『全果連 50 年のあゆみ』1998 年。
〔7〕徳田博美『果実需給構造の変化と産地戦略の再編―東山型果樹農業の展開と再編―』農林統計協会，1997 年。
〔8〕豊田隆「省力化の技術構造」磯辺俊彦編『みかん危機の経済分析』現代書館，1975 年，pp.73-146.
〔9〕豊田隆「りんご生産と地域農業」『日本の農業―あすへの歩み―』143・144，1982 年。
〔10〕豊田隆『果樹農業の展望』農林統計協会，1990 年。
〔11〕日本園芸農業協同組合連合会『50 年のあゆみ』1998 年。
〔12〕御園喜博『果樹作農業の経済的研究―「成長部門」の経済分析―』養賢堂，1963 年。
〔13〕宮村光重「りんご移出業者の商人的性格の検討」阪本楠彦・梶井功編『現代日本農業の諸局面』御茶ノ水書房，1970 年，pp.133-158.

第2章　果樹作産地の動向

徳田　博美

1．果実の需給動向

まず果実の需給動向からみていきたい。果実の供給は，プラザ合意を契機として農産物全体の輸入が急増する1980年代中期までは，国内生産が主体であり，果実自給率はほぼ8割を維持していた（図Ⅱ-2-1）。1961年のバナナの輸入自由化を嚆矢として，順次輸入自由化品目は拡大され，輸入量も徐々に増加し，自給率も緩やかに低下していた。しかし1980年代中期までは国内の果実市場を輸入品が席巻するという状況ではなかった。輸入果実の拡大が国内の果樹作農業に少なからぬ影響を及ぼしたことは否定できないが，果実需給の大きな部分は，国内の生産と消費によって規定されてきた。

1960年代の果実需給は，高度経済成長の下での果実消費の増加と，農基法における選択的拡大品目としての生産拡大が基調であった。1960〜70年の10年間で国内仕向量は320万トン増加し，ほぼ2倍となった。供給側をみると，国内生産，輸入ともに増加した。輸入は1960年には10万トン余りであったのが，1970年には100万トンを超えた。果実自給率もほぼ100%から80%台に低下した。しかし，国内仕向量の増加はそれを大きく上回っており，国内生産量は輸入以上に増加した。果実の国内生産量は1960年には331万トンであったのが，1970年には547万トンとなっており，200万トン以上，7割近い増加となった。

高度経済成長が終焉した1970年代前半に果実需給動向は大きく転換した。高度経済成長の終焉と合わせて果実消費の増加も止まり，その後は横ばいで推移した。一方，果実は永年作物の生産物であるがため，需要動向に対応した生産調整は容易ではなかった。高度経済成長期に新植された果樹園が順次成園化

図Ⅱ-2-1　果実需給の推移

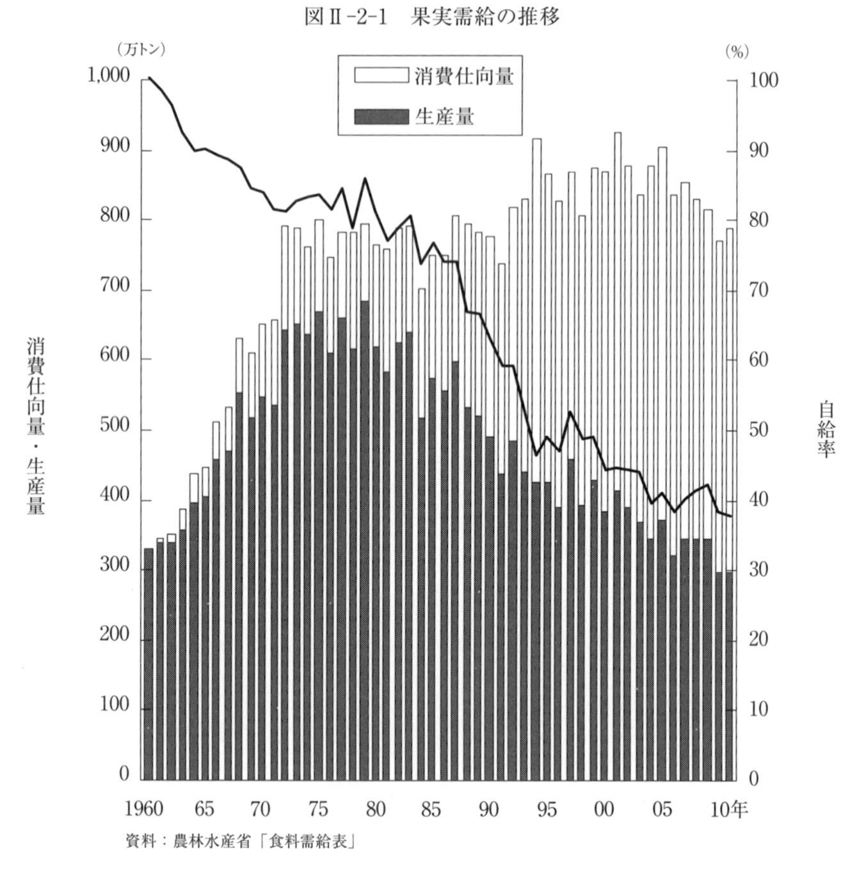

資料：農林水産省「食料需給表」

したことなどで，高度経済成長終焉後もしばらくは供給力の増加が続いた。そのため，果実輸入増加とも相まって，供給過剰基調で推移し，果実価格は低迷し，果樹作農家は厳しい経営環境が続いた。しかし，需給数量だけでみると，1980 年代中期まで安定的に推移した。1973〜83 年の 10 年間は国内生産量約 600 万トン，輸入量約 150 万トン，国内仕向量約 750 万トン，自給率 80%程度で安定していた。

1980 年代中期以降に果実需給動向は再び大きく変化した。その基調は国内生産の縮小と輸入の拡大である。約 600 万トンで推移してきた国内生産は，1983 年を最後に，600 万トンを超えることはなく，1990 年には 500 万トンをも割り込んだ。さらに1996年には初めて400万トンを切り，2010年には300万トンをも割り込んでしまった。国内生産は最盛期の半分以下にまで落ち込んでしまった。一方，輸入は1986年に200万トンを超え，さらに1991年に300万トン，1994年には400万トンと，急激に増加した。その後は一時的に減少するなど，直線的な増加は止まったが，2001年には500万トンを超えており，増加傾向が止まったとは言えない。国内生産が減少し，輸入が増加した結果，自給率は大幅に低下した。1983年までは80%前後の水準を維持していたが，1988年には70%を切り，1994年にはついに50%を割り込んでしまった。その後も低下し続け，2011年には37.6%にまで低下した。

果実供給の主体が国内生産から輸入に移った背景には，果実消費の形態でも生食から加工品消費に，比重が移行したことがある。農林水産省の推計によると，1989年には果実需要量の中で75%が生食用で，25%が加工業務用であったが，2011年には生食用は55%まで縮小し，加工業務用が45%まで拡大した。国産果実，輸入果実別に用途別比率をみると，2011年において国産果実は生食用が88%であり，加工業務用は12%に過ぎない。一方，輸入果実では生食用が36%で，加工業務用が64%である。すなわち，国産果実は大部分が生食用であり，輸入果実では過半が加工業務用となっている。このような国産果実と輸入果実の用途の違いと，生食用から加工業務用への需要のシフトが，供給面での国内生産から輸入への移行の背景の一つとなった。

果樹産地の再編をみていく上で，輸入自由化や果実消費形態の変化を背景として，国内生産の大幅な縮小，自給率の低下をまず念頭に置いておく必要がある。

2．果実生産の動向

果実生産は，1970年代以降大幅に減少したが，その変化はすべての果実品目で一様ではなく，品目による違いも大きい。この間，最もドラスティックな変化を遂げたのは，表Ⅱ-2-1に示すようにミカンである。ミカンは1960年には85万トンであったが，1970年には236万トンとなり，10年間でほぼ3倍に急増した。表には示していないが，ミカン生産のピークは1975年の367万トンであるので，1960年の4倍を超えていた。その後は急激な減少に転じた。1980年には311万トンとなり，さらに1990年には175万トンにまで減少し，ピーク時の半分以下となった。2010年には，ついに100万トンを切り，91万トンとなり，ほぼ1960年の水準に戻ってしまった。

ミカン以外の主要な果実品目も，ウメを除いて，ほぼ一貫して減少しているが，その減少率は相対的には小さい。1980～2010年の減少をみると，ミカンは29%にまで減少したが，表示した他の品目は，減少が大きい品目でも2010年の生産量は1980年の50%を超えている。ほとんどの果実品目が生産を減少されている中で，ウメは生産を拡大させてきた。果実生産全体では大きく減少した1980～2000年間でも2.07倍に拡大した。しかし，2000年以降はウメも減少に転じており，すべての果実品目に及ぶ全面的な生産縮小局面に直面してい

表Ⅱ-2-1　主要果実の収穫量の変化

（単位：1,000トン，%）

		果実全体	ミカン	リンゴ	ブドウ	日本ナシ	モモ	ウメ	カキ
実数	1960年	2,971	845	889	149	242	175	46	366
	1970年	5,360	2,359	1,037	240	448	273	52	363
	1980年	6,206	3,110	886	328	490	253	58	263
	1990年	4,696	1,749	953	274	432	185	86	267
	2000年	3,893	1,291	886	235	384	169	121	282
	2010年	2,742	906	762	187	288	142	105	218
構成比	1960年	100.0	28.4	29.9	5.0	8.1	5.9	1.5	12.3
	1970年	100.0	44.0	19.3	4.5	8.4	5.1	1.0	6.8
	1980年	100.0	50.1	14.3	5.3	7.9	4.1	0.9	4.2
	1990年	100.0	37.2	20.3	5.8	9.2	3.9	1.8	5.7
	2000年	100.0	33.2	22.8	6.0	9.9	4.3	3.1	7.2
	2010年	100.0	33.0	27.8	6.8	10.5	5.2	3.8	8.0
指数	1960年	48	27	100	45	49	69	79	139
	1970年	86	76	117	73	91	108	89	138
	1980年	100	100	100	100	100	100	100	100
	1990年	76	56	107	83	88	73	147	101
	2000年	63	42	100	72	78	67	207	107
	2010年	44	29	86	57	59	56	180	83

資料：農林水産省「果樹生産出荷統計」

注：1）表示した品目は，栽培面積が1万ha以上の品目である。
　　2）各年次とも前後3カ年の平均値である。
　　3）構成比は，果実全体の収穫量に対する割合である。
　　4）指数は，1985年=100とした指数表示である。

る。その背景には，供給過剰による価格低迷を直接の理由とするもののみでなく，長年の厳しい経営環境の下で進行した生産者の高齢化，減少が主要な理由となっていると考えられる。

農産物の生産変動は生産立地の変動も伴うものである。このことは果実についても当てはまるが，その生産立地移動は果実特有の特徴を示している。果実は品目ごとに栽培上の自然的制約条件が厳しく，栽培可能地域が限られ，生産地も特定の地域に集中している品目が多い。そのため，生産立地移動も進みにくい。

この点は，同じ園芸品目でも野菜との大きな違いである。野菜では，高度経済成長期以降，都市近郊地域での都市化の進行と輸送技術，鮮度保持・貯蔵技術の発展を背景として，都市近郊産地から遠隔輸送産地への生産立地移動が進んだ。

それに対して果実では，生産立地移動は緩やかであり，主産地域の交代もあまりみられない。果実拡大期の1960年代には，果樹産地の立地移動が比較的進んだ（表Ⅱ-2-2）。この時期に飛躍的に生産拡大したミカンでは，旧来からの主産県である静岡県，愛媛県，和歌山県よりも，新興生産地域である九州諸県での拡大が大きかった。1960年に上位3位以内であった静岡県，愛媛県，和歌山県は，1970年までの10年間の栽培面積の増加はせいぜい2.5倍であったが，1970年に上位5位に入ってきた九州の長崎県，佐賀県，熊本県の栽培面積は3～5倍に増加している。同じ時期に生産上位県の生産シェアも低下しているように，新興産地の発展による生産の拡散化がこの時期の特徴となっていた。

同じ期間に他の品目は，ミカンほどの急増でなかったこともあり，新興産地の台頭による生産の拡散化はみられない。モモでは，むしろ生産上位県のシェアを大幅に上昇させており，生産の集中化が進んだ。ただし，その後の期間と比べると生産上位県の変動が大きい品目が多く，生産立地の変動が進んだことが推察できる。

1970年代以降の果実生産縮小期に入ると，生産立地変動の形態が変化してきた。最も大きく変化したのはミカンである。生産拡大期に急激な拡大を遂げ

表Ⅱ-2-2　果実品目別栽培上位都道府県の変化

		栽培面積 (100ha)	生産の集中度 (%)		栽培面積上位都道府県 （( ) 内の数値は栽培面積：100ha）
			上位 3 都道府県	上位 5 都道府県	
ミカン	1960 年	631	41.9	52.9	静岡県(117)，愛媛県(85)，和歌山県(58)，広島県(38)，佐賀県(37)
	1970 年	1,630	32.6	48.4	愛媛県(215)，静岡県(177)，長崎県(139)，佐賀県(131)，熊本県(127)
	1980 年	1,396	31.5	49.1	愛媛県(165)，静岡県(149)，佐賀県(126)，長崎県(123)，和歌山県(122)
	1990 年	808	35.0	53.0	愛媛県(109)，和歌山県(88)，静岡県(86)，熊本県(73)，佐賀県(72)
	2000 年	617	38.3	55.3	愛媛県(91)，和歌山県(80)，静岡県(67)，熊本県(57)，長崎県(47)
	2010 年	489	42.9	59.8	和歌山県(80)，愛媛県(69)，静岡県(61)，熊本県(47)，長崎県(36)
リンゴ	1960 年	619	73.0	83.6	青森県(252)，長野県(148)，岩手県(52)，福島県(34)，山形県(32)
	1970 年	596	70.1	81.9	青森県(239)，長野県(130)，岩手県(49)，秋田県(35)，山形県(35)
	1980 年	512	74.2	86.3	青森県(243)，長野県(101)，山形県(36)，岩手県(32)，秋田県(30)
	1990 年	539	74.9	87.2	青森県(253)，長野県(113)，岩手県(38)，山形県(37)，秋田県(29)
	2000 年	468	77.1	88.8	青森県(234)，長野県(93)，岩手県(34)，山形県(30)，秋田県(25)
	2010 年	405	80.5	90.5	青森県(217)，長野県(82)，岩手県(27)，山形県(25)，秋田県(16)
ブドウ	1960 年	152	38.6	51.1	山梨県(27)，岡山県(17)，山形県(15)，長野県(11)，大阪府(8)
	1970 年	233	37.6	50.8	山梨県(43)，山形県(23)，岡山県(22)，福岡県(16)，長野県(15)
	1980 年	303	40.3	52.8	山梨県(60)，山形県(38)，長野県(22)，岡山県(20)，福岡県(18)
	1990 年	263	42.4	54.5	山梨県(58)，山形県(30)，長野県(23)，岡山県(17)，福岡県(14)
	2000 年	215	42.7	53.8	山梨県(46)，長野県(25)，山形県(21)，福岡県(12)，岡山県(12)
	2010 年	190	44.4	57.1	山梨県(43)，長野県(24)，山形県(17)，岡山県(12)，北海道(12)
日本ナシ	1960 年	171	27.1	38.3	鳥取県(22)，福島県(14)，埼玉県(11)，長野県(10)，千葉県(9)
	1970 年	181	32.2	45.9	鳥取県(31)，福島県(14)，千葉県(13)，埼玉県(13)，茨城県(12)
	1980 年	199	34.5	48.4	鳥取県(38)，茨城県(16)，千葉県(15)，福島県(14)，長野県(13)
	1990 年	203	33.0	46.7	鳥取県(32)，茨城県(18)，千葉県(17)，福島県(15)，長野県(13)
	2000 年	177	30.2	44.0	鳥取県(19)，千葉県(18)，茨城県(17)，福島県(13)，長野県(11)
	2010 年	144	29.3	43.4	千葉県(17)，茨城県(14)，福島県(12)，鳥取県(11)，長野県(9)
モモ	1960 年	192	33.4	45.1	福島県(24)，岡山県(20)，山梨県(19)，愛知県(11)，長野県(11)
	1970 年	201	44.7	61.0	山梨県(36)，福島県(35)，長野県(19)，山形県(18)，岡山県(15)
	1980 年	165	56.6	72.3	福島県(37)，山梨県(35)，長野県(22)，山形県(17)，岡山県(9)
	1990 年	139	54.4	68.3	山梨県(34)，福島県(26)，長野県(15)，山形県(10)，岡山県(9)
	2000 年	116	57.8	71.2	山梨県(35)，福島県(18)，長野県(14)，和歌山県(8)，岡山県(7)
	2010 年	109	59.7	73.3	山梨県(35)，福島県(18)，長野県(12)，和歌山県(8)，岡山県(7)
カキ	1960 年	352	18.4	27.5	福島県(25)，和歌山県(22)，岐阜県(18)，愛知県(17)，愛媛県(15)
	1970 年	359	17.6	27.7	山形県(24)，福島県(20)，岐阜県(19)，和歌山県(18)，福岡県(18)
	1980 年	294	22.6	33.2	福岡県(23)，山形県(21)，和歌山県(19)，岐阜県(19)，奈良県(16)
	1990 年	295	24.5	37.0	和歌山県(28)，福岡県(24)，奈良県(21)，山形県(19)，岐阜県(18)
	2000 年	261	27.8	39.5	和歌山県(30)，福岡県(23)，奈良県(20)，岐阜県(16)，福島県(14)
	2010 年	232	29.0	41.2	和歌山県(28)，福岡県(20)，奈良県(19)，岐阜県(14)，福島県(14)

資料：農林水産省「果樹生産出荷統計」

た新興産地は，自然的立地適性で劣り，また歴史が浅い分，市場評価でも劣る産地が多い。そのため，供給過剰局面では，より厳しい立場に立たされ，生産縮小もより大きかった。その結果として，旧来からの主産地域のシェアが再上昇し，生産上位県のシェアも上昇した。生産上位県のシェアの上昇は，生産第1位であった鳥取県が急激に生産を縮小した日本ナシを除き，ほぼ共通してみられる変化であった。

ただし，主産県への生産の集中化は緩やかな変化であり，総じて言えば，1980年以降の生産立地移動は緩慢であったと言うことができる。したがって，果樹作農業のおける産地再編は，生産立地移動としては大きな変化をみられない。むしろ既存産地において，需給構造や流通体系などの変化にいかに対応してきたのかという点に，産地再編の主要な論点を置くべきであろう。

3．担い手の変動

果樹作農業において担い手の動向をみていく上では，まずその技術的特質を押さえておく必要がある。果樹作農業の技術的特質として，指摘されるのは高い労働および技能の集約性である。わが国の果樹作農業では，樹園地が傾斜地に立地している比率が高く，機械化の進展も遅く，手労働に依存した作業が大きな比重を占めてきた。また生食主体の嗜好品的消費形態から外観を含めた高い品質が求められており，そのことがいっそう稠密な栽培管理を要求した。そのため，省力化の進展は遅く，現在でも単位面積当たり労働時間は長い。

既存統計から労働時間の変化を確認すると，年度によって統計の種類が異なるが，ミカンでは1975年の果実生産費調査による成園面積10a当たり労働時間は205時間であり，2011年の営農類型別経営統計による植栽面積10a当たり労働時間は221時間である。ただし，1975年の数値は，2011年の数値では含まれている包装・荷造・搬出・出荷および管理・間接労働を含んでいないので，2011年も両作業時間を除くと，183時間になる。一方，リンゴでは，同じ統計で1975年は238時間，2011年は245時間である。2011年の包装・荷造・搬出・出荷および管理・間接労働を除いた労働時間は215時間である。1975

年は成園面積当たりで，2011 年は植栽面積当たりであることも考慮すれば，この間，単位面積当たり労働時間はほとんど変化してなく，現在でもほとんどの果実品目で 10a 当たり労働時間は 200 時間を超えている。

省力化が進まず，高い労働集約性が温存されてきたため，果樹作農業では近年まで大規模経営の形成が遅々として進まなかった。果樹作では，大規模化すると，必要とする労働集約度が維持できず，栽培管理の粗放化を招き，生産性が低下し，収益性でも必ずしも優位に立てないとされてきた[1]。実際，栽培面積でみた経営規模の拡大はほとんど進展していない。表Ⅱ-2-3 に果樹栽培面積規模別農家数の変化を示した。対象とする農家が次第に絞り込まれているため，小規模な農家階層では実際の変化を反映していないが，大規模な農家階層では実際の変化をほぼ反映していると考えられる。1970 年から 80 年にかけては，1.0ha 以上の階層はすべて増加している。特に 2.0ha 以上層はほぼ 1.5 倍となっている。しかし，1980 年から 90 年にかけては，すべての階層で農家数は減少している。2.0ha 以上層でも 6.4％減少している。1990 年以降も，2.0ha 未満の階層は一貫して減少し続けており，2.0ha 以上層はほぼ横ばいで推移している。

小規模な農家を主体とするわが国の農業でも，果樹作以外の部門では大規模

表Ⅱ-2-3　果樹栽培面積規模別農家数の推移

（単位：戸）

年次	果樹栽培農家計		～0.1ha	0.1～0.3ha	0.3～0.5ha	0.5～1.0ha	1.0～1.5ha	1.5～2.0ha	2.0～3.0ha	2.0ha～		
	総農家	販売農家								3.0～5.0ha	5.0～10.0ha	10.0ha～
1970年	915,629		238,661	338,884	142,913	131,454	39,699	13,748		10,270		
1980年	817,087		210,520	276,265	123,447	128,499	44,534	18,127		15,695		
1990年		527,132	96,091	165,551	97,209	101,096	36,556	15,946		14,683		
1995年		488,986	99,728	152,069	85,407	89,104	33,070	14,894		14,714		
2000年		330,397	32,095	99,013	68,043	74,574	28,670	13,334		14,668		
2005年		276,548	28,517	76,134	55,436	63,665	25,593	12,473	10,496	3,676	494	64
2010年		242,344	21,282	65,971	48,796	56,436	23,467	11,728	10,059	3,913	605	87

資料：農林水産省『農業センサス』

注：1）1970 年は沖縄県を含んでいない。

2）1980 年までは総農家の数値であり，1990 年以降は販売農家の数値である。また販売農家の中でも 1995 年までは，すべての果樹栽培農家の数値であり，2000 年以降は販売目的の果樹栽培農家のみの数値である。

経営の形成が徐々に進んでいる。その中にあって，果樹作のみが大規模経営の形成から取り残されたような状況となっている。

一方，農家数の減少は，他の農業部門と同じように，果樹作でも急速に進んでいる。そのため，離農した農家から大量の樹園地が放出されているが，それを引き受ける規模拡大農家が少ないため，農家数の減少がそのまま樹園地の減少につながっている。果樹栽培面積は，最も大きかった1974年には43.8万haあったが，2012年には23.3万haと，ほぼ半減している。1970～2010年で0.3ha以上の農家数は46%に減少しているので，果樹栽培面積の減少は果樹栽培農家数の減少と連動している。この栽培面積の大きな減少が，既述のような生産量の激減につながった。

果樹作の農業構造変動は大きく遅れていることは否定できない。しかし，2005年の農業センサスから，公表される果樹栽培面積の区分が10haに引き上げられたが，2005年と2010年の比較では，微弱ながらも，大規模経営の形成が確認できる。それまでの最上位区分の栽培面積2ha以上の農家総体では，農家数はほぼ横ばいで推移しているが，栽培面積3ha以上の農家数は，2005～10年間で増加している。栽培面積5ha以上では，5年間で24%も増加している。ただし，栽培面積5ha以上の農家は，2010年においても果樹栽培農家全体のわずか0.3%に過ぎないので，まだ最先端の小さな変化に過ぎない。果樹作では産地ごとの園地条件の違いは大きく，大規模経営の形成は園地条件に恵まれている上に，園地基盤整備を積極的に進めている一部の産地に集中しているのが現状である[2)]。

果樹作の農業構造変動に関わって，果樹園の貸借についてもみておく。果樹園は，永年作物を対象としているため，有益費補償や樹体評価が難しく，園地ごとの条件の違いが大きいため，貸借は他の地目と比べて難しいとされてきた。実際，果樹園の借地率は他の地目と比べて低い。しかし，図Ⅱ-2-2に示すように果樹作農家の樹園地借地面積および借地率ともに，徐々に増加している。1980～2010年の30年間で借地面積は2.3倍に増加し，経営樹園地面積が減少しているため，借地率の上昇はさらに大きく，2.0%から8.8%へと，4.4倍となっている。依然，他の地目と比べて借地率は低いが，経営樹園地のほぼ

図Ⅱ-2-2　果樹農家の樹園地借入面積の推移

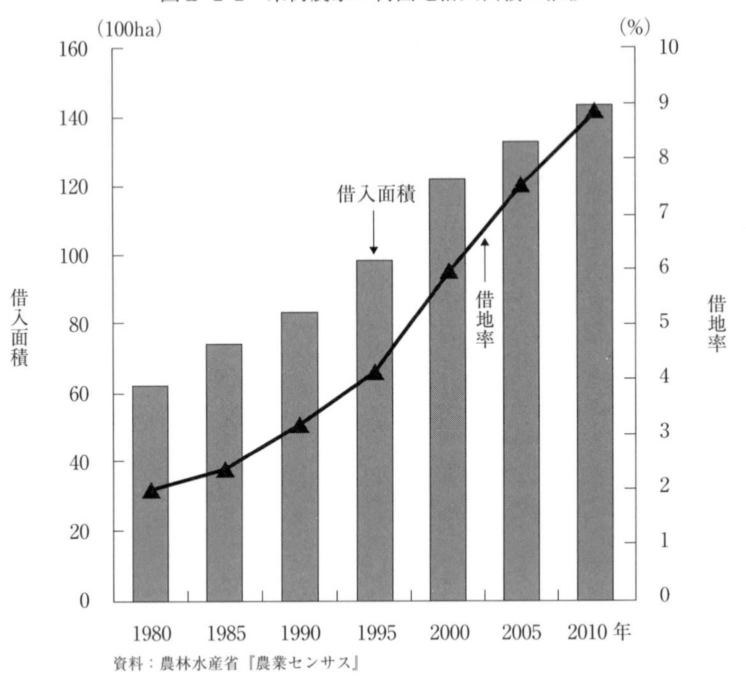

資料：農林水産省『農業センサス』

1割が借地となっている。しかも図Ⅱ-2-3に示すように，借地率の上昇は果樹栽培面積が大きいほど高く，栽培面積規模間での格差が広がってきた。2010年には栽培面積2.0ha以上の農家の借地率は12.1％に達している。従来は，樹園地の流動化は，貸借よりも売買が主体となっていたが，近年は売買とともに貸借も流動化の主要な手段となり，大規模経営に集積する傾向が次第に強まってきた。

4．果実の流通チャネル

果実の流通チャネルでは，現在でも卸売市場流通が大きな比重を占めている。ただし，その比率は低下してきた。農林水産省の推計によれば，図Ⅱ-2-4のように果実の卸売市場経由率は，1989年度には78.0％であったのが，徐々

図Ⅱ-2-3　果樹栽培面積別樹園地借地率の変化

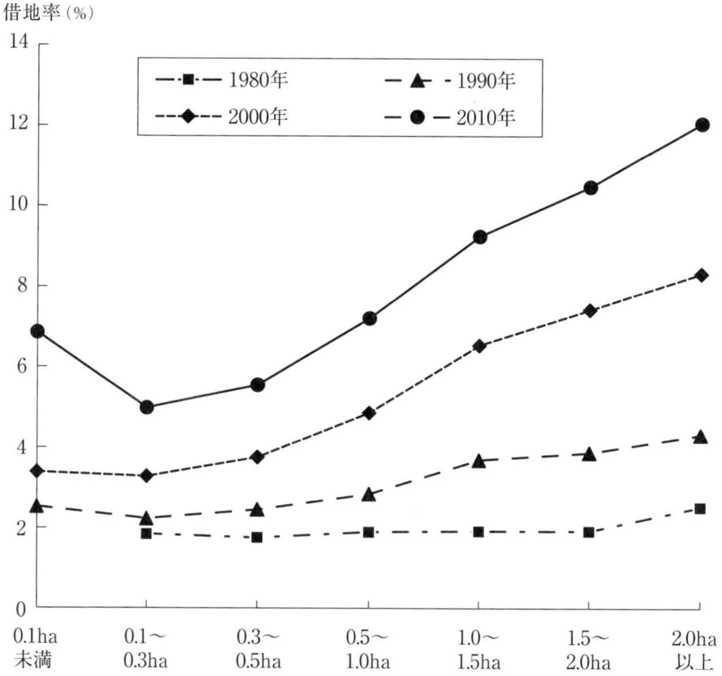

資料：農林水産省「農業センサス」

に低下し，2010 年度には 45.0%にまで低下している。ただし，低下の主因は，果実消費での加工品割合の上昇と輸入の増加にあり，生食用のみに限定した農林水産省の推計では，2008 年度においても 66%である。国産の生食用果実に限れば，その比率はもっと上昇すると考えられ，現在でも卸売市場が主要な流通チャネルであることに変わりはない。

卸売市場流通の比率が低下傾向にある中で，流通チャネルとしての重要性を高めているのは，農家による消費者への直接販売である。表Ⅱ-2-4 に 2010 年農業センサスにおける果樹栽培経営体の中で農業関連事業を行っている経営体数を示した。全果樹栽培経営体の中で農業関連事業を行っている経営体の比率は 33.5%に達している。全農業経営体での農業関連事業を行っている経営体の比率は 20.9%であるので，果樹栽培農業経営体は全農業経営体を大きく上回っ

図Ⅱ-2-4　果実の卸売市場経由率の変化

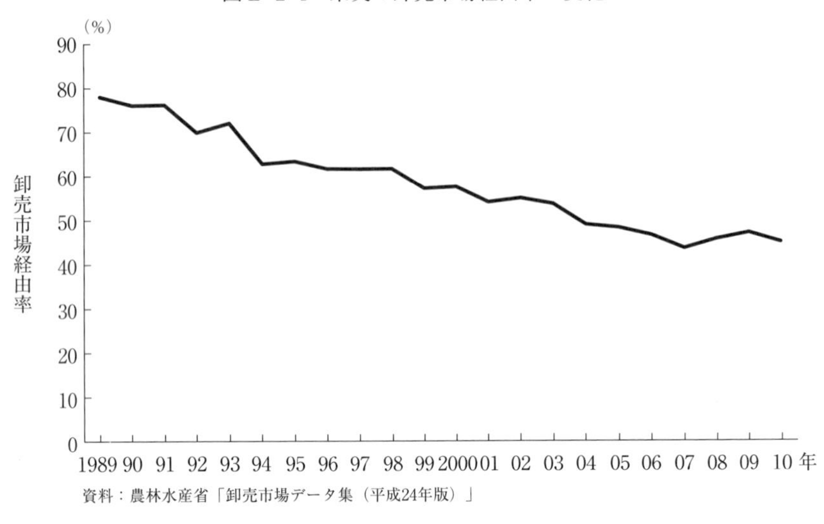

資料：農林水産省「卸売市場データ集（平成24年版）」

ている。農業関連事業の中では，消費者への直接販売が大部分を占めている。果樹栽培経営体では，農業関連事業を行っている経営体の91.4%は消費者への直接販売を行っている。全果樹栽培経営体に占める割合でみても，30.7%であり，果実では消費者への直接販売が主要な流通チャネルとなっている。

観光農園を行っている経営体は，全果樹栽培経営体の2.7%である。絶対的な数値としては高くないが，全農業経営体で観光農園を行っている経営体の比率はわずか0.5%であるので，果樹作は，相対的に観光農園が発展している農業部門である。

観光農園も含めて消費者への直接販売が主要な流通ルートとなっていることは，果樹作での産地展開にとっても大きな意味を持っている。果実は，農協共販を主体とした共同販売が最も発展してきた品目である。消費者への直接販売の多くは，個別の生産者ごとに行われており，直接販売の拡大は共同販売とは逆行し，それを掘り崩すものである。消費者への直接販売の拡大は，果樹作の産地再編の重要なきっかけともなり得る。

果樹作における農業関連事業について，いくつかの特徴が指摘できる。第一に，その階層性である。栽培面積0.1ha未満の最小規模で農業関連事業を行っ

表Ⅱ-2-4　農業関連事業を行っている果樹栽培経営体数

（単位：経営体，%）

	全果樹栽培経営体数	農業生産関連事業を行っている実経営体数		事業種類別					
				農産物の加工		消費者に直接販売		観光農園	
全国	253,941	85,124	(33.5)	13,606	(5.4)	77,834	(30.7)	6,884	(2.7)
0.1ha 未満	21,664	8,887	(41.0)	1,304	(6.0)	8,219	(37.9)	133	(0.6)
0.1～0.3ha	75,984	24,271	(31.9)	3,240	(4.3)	22,339	(29.4)	928	(1.2)
0.3～0.5ha	48,987	14,763	(30.1)	1,975	(4.0)	13,569	(27.7)	996	(2.0)
0.5～1.0ha	56,698	18,025	(31.8)	2,668	(4.7)	16,559	(29.2)	1,984	(3.5)
1.0～1.5ha	23,622	8,576	(36.3)	1,516	(6.4)	7,828	(33.1)	1,258	(5.3)
1.5～2.0ha	11,832	4,489	(37.9)	1,049	(8.9)	4,014	(33.9)	630	(5.3)
2.0ha 以上	15,154	6,113	(40.3)	1,854	(12.2)	5,306	(35.0)	955	(6.3)
北海道	1,407	616	(43.8)	168	(11.9)	521	(37.0)	217	(15.4)
東北	47,154	14,607	(31.0)	2,487	(5.3)	13,323	(28.3)	875	(1.9)
北陸	6,564	2,962	(45.1)	880	(13.4)	2,374	(36.2)	161	(2.5)
関東・東山	61,319	27,061	(44.1)	4,655	(7.6)	24,929	(40.7)	3,418	(5.6)
東海	23,106	8,503	(36.8)	800	(3.5)	8,137	(35.2)	313	(1.4)
近畿	24,489	8,167	(33.3)	1,781	(7.3)	6,860	(28.0)	525	(2.1)
中国	21,118	6,358	(30.1)	810	(3.8)	5,935	(28.1)	455	(2.2)
四国	28,748	5,611	(19.5)	714	(2.5)	5,219	(18.2)	157	(0.5)
九州	37,968	10,670	(28.1)	1,247	(3.3)	10,027	(26.4)	736	(1.9)
沖縄	2,068	569	(27.5)	64	(3.1)	509	(24.6)	27	(1.3)

資料：農林水産省「2010年農業センサス」
注：(　) 内の数値は，全果樹栽培経営体数に対する比率である。

ている経営体の比率が最も高いが，それを除くと，栽培面積規模が大きくなるほど，農業関連事業を行っている経営体の比率は高い。農産物の加工，観光農園でその傾向は顕著である。経営規模の大きい経営で消費者への直接販売をはじめとして，流通チャネルの多角化が進んでいる。

第二に，地域間での違いが大きいことである。農業関連事業を行っている経営体の比率を地域的にみると，北海道，北陸，関東・東山が40％を超えている。表には示していないが，関東・東山の中でも南関東は63.5％に達しており，特に高い。一方，四国が唯一，20％を切っており，総じて西日本が低い傾向がある。

農業関連事業を行っている経営体の大部分で消費者への直接販売を行っているので，消費者への直接販売も，ほぼ同様の傾向がみられる。観光農園については，北海道が15.4％で突出しており，次いで関東・東山が5.6％で続いている。関東・東山の中でも南関東が9.4％と高い。それ以外の地域は2％前後で違いは小さい。農産物の加工では，北海道と北陸が10％を超えており，近畿が7.3％でやや高いが，総じて東高西低の傾向がみられる。

このような地域性を生み出している要因として，三つのことが考えられる。第一は，品目による違いである。かんきつ類よりも落葉果樹で農業関連事業は取り組まれており，そのことが東高西低の地域性をもたらしているとみられる。第二には，周辺に多数の消費者を抱えている大都市周辺部の方が観光農園を含めた消費者への直接販売には有利なことである。そのことが南関東の突出した高さに現れている。第三には，大産地よりも小産地で取り組まれていることである。全国的な広域流通体系において，大産地は共販体制による出荷ロットの大きさで優位な立場に立てるが，出荷ロットの小さい小産地は厳しい市場競争を強いられることが多い。しかし，地域内の果実生産量が少ないので，地産地消型の販売を展開する余地は，むしろ大きい。そのため，小産地の方が地場流通を中心とした消費者への直接販売が展開されやすい。そのことが地域農業の中での果樹作の比率の低い北海道，北陸での高さに反映していると考えられる。

最後に近年の果実価格の動向をみておく。図Ⅱ-2-5は1980年以降の果実の卸売価格の変化を示したものである。果実卸売価格の変化は，1990年代中ごろを境として二つに分けられる。1990年代中ごろまでは上昇基調で変化し，その後は停滞している。特に1980年代後半での価格上昇は顕著であり，1983～91年で果実全体の卸売価格は54％も上昇している。しかし，その後は停滞し，1995年の271円／kgをピークとして，その後は250～70円間で推移している。

この間の価格変化は国産果実と輸入果実でも違いがある。国産果実の卸売価格は，果実全体の変化と同様に1990年代中ごろまでは上昇し，その後は低下傾向にある。1990年代中ごろまでの価格上昇は，果実全体よりも顕著であり，1983～91年で67％も上昇している。国産果実の中でも，1970年代前半以降の供給過剰下で価格低迷に苦しんできたミカンで，特に価格上昇は大きかった。

図Ⅱ-2-5　果実卸売価格の推移

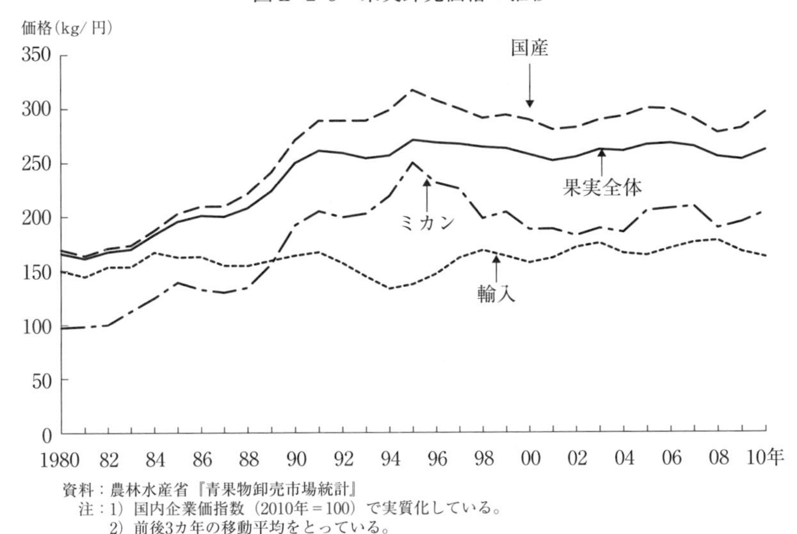

資料：農林水産省『青果物卸売市場統計』
注：1）国内企業価指数（2010年＝100）で実質化している。
2）前後3カ年の移動平均をとっている。

1983～91年のミカン卸売価格の上昇率は83%である。ミカンの卸売価格はその後の上昇率も高く，1980～95年では2.6倍となっている。しかし，国産果実の卸売価格は1995年の317円／kgをピークとして低下し，2000年以降には2005年を除いて300円／kgに達してなく，2008年には277円／kgにまで低下している。

一方，輸入果実は1990年代中ごろまではむしろ低下しており，その後は上昇に転じている。輸入果実の卸売価格の低下は，プラザ合意による円高で輸入が急増し始める1985年頃から始まっている。1984～94年では21%も低下している。しかし，1984年を底として上昇に転じており，1984～2008年では34%上昇している。

このような果実卸売価格の変化を，果実輸入と関連されてみると，1980年代後半から90年代前半にかけては果実輸入が急増した時期であり，輸入量の増加と対応し，円高とも絡んで，輸入果実の卸売価格は低下した。しかし，それが国産果実の卸売価格の低下にはつながらず，むしろ同じ期間に国産果実の卸売価格は上昇している。安価な輸入農産物の流入が国産農産物の価格も低下させるという，一般的な理解とは異なる変化を，果実卸売価格データは示している。

果実卸売価格がこのような変化を示した要因としては，第一に1980年代後半から90年代初頭にかけては，いわゆるバブル経済期であり，高級な果実に対する需要が高まったことがある。国産果実は，高級果実需要に対応した高品質の果実を供給することで，価格の上昇に成功した。一方，輸入果実は円高と国際化の進展により，数量を拡大しながら，価格を下げて，いっそう大衆品的性格を強めていった。

第二には輸入果実の増加による影響が大きかったのは，市場競争力が弱く，価格も低位であった劣等産地であったと考えられる。そのような産地の果実は大衆品的な性格を持たざるを得ないため，大衆品として供給量が増えた輸入果実の影響を受け，生産の縮小はより大きかった。低価格の果実で生産の縮小が大きかったため，国産果実の平均価格は，結果として上昇したと考えられる。

このように果実輸入が拡大する中で，国産果実＝高級品，輸入果実＝大衆品という，ある種の棲み分けが形成されたことを，輸入拡大期の果実卸売価格の変化は示していると考えられる。

1980年代後半から90年代前半にかけて，国内の果実生産は大幅に縮小するが，残った果樹作農家の経営はむしろ好転している。農家経済調査でみると，1990年代後半から果樹作農家経済は改善しており，果実需給が過剰基調に転換した1970年代前半以降で最も良好な数値を示している[3)]。

しかし，そのような状況は長くは続かなかった。1990年代後半になると，国産果実価格の上昇は止まり，低迷し始める。価格がピークであった1995年には1kg当たり317円であったが，1997年以降は2005年の300円が最高で，それ以外は300円を下回っている。この時期の果実輸入量はほぼ横ばいで推移しており，果実輸入の増加が国産果実価格低下の直接的な要因とはいえない。実際，輸入果実価格は国産果実とは逆に1990年代後半に価格は上昇している。1994年には132円まで低下したが，その後は上昇し，1997年以降ほぼ160円以上の水準で推移している。

この時期の国産果実価格低下の背景には，バブル経済崩壊による消費の低迷，高級果実消費の縮小があったと考えられる。バブル経済の崩壊による影響は，大衆果実よりも高級果実で大きかった。1990年代前半までに，国産果実＝高級果実，輸入果実＝大衆果実という棲み分けが形成されていたので，バブル経済崩壊の影響は，国産果実で深刻であったと考えられる。

1990年代前半までの輸入果実の拡大期には，バブル経済を背景として高級果実にシフトすることで，国産果実は生産量を減らしながらも，価格の引き上げには成功してきた。しかし，バブル経済崩壊により基盤とする高級果実の需要が縮小し，価格も低迷した。1990年代後半以降の果樹作農業は，生産が縮小する中での価格の低迷という厳しい状況に直面している。

注

1）大規模層の生産性の後退については，豊田〔5〕，黒瀬〔2〕，相原〔1〕がミカンを対象とし，豊田〔6〕はリンゴを対象として実証的に明らかにしている。
2）大規模経営の形成が最も進んでいるのは，静岡県浜松市の三ヶ日地区である。その実態は徳田〔4〕に詳しい。
3）徳田〔3〕参照。

参考文献

〔1〕相原和夫『柑橘農業の展開と再編』時潮社，1990年。
〔2〕黒瀬一吉『ミカン作経営の発展方式―わが国の代表的ミカン産地の実証分析』明文書房，1989年。
〔3〕徳田博美「国際化時代における果樹農業構造の変化」『農業経営研究』第40巻第1号，2002年，pp.116-121.
〔4〕徳田博美「果樹園流動化による大規模果樹作経営の形成―静岡県三ヶ日地区の事例―」『2011年度日本農業経済学会論文集』2011年，pp.32-38.
〔5〕豊田隆「省力化の技術構造」磯辺俊彦編『みかん危機の経済分析』現代書館，1975年，pp.73-146.
〔6〕豊田隆「りんご生産と地域農業」『日本の農業―あすへの歩み―』143・144，1982年。

第３章　果樹産地における地域条件に対応した産地再編

〔1〕青森県リンゴ産地の生産・販売構造と組織再編

長谷川　啓 哉

１．はじめに

本稿の目的は，青森県リンゴ産地の特質を明らかにした上で，産地の再編について論じることである。

青森県リンゴ産地は１県で全国のリンゴ生産量，生産面積ともに過半を占める大産地である。青森県の産地形成は明治時代より始まっている。産業に乏しい条件下で，開墾しうる傾斜地が豊富にあったこと，小農技術体系がいち早く確立されたこと，貯蔵技術が発達し当初から長期出荷が行われていたことなどが大産地を形成する要因となっている。

このような大産地青森県におけるリンゴ販売戦略の基本は，リンゴ価格の季節間格差を活用した季節調整販売である。典型的な大産地型の数量調整販売であり，産地体制もそのような調整に適した分業型の組織構造となっている。

分業は産地機能ごとに行われるのであるが，リンゴ産地の産地機能にはリンゴ作の技術的特質が投影されている。リンゴ作は果樹作共通の特質をもつ一方，他の果樹作にはない独自の生産・流通上の技術的特質も有している。生産では①剪定作業など技能的性格が強い作業があること，②病虫害防除において機械化が進んでいることなどである。流通では，③貯蔵技術が発達して周年供給を実現していることなどである。これにより，①では剪定技術の継承や剪定請負，②では共同防除，③ではリンゴの貯蔵などが重要な産地の機能となる。こうした産地機能に対して，青森県リンゴ産地では，農協とは別の存在として，剪定集団および青森県りんご協会（以下りんご協会），共同防除（以下共防）組織およびその連合会，移出商人および青森県りんご商業協同組合連合会（以下商協連），産地市場的性格の強い荷受会社の弘果などが対応する主体となっている。

このような産地体制の中で，農協はむしろマイナーな存在であった。しかし，取り扱いシェアは徐々に上昇し，2000年には青森県の過半を取り扱っている。

かかる青森県リンゴ産地の特徴からすると，その再編は次の3点が論点となるだろう。第1に，青森県リンゴ産地の特徴である非農協系の産地諸主体，特に農協と対抗的な移出商人と産地卸売市場の再編である。第2に，出荷量シェアにおける非農協系と農協系の順位入れ替え自体が再編といえることから，その背景の問題である。第3に，農協共販の再編である。

本稿では，産地を構成する諸団体・組織の役割や変遷を明らかにした上で，産地諸主体の新たな対応の分析から，三つの論点に接近する。

2．産地を形成する諸団体・組織

(1) りんご協会

りんご協会は1948年の設立である。立役者は渋川伝次郎であったが，団体の系譜としては，①生産者の自主的団体，②移出商人団体，③地主的官僚的農業団体という三つの流れを組む。設立後は農民団体の性格を強くし，「抵抗団体」[1)]，「農民教育・農村民主化団体」[2)] などと評されてきた。

りんご協会の組織は，役職員で構成される本会と，集落・旧村レベルで設置されている支会という二層構成となっている。地域によってはその間に支会連合会が設置されている。支会は青森県内のリンゴ生産地域をほぼカバーする。

りんご協会はこれまで「りんご学校」や「りんご基幹青年」をはじめとする多くの講座や，支会を対象とした年2回の巡回指導などにより，総合的な「農民教育」を実施してきたのであるが，その指導の核になり，リンゴ農家を引きつけてきたのは剪定指導である。

剪定技術は，技術開発において公立研究機関が主体とならず農家が主体となってきた技術であることから，普及も普及機関が主体とはならなかった。農家の技術をすくい上げながら普及を担ってきたのがりんご協会といえる。

りんご協会が広域的に指導してきたのに対して，地域性の強い剪定技術を集落・旧村のレベルで継承してきたのが剪定集団である。剪定集団は剪定技術の師匠・弟子関係を紐帯とする組織で，徒弟的な方法で剪定を指導している。この集団はりんご協会役員層の主たる供給源となっている。これは，役員は巡回指導などで剪定指導をしなければならないためである。りんご協会自体の組織基盤は経営主が農業専従的な農家であり，リンゴ作規模でいえばおおむね1ha以上層であることから，りんご協会は職人的農業者を指導層とする専従的農業者の共同体と考えることができよう。

青森県りんご協会の支会は，農協出荷主体地域，非農協出荷主体地域にかかわらず展開しており，剪定を中心とするリンゴ技術普及の地域的な拠点となっている。

(2) 共防体制

青森県りんご協会が職人的農業者を指導層とする専従的農業者の共同体であるのに対し，土地・水利共同体に根ざす全階層的な農家共同体が共防組織およびその連合会である。

青森県の共防体制は4層の重層的な組織となっている。第一に個々の共防組合，第二に主として明治旧村レベルの共防組合連合会，第三に市町村共防組合連絡協議会，第四に青森県共防組合連絡協議会である。それぞれは機能を分担しており，共防組合は作業，共防組合連合会は水利，市町村共防組合連合協議会は農協との協力による市レベルの防除暦の作成，県共防組合連絡協議会は共済と県レベルの防除暦の検討会議への参加である。

共防が青森県ではじめて実施されたのは，1954年，黒石市浅瀬石地区においてである。防除が集団化するのは，施設・機械が高額のため，個々の農家が導入することが難しかったことの他に，水利の問題がある。リンゴ作の防除には多くの水を必要とするが，平坦水田地帯の外周部の傾斜地を共同開墾して成立した青森県のリンゴ園は，水が不足していた。そこで，土地改良区との協定により水利を確保したのである。ここに共防組合と地区共防組合連合会という重層的体制が構築される所以がある。

このような共防は県下で奨励された。当初その推進主体となったのはりんご協会であった。県の共同防除推進方針を受けて，1957年に青森県りんご共防連絡協議会が設立され，りんご協会が事務を担当した。その後，りんご協会において県内農協組織支援強化方針が示され，その対策の一環として1960年にその業務は経済連に移管された。これ以降，防除技術はこの重層的な共防体制で普及することになる。

地域では，全階層的な地区共同防除組合連合会は専従的農民集団的な支会を連携している。例えば，支会主催の剪定会に共防組合連合会も共催団体となることによって，全階層的な農家が剪定会に参加できるようにしている。この支会―地区共防組合連合会といった地域農業の体制は，出荷先に関係なく展開しており，青森県リンゴ産地の基礎構造といえる。ただし，共防組合は，農家の階層分化の進行により，組織数が減少している。

(3) 移出商人

移出商人は，産地において集荷した農産物を貯蔵，保管して，消費地市場に出荷する機能をもつが，青森県は移出商人の出荷量に占めるシェアが大きく，県のリンゴ流通の特徴とされてきた。

他作物や，他のリンゴ生産県では，農協の勢力が伸張したのに対し，青森県において移出商人のシェアが高いのは，青森県リンゴが貯蔵されて周年出荷されていることによる。つまり，リンゴ市場は時期によって，年内，翌年1～3月，翌年4～8月とおおよそ三つの市場に分かれるが，移出商人は翌年4～8月での出荷を核とする分荷戦略を構築している。この時期の出荷は，年ごとの価格変動が大きいため投機的な性格をもつ上，C.A.（Controlled Atmosphere）冷蔵庫などに多額の投資が必要となる。農協サイドはこのようなリスクの高い出荷に対応することが難しい。また，リンゴは品質格差が大きく，同じ品質のリンゴを揃えることに熟練が必要なため，小売が直接集荷することも難しい。こうしたことから，移出商人独自の事業領域が成立するのである。

集荷については，従来は山買いと呼ばれる農家直接購入のほかに，買子と呼ばれる中間業者をリンゴの主要生産集落に配置して集荷させるなどのルートが有力であり，調達力についても農協サイドを圧倒していた。さらに，移出商人の機能は，その連合会である青森県りんご商業協同組合連合会（商協連）によって，資金調達や倉庫の借用などの面で補完されてきた。

以上のような移出商人の事業構造であるが，近年変化しつつある。その要因の一つは，青果物流通における小売の主導性の強化である。リンゴ作においても，2000年頃から小売との契約的な取引が活発になっている。こうした状況は移出商人も無視できなくなっているが，小売が求めるのは，定時・定量・定品質と呼ばれるいわゆる計画的な出荷であり，従来の投機的な商人のビジネスとはそぐわない点も出てきている。

まず，集荷方法であるが，契約的な取引に対応するためには，数量や品質について計画的な集荷が必要であるため，後述する産地市場への依存度が高まっている。仲買人などの減少により，移出商人の主たる集荷先はすでに産地市場となっているのであるが，流通環境の変化は両者のつながりをさらに強固にしている。次に，販売方法についても，商協連を窓口にして，巨大小売量販店D社と契約的な取引をしている。従来，移出商人は商人同士の競争意識が強く，商協連が存在してもビジネスの核である販売については協同化することはなかったのであるから大きな変革といえる。このように，環境変化の中で移出商人の対応も変革してきている。

(4) 弘果弘前中央青果

弘果は産地市場の性格を強く持ちながら展開してきた弘前地方卸売市場の荷受会社である。移出商人が弘果への依存を強める中で，移出商人が主に消費地への分荷機能を担うのに対し，弘果は産地での集荷機能を担っている。

弘果は，およそ7,000戸の農家からリンゴを集荷し，買参人である産地商人に販売している。7,000戸の農家は大概が360ある出荷組合に属している。販売情報や連絡情報は出荷組合を通して農家に伝達されている。また，出荷組合は出荷処理金（出荷3,000万円以上で7/1,000，500～3,000万円で4/1,000）が支払われている。出荷組合の連合会である出荷組合連絡協議会は剪定会などを主催するが，弘果ではその事務局機能を担っている。以上のように生産者を組織化しながら集荷を行っている。

さらに，流通環境の変化から，移出商人の販売支援のために，生産への関与を強めている。第1に，トレーサビリティシステムの構築である。これは2002年の無登録農薬問題の発生を端緒に2003年から開始している。無登録農薬問題は当時大問題で，移出商人が十分な販売活動を行えなくなる可能性もあった。そのため，弘果は全国に先駆けて導入した。具体的には，出荷時に弘果は個人防除日誌，栽培日誌，協定書，圃場・品種登録書を受け取り，データベースに打ち込み，リンゴの木箱には個人票を付けて販売する。これにより，移出商人はWEB上でトレーサビリティの内容を確認でき，生産保証のついたリンゴを販売できる。第2に，「つがりあん・あっぷる」の取り組みである。これは弘果が独自に商品開発するために，2002年から開始している。農家が育成した品種に対して，弘果が専用利用権を設定し，同時に「つがりあんアップル」として商標登録する。生産は弘果の組織した「つがりあんの会」の会員農家が行い。生産されたリンゴは全量弘果に出荷され，弘果はセリで販売する。品種育成者は「つがりあんの会」に対して技術指導を行う。なお，農家の高齢対策として，集荷運搬サービスなども実施されている。

このように，事業の領域が生産側に広げられているが，集荷後のリンゴ流通に関しては，移出商人との棲み分けが厳格に守られ，小売などと直接取引するような方向は全く考えられていない。流通環境の変化については，あくまでも移出商人との連携のもと，対応しようとしているという特徴がある。

3．青森県リンゴ産地の再編　―つがる弘前農協を事例に―

(1) 農協の出荷率上昇の背景

青森県のリンゴ流通の特質は，移出商人が農協を抑えて優勢にあることとされてきた。しかしながら，農協サイドの出荷量のシェアも年々増大し，2001年には50％を突破して52.7％となった（図Ⅱ-3〔1〕-1）。青森県のリンゴ流通も今や農協が主役となっていると考えてもよいだろう。

その要因として，流通面からは移出商人と比して計画出荷がやりやすいこと，生産への関与により品質管理がしやすいことや，農家の労働力の弱体化に対し，農協の方が農家を支援しうることなどがとりあえず考えられる。しかし，計画出荷や品質管理については，移出商人も弘果を活用すれば可能なシス

図Ⅱ-3〔1〕-1　農協と移出商人の取扱比率の推移

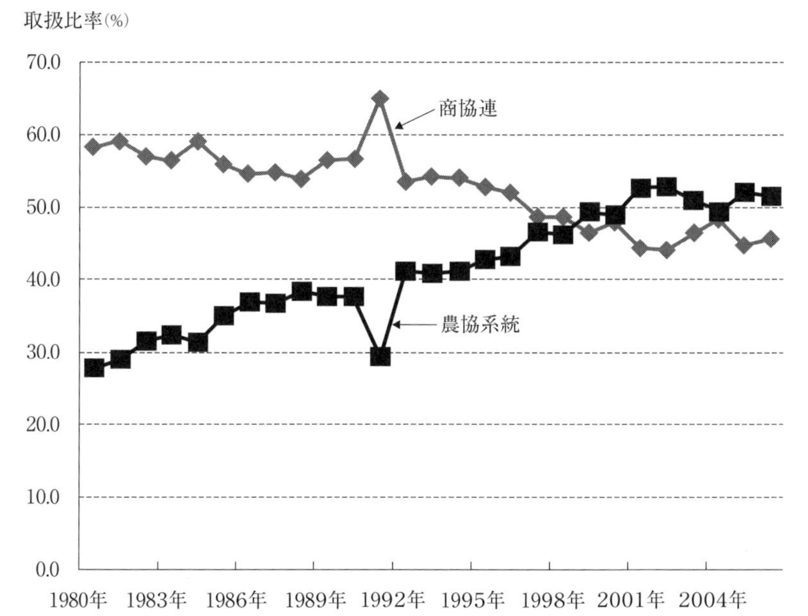

資料：青森県りんご指導要綱（流通編）

テムとなっており，農家の支援対応についても弘果が対応している。実際，弘果への出荷自体は右肩上がりに増加しているのである（図Ⅱ-3〔1〕-2）。

むしろ要因は，移出商人の側にある。つまり商人数の減少に対し，残された商人の規模拡大で対応できていないという問題である。その理由であるが，第1に，小売主導型の青果物流通が進行する中で，かつてのような投機的販売が難しくなり，大きな利益を得ることが難しくなったということがあげられる。小売との相対取引は価格面で厳しく制限されるものであり，移出商人の手数料商人的性格を強めることから，コストを厳しく管理する計画的な経営が求められる。それに対し，従来型の投機的販売をベースにおいた見込み的な投資を続ければ経営的に立ちゆかなくなるのである。第2に，ある業者が倒産したときに，取引していた農家は他の業者に出荷しないということである。商人に出荷している農家は，基本的には同じ商人に出荷するが，その商人が倒産した場合は，高齢農家を中心に販売以外の対応もする農協に移行してしまうのである。

以上のように，流通環境の変化やリンゴ地帯の農業構造の後退が農協の出荷

図Ⅱ-3〔1〕-2　弘果の取扱量の推移

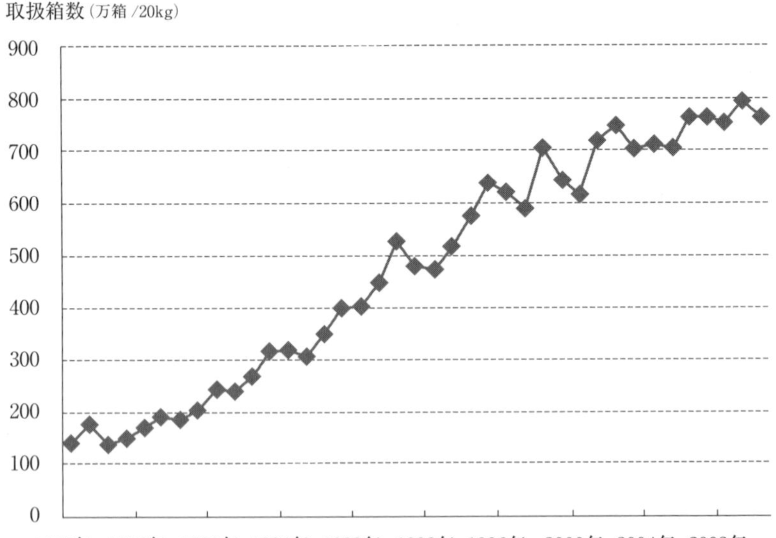

資料：弘果二十周年記念誌編集員会『弘果のあゆみ』弘果，1993年，『りんごニュース』青森県りんご協会。

シェア上昇の背景にあると考えられる。

(2) つがる弘前農協のリンゴ販売戦略

こうした農協シェアの拡大の中で，青森県のリンゴ販売をリードするのは，最大集荷量を誇るつがる弘前農協である。

つがる弘前農協は，弘前市（旧相馬村，旧弘前市石川地区を除く），藤崎町（旧藤崎町），大鰐町，西目屋村，平川市（旧碇ヶ関村）を管内とする。管内のリンゴ面積は約9,000ha，リンゴ集荷量は約6万トンに達する大産地共販である。農協の中では抜群の出荷単位で，その出荷戦略は，リンゴの価格形成や他産地の出荷戦略に大きな影響を与える。

つがる弘前農協の販売戦略は，数量調整を核とする大産地的な戦略である。農協共販であることから，売り切ることが販売目標の基本におかれるが，そのために卸売市場では東京青果や大果などの大規模荷受会社，小売業では巨大小売量販店を軸に分荷戦略を組む。卸売市場対応としては，対応ランクにより，荷受会社を毎日2,000ケース（1ケースは10kg）出荷するAグループ，毎日800～1,500ケース出荷するBグループ，価格を見て出荷するCグループの三つに分類し，Aについてはそこでの最大出荷者となるように出荷する。そして東京青果，大果には約1万トン出荷し，当該年の取引の基礎となる価格を形成した上で，周辺市場に，転送価格よりも低い予定価格で出荷して，その差額を得るという戦略である。このため，取引市場は44市場に及ぶ。

小売業者対応としては，契約的取引を推進している。特に，数量を武器に，フェアやチラシ販売などの企画対応を積極的に行っている。販売戦略との核となるのが巨大小売量販店D社とE社の2社である。D社とは本部と市場を通さない直接の取引を行い，E社とは他の4農協と連合して全農青森を窓口に，予約相対取引を実施している。この2社の企画は1日当たり数千ケースの出荷になるなど規模が大きく，他産地では困難な対応であるが，つがる弘前農協では11月中旬以降は問題ないとしている。このような対応は，量販店と農協との関係を強化することとなり，その結果，従来は他県産地がきり上がるまでつがる弘前農協のリンゴは取り扱われなかったが，E社が11月から無袋ふじを取り扱うなど，取扱時期が拡大している。

さらに近年，青森県リンゴ産地では輸出が有力なチャネルとなっているが，つがる弘前農協においても，約20万ケースを出荷している。代表的な出荷先は台湾の大手小売量販店で，契約的取引を行い，46～50玉という小玉中心に出荷している。

販売戦略のカギとなる商品は有袋ふじである。有袋リンゴは4月以降に出荷する長期貯蔵用のリンゴで，青森県では減少が問題となっている。つがる弘前農協においても，無袋ふじが108万箱/20kg（2006年）に対して28万箱と4分の1程度である。このため，4月以降リンゴは売り手市場で，その確保のために量販店はつがる弘前農協との関係を強化している。産地においても数量の確保が課題となっており，農協は出荷した農家に商品券を渡すなどしている。

販売戦略を支える共販組織であるが，集荷・販売については，リンゴ課が担当する。集荷にあたって，農家は毎年農協と委託販売契約を結び，数量を予約する。予約に対して予約金が支払われるが，実際の出荷量が予約数量の130％以上，あるいは80％以下となると違約金が徴収される。分荷先の決定，販売交渉，選果基準の決定などは，農協のライン，りんご課長―りんご部長―りんご担当常務理事で意思決定する。つまり，出荷する以上は農協の販売方針に従うシステムとなっている。このようなシステムが出荷の計画性を高め，企画販売を支えることとなる。

技術指導についても，営農指導課が主体となり，技術選択会議に農家は参加しない。ただし，防除については，管内の6地区に分け，地区ごとに指導員と共防長との協議によって防除暦が作成される。剪定については，農協は関与しないことから，剪定集団やりんご協会支会が指導を担うことになる。

このような農協職員が販売や技術指導の意思決定をするという方式は，他県で展開する生産部会方式とは全く異なる。生産部会方式では，分荷先や選果基準の決定，栽培暦，防除暦の決定などは，通常，農家である部会役員によって意思決定される。これに対し，つがる弘前農協の共販体制は，分業的な組織体制であり，それが計画的な大量出荷を支えている。まさに大産地において典型的な組織体制といえよう。

(3) つがる弘前農協における産地組織再編

しかしながら，つがる弘前農協では，従来大産地が苦手としてきた新品種や新商品の開発も活発であることに注目される。例えば，ひろさきふじ，葉とらずつがる・ふじ（ブランド名：太陽つがる・ふじ），減農薬・有機肥料栽培葉とらずつがる・ふじ（ブランド名：あっぱれりんご），酵素リンゴなどである。こうしたリンゴは特別な売り先や果実専門店，百貨店などに出荷されており，精算価格も高くなっている。

このような生産変革をともなう新品種・新商品の開発が大産地で行われにくかったのは，産地の組織体制によるところが大きい。新品種・新商品の開発は，販売，技術体系ともに基盤に乏しく，商品についても不確定な状態から始まるため，導入者である農家の主体的な努力の下に，販売機能と技術指導機能を機動的に連携させながら，販路や技術体系を確立して，農家への導入を促しつつ出荷量を拡大させていかなくてはならない。こうしたことに，農家が意思決定に参加せず，販売機能と技術指導機能がそれぞれ独立的な分業的組織体制が適合しないのである。

これに対して，つがる弘前農協は，農家の主体的な活動を共販の中に取り込み，位置づけることによって，新品種・新商品の開発を実現している。その典型が「ひろさきふじの会」である。ひろさきふじは弘前市の農家，大鰐勝四郎氏が発見，育成したふじの枝変わりの中生品種である。2007年には出荷量は約10万箱に達し（図Ⅱ-3〔1〕-3），生産者精算価格は4,507円/10kgと高価格で販売されている。その普及推進母体となったのが「ひろさきふじの会」である。「ひろさきふじの会」は育成者の親族が会長であるが，つがる弘前農協の組合員であることを参加資格としていることから，共販組織の部分組織といえる。その機能は市場折衝，栽培マニュアル作成，現地指導会などであり，販売，技術を横断している。つまり，農家主体の統合的な組織である。つがる弘前農協は，大産地のため分業的な組織体制は維持するが，このような組織を部分組織とするような組織再編を行うことによって，新品種・新商品開発を実現しているのである。それはいわば大産地の中に小産地が収まるような産地再編

図Ⅱ-3〔1〕-3　ひろさきふじの普及過程

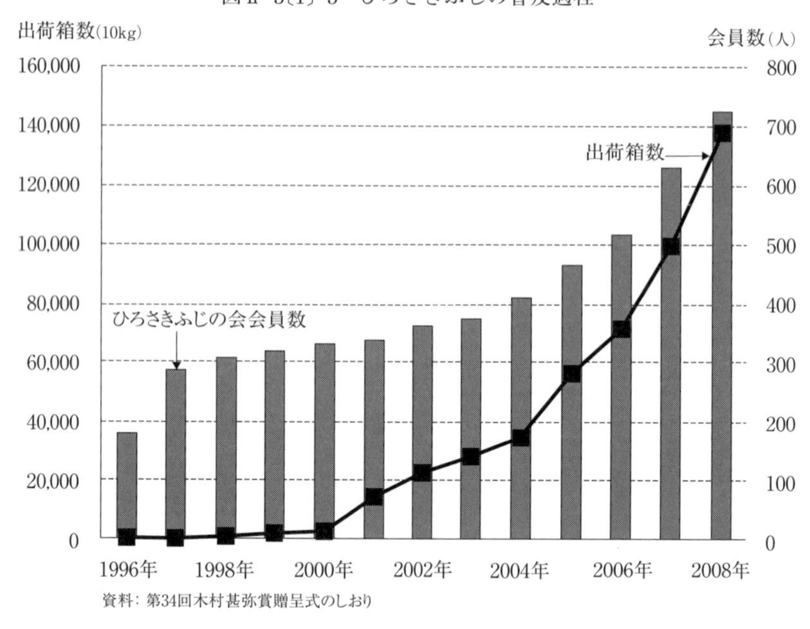

資料：第34回木村甚弥賞贈呈式のしおり

である。このようにして開発された新品種・新商品は，産地のブランド向上や販売交渉力の強化において重要な役割を担うことになる[3)]。

4．おわりに

本稿では，青森県リンゴ産地において特徴的な主体である青森県りんご協会，共同防除組織および連合会，移出商人，弘果弘前中央青果の役割と変遷を検討した上で，青森県最大のリンゴ農協共販であるつがる弘前農協を対象に，販売戦略の特質と再編方向を検討した。その結果，流通システムの変化や農業構造変動の中で，①移出商人，産地市場が従来の事業方式を変革させながら対応していること，②農協優位の論理が生じていること，③農協は量販と新商品開発を両立させるための組織再編を行っていることを明らかにした。いずれも従来のリンゴ産地論において述べられてきたこととは大きく異なる局面といえる。

注

1）青森県りんご協会〔1〕pp.23-24 を参照。原著は東奥日報記事。
2）豊田〔2〕p.806 を参照。
3）なお，「ひろさきふじの会」は，ひろさきふじが一定程度普及したのち，役割を終えたとして解散した。

引用文献

〔1〕青森県りんご協会『喜びと悲しみと怒りとりんご協会の 50 年』青森県りんご協会，1996 年。
〔2〕豊田隆「青森県りんご協会の展開と機能」『青森県農業の展開構造』青森地域社会研究所，1986 年。

〔2〕多様性に富む山梨県果樹産地における産地再編

徳田　博美

1．山梨県の果樹作農業の特質

2012年における山梨県の果実産出額は498億円で，全国第5位である。農業産出額全体に占める割合は61.4％で，全国一である。山梨県の果実生産は甲府盆地に集中しており，甲府盆地は全国一の果樹作農業集積地域と言っても過言ではない。

山梨県における果樹産地の再編をみていく上で，まず山梨県の果樹作農業の特徴を整理していく。第一の特徴は，果樹栽培の歴史が古いことである。峡東地域（甲府盆地東部）の勝沼（現甲州市）では，近代以前からブドウ生産の歴史を有している[1)]。第二次世界大戦前には，甲府盆地のいくつかの地区で果樹産地の形成がみられ，集落レベルの出荷組織も形成されていた。戦争中には果樹作農業は頓挫するが，戦後早い時期から果樹作農業は復活し，甲府盆地全体で桑園や水田から果樹園への転換が進んだ。戦後の果樹産地形成は，農協系統組織の整備に先駆けて進んだため，産地形成の初期には，農協の関与は小さく，生産者が大きな役割を担ってきた。

第二の特徴は栽培品目の多様性・複合性である。山梨県では，数多くの落葉果樹品目が栽培されている。2012年の産出額でみると，果実産出額498億円のうち，ブドウが264億円，モモが164億円であり，両者で85.9％を占め，二大品目となっている。しかし，両者以外でも，スモモ30億円，オウトウ17億円，カキ9億円，ウメ5億円，日本ナシ，リンゴが各3億円と栽培品目は多彩である。全国的にみても，ブドウ，モモ，スモモは全国一であり，オウトウは全国第2位の地位を占めている。

しかも，これらの品目はすべて甲府盆地の狭い範囲で栽培され，混在している。多くの地区では，複数の果樹品目が栽培されており，複数品目を栽培している農家が少なくない。したがって，産地組織の多くは，複数品目に対応することが求められている。ただし，甲府盆地内でも果樹作農業の形態は一律ではなく，地区ごとに栽培品目構成などに特徴がある。

第三には，京浜市場という大消費に近接していることである。特に国道20号線の笹子トンネルや中央高速道の開通は，東京への時間距離を大幅に短縮し，果樹作農業の発展の重要な契機となった。このような立地条件を活かし，観光・直売は重要な流通チャネルとなっている。東京から甲府盆地への入り口にあたる勝沼地区は，観光農業が盛んであり，19世紀末には最初の観光果樹園が開園され，戦後には観光農業は本格的に発展し，1960年代初頭には，地区内のブドウの１割は観光客への直販となっていた。現在では，観光果樹園は150カ所を超えており，入り込み客も60万人程度に達している[2)]。

このような集落を基盤とした高い主体性を持った生産者組織の存在，地区ごとの果樹作農業の違い，東京への近接性を背景として，産地組織の中核である農協では，1980年代後半まで，旧村レベルの未合併農協が存続していた。図Ⅱ-3〔2〕-1に山梨県の組合員戸数別農協数の推移を示した。1985年には総組

図Ⅱ-3〔2〕-1　農協数と正組合員戸数別構成の変化

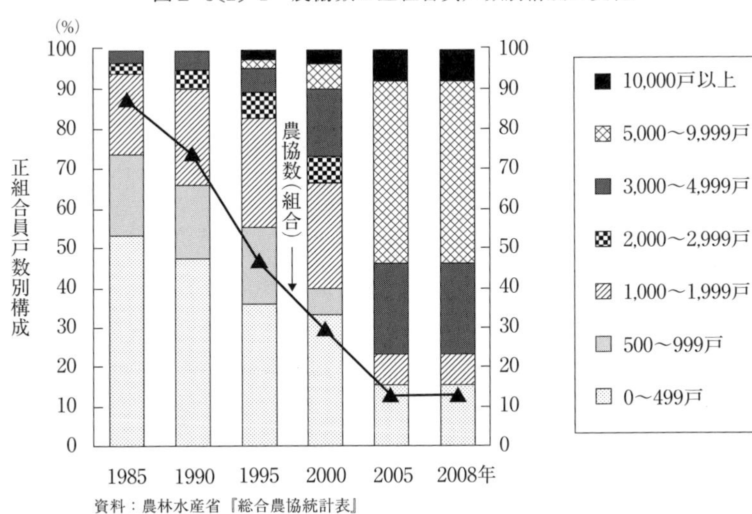

資料：農林水産省『総合農協統計表』

合員戸数7万戸の山梨県に88の総合農協があった。その半数以上の53.4%が組合員戸数500戸未満であり，組合員戸数2,000戸以上の農協は5.7%に過ぎなかった。同時期の全国の数値をみると，組合員戸数500戸未満の農協は31.2%で，2,000戸以上の農協は15.5%であるので，山梨県の農協は全国的にみても小規模であった。

1990年代以降には，山梨県においても農協合併が急速に進み，2005年には農協数は13にまで減少し，組合員戸数500戸未満の農協は2農協となり，10農協は組合員戸数が3,000戸以上となった。市町村でも平成の大合併が進むが，農協合併は市町村合併の範囲を超えて進んでおり，複数市町村を範囲とする農協が多数を占めるようになった。このような農協および市町村の合併は，山梨県果樹作農業における産地再編の重要な与件となる。

2．果樹産地組織の展開

まず山梨県の果樹産地組織の展開過程を概観しておく。

山梨県では，第2次世界大戦以前に果樹生産の拡大に合わせて集落レベルの出荷組織の形成がみられ，それらの連合組織も設立されていた。それらは戦争によって解散を余儀なくされるが，戦後早期に集落レベルの出荷組織の設立は始まった。そして，1948年には各地に設立された出荷組織を組合員とする山梨県果実農協が組織された。この農協は出荷調整，市場調査と販路開拓，資材の斡旋などの機能を担った。この段階は，農協系統組織の体制が整備される前の段階であり，出荷組織は総合農協とは別組織として発展してきた。

総合農協の体制整備が進む中で，1955年に山梨県果実農協は，総合農協を正会員，任意の出荷組織を準会員とする山梨県果実農協連合会に再編された。ここで初めて総合農協が果実の出荷組織に関与するようになる。ただし，集落レベルの出荷組織が農協に統合されても，それは出荷組織のすべての機能が農協に委ねられたことを意味するものではなかった。元の集落レベルの出荷組織は支部として，地区単位の基礎的な生産者組織に再編され，自立性の高い内部組織として存続する場合が多かった。1950年代から集出荷施設の整備と共選方式の導入が進んでいくが，この時期の集出荷施設は小規模で，せいぜい数集落程度を対象とする組織が多く，該当する支部がその運営管理を受け持っていた。

集落レベルの出荷組織が農協組織に組み込まれていく中で，販売は農協が担当し，出荷調製は集落レベルの出荷組織を母体とする支部が担当するという役割分担が形成されてきた。しかし，それは明確なものではなく，地区によっては集落レベルの出荷組織を引き継いだ支部が，販売の実権を維持するものも少なくなかった。

山梨県果実農協連を中核とする出荷組織の体制は，総合農協に出荷組織が統合された地区と，任意の出荷組合のままの地区が併存していた。さらに1958年には山梨県経済農協連合会でも果実販売を行うようになったため，県段階でも二本立ての体制になっており，県全体として統一性の欠ける体制であった。そのため，山梨県当局も参加して，出荷組織体制のあり方について検討され，1959年に以下のような方針が示された。

①単協段階では，総合農協に出荷を一元化するとともに，各農協は果実部を設置し，部門別収支を明確にする。

②県段階では，果実の生産指導と販売を担当する新たな専門連合会を設立するとともに，経済連は果実の販売事業を止め，果実連は解散する。

③果実の生産・流通資材の購買事業と運送業務は経済連が担当する。

この方針に基づいて，集落レベルの出荷組織の農協への統合がさらに進むとともに，県段階では1960年に山梨県果実販売農協連合会（1970年には山梨県果実農協連合会に名称変更）が設立された。この体制が，高度経済成長の下での果樹作農業発展期の出荷組織の体制となる。

経済が安定成長期に入り，果実需要が低迷し，果樹作農業も停滞するようになると，この体制にも変化が現れてくる。まず1992年に山梨県果実農協連は，山梨県経済連に統合合併される（その後，全農山梨県本部となる）。さらに既述のように1990年頃から農協合併が急速に進んだ。

山梨県の果樹作農業におけるもう一つの特徴的な産地組織に生産者の自主的な技術研さん・普及組織である山梨県果樹園芸会がある。山梨県果樹園芸会のルーツも第二次世界大戦前まで遡ることができる。1935年頃に山梨県内の果樹生産者の有志によって山梨県園芸研究会が組織され，県の試験場を活動の拠点として技術研さんの活動を行っていた。

山梨県園芸研究会は，戦争によって消滅するが，戦後に山梨県果樹園芸会として復活した。戦争直後，山梨県以外でも果樹生産者の技術研さん組織が設立されており，1948年にその全国組織として日本果樹研究青年連合会（現在の全国果樹研究連合会の前身）が結成された。山梨県果樹園芸会は，その動きを受けて，翌1949年に正式に発足した。

発足時は，会員数約200名で，いわば篤農家の集団として出発した。当初の活動は，年1回の研究大会と年数回の研修会であった。1955年頃からは，地域リーダーや若手後継者，女性などの階層別の講習会を開催するようになり，担い手育成に大きな役割を果たすようになってきた。さらに1953年には独自の機関紙の発行を始めた。当初は年4回の季刊であったが，次第に発行頻度を増やし，1960年からは月刊となり，現在に至っている。

会員数も順調に増加しており，1954年には1,000人，1967年には5,000人を超え，1982年には9,889人に達し，ピークとなった。当初は篤農家集団であったものが，県内の果樹農家の半数を結集する組織へと発展した。組織体制でも，1959年からは専従職員を置いている。事務所も当初は県の果樹試験場に事務局を置いていたが，1974年に独自の事務所を建設している。組織内には，品目別専門部会と支部が設けられている。専門部会は最盛期には9部会あったが，現在はブドウ，モモ，スモモ，オウトウの4部会となっている。支部はすべての地区での設置を義務づけているものでなく，地区の会員の発意によって設立されるものであり，概ね農協と同じように旧村程度を範囲としており，全体で50支部設立されている。

生産者の技術研さん組織が，独自の職員，事務所を持ち，県や農協に依存せず，自立的に発展してきたのは，山梨県以外では，青森県，秋田県，長野県の3県にしか存在しない。この3県は，果実農協連の大きな発展の経験がない。したがって，山梨県は県果実農協連と自立的技術研さん・普及組織発展の経験を持つ唯一の県である。

ピーク時には1万人弱に達していた山梨県果樹園芸会の会員数も，果樹農家の高齢化，減少にともなって次第に減少し，現在4,000人余りとなり，組織率も低下している。また公益法人制度改革の関連もあるが，支部制度も2012年に廃止された。機関紙の月刊発行は続けるなど，これまでの活動水準はある程度維持してきたが，曲がり角に差し掛かっていることも事実である。

ここまで農協の広域合併が進む1990年代までの山梨県の果樹作農業における産地組織の展開について述べたが，その特徴は産地組織の形成が系統組織に頼らず，生産者の主体的な取組によるところが大きく，機能や地域段階に応じた多様な組織が形成されていることである。すなわち，重層的な産地組織に，その特徴がある。その概要は表Ⅱ-3〔2〕-1に示したとおりである。出荷・販売に関わっては，集落レベルの出荷組織を出発点として，次第に農協系統組織に統合されてきた。地域段階ごとにみると，全県組織として山梨県果実農協連などの県連合組織があり，単協は旧村を範囲とするものが多い。集落別の出荷組織は農協の支部に再編され，生産者の基礎的組織として依然重要な機能を有している。

技術研さん・普及に関して，山梨県果樹園芸会が篤農家集団として設立され，次第に多数の生産者を結集する組織に成長した。その下には旧村程度を単位とする支部が組織され，基礎的活動単位となってきた。

このようにみると，重要な産地体制の中で中核となる地域段階は，農協の単位となっている旧村であり，それを補完するレベルとして集落があるととらえられる。

表Ⅱ-3〔2〕-1　農協合併前の地域レベル別産地体制

地域レベル	産地組織など	機能・役割
集落	・果実部会支部 ・共防組織	・共選施設の運営管理 ・生産数量の取りまとめ ・生産支援
旧村	・農協 ・果樹園芸会支部	・販売，営農指導 ・技術研さん・普及
市町村	・観光協会	・各種行政施策・事業 ・観光農業の振興
県	・果実農協連 ・果樹園芸会	・出荷調整，市場開拓 ・技術研さん・普及

逆に市町村を範囲とする目立った産地組織はなく，産地体制という点では市町村という地域段階は重要性が低いようにみえる。しかし，市町村は基本的な行政単位であり，関連する組織も市町村を単位とするものも少なからずあり，無視すべきではない。旧勝沼町を例に挙げると，町内には4農協があり，それぞれ別個に販売しているが，社会的に広く認知されている地域ブランドは「勝沼ブドウ」である。また重要な経営方式である観光果樹園に関しては，農協はほとんど関与してなく，観光果樹園をまとめる組織は勝沼町観光協会である。さらにエチレングリコール入り輸入ワイン混入事件を契機として制定されたワイン原料の原産地認証制度も勝沼町を事務局とし，全町を対象としている。このように市町村は主要な産地組織の単位とはなっていないが，産地体制の中では一つの地域段階として位置づけるべきであり，全県段階から集落まで四つの地域段階が確認できる。

3．峡東地域における産地組織の再編 ―JAフルーツ山梨の出荷体制―

農協の広域大型合併によって，山梨県の重層的な産地体制がどのように変化したのか，山梨県の中でも果樹作農業の中心地であり，歴史も最も古い甲府盆地東部の峡東地域を事例として明らかにする。

峡東地域は，甲州市（旧塩山市，旧勝沼町，旧大和村），山梨市（旧山梨市，旧牧丘町，旧三富村）などで構成されている。甲州市，山梨市は，農業産出額の9割以上を果実が占め，山梨県の果実産出額の4割を占めており，山梨県の中でも果樹作農業の中核地域となっている。この地域には，1980年代まで，小規模な農協が多数あったが，現在はJAフルーツ山梨に統合されている。JAフルーツ山梨に至る合併の経緯を図Ⅱ-3〔2〕-2に示したが，母体となったのは旧村単位の24の農協である。そのうち，旧牧丘町・三富村の4農協は1970年代に合併しているが，他の農協は1980年代末まで旧村単位のままであった。それが1990年前後に一部未合併の農協を残しながら，平成の大合併前の市町村単位での合併が行われた。そして2001年に峡東地域全体での合併がなされ，組合員戸数8,000戸を擁するJAフルーツ山梨が生まれた。

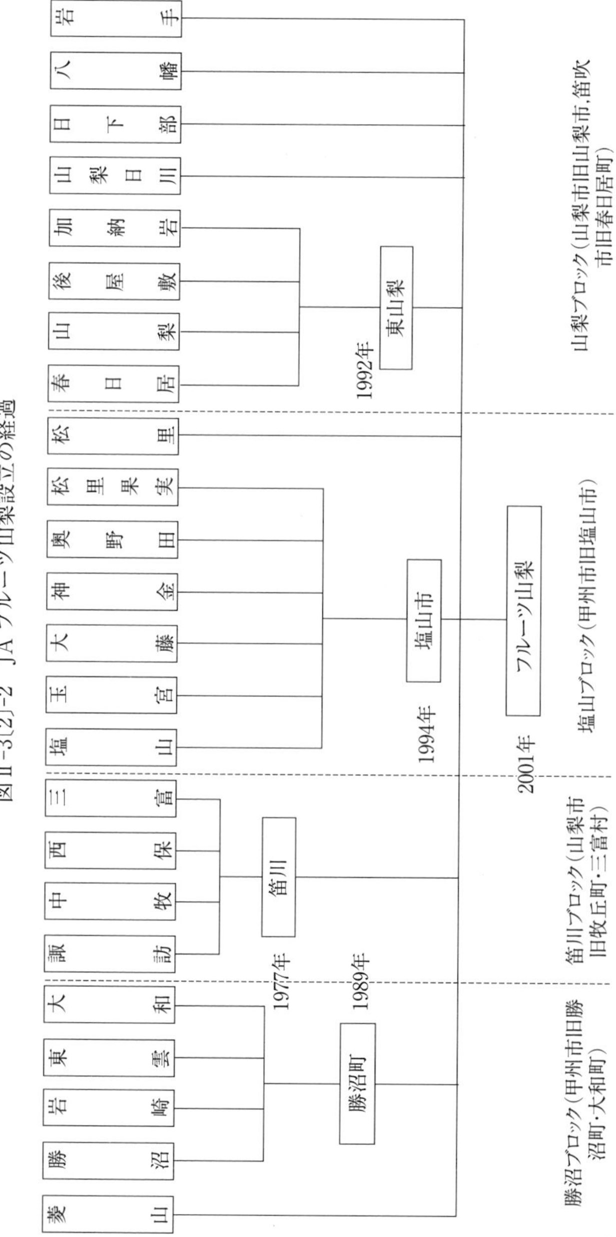

図Ⅱ-3〔2〕-2　JAフルーツ山梨設立の経過

現在，24の旧農協は支所として，基礎的な地区組織となっている。支所の上に平成合併前の市町村程度を範囲とするブロックが設けられ，中間的な地区単位としている。各ブロックに一ないし二つ置かれた基幹支所が信用・共済業務を担当するとともに，ブロック内の取りまとめ的な役割を担っている。それ以外の支所は，販売，購買および営農指導のみを担当している。

JAフルーツ山梨管内は，果樹作農業の歴史が古く，地区ごとに果樹作農業は独自の特徴を有している。ブロックごとに特徴を概略すると以下のとおりである。

勝沼ブロックは，ブドウが果樹作農業の大部分を占めており，交通の便が良いこともあり，観光農業が盛んである。そのため農協共販率は最も低い。また地区内にワイン醸造業者が多く，醸造用ブドウの生産も多い。ブドウでは高いブランド力を有している。

塩山ブロックは，ブドウ，モモがほぼ同等の比重であるとともに，両者以外の品目の販売金額の比率が24％で他ブロックと比べて高く，スモモなど多くの果実品目が栽培されている。ブランド力は，ブドウでは勝沼，モモでは山梨に後れを取っている。

笛川ブロックは中山間地域にあり，生産条件が厳しく，高齢化も進んでいる。栽培品目はブドウが大部分で，ピオーネなどの大粒系品種が主力となっている。

山梨ブロックは，モモが大部分を占める支所とモモとブドウの複合産地である支所が併存している。さらに栽培品目のみでなく，販売組織の運営でも支所ごとの独自性が強い。春日居支所のモモは，東京市場でトップブランドを得ている。

このような地区ごとの違いがあるため，農協が合併しても，出荷体制を単一化することは難しい。さらに集落レベルの出荷組織を統合してきたという経緯から，合併前の農協も出荷体制は一元化されていなかった。そのため，JAフルーツ山梨では，以下の5段階の共販が併存している。

①全農共販・・全農山梨が全県統一で販売するものであり，6月上旬までのハウスデラウエアが該当する。

②本所共販・・JA フルーツ山梨として統一して販売しているものであり，全農共販以降のハウスデラウエアとハウスモモが該当する。

③ブロック共販・・ブロック単位での販売であり，笛川ブロックについては上記二つの販売以外はすべてブロック共販となっている。

④支所共販・・支所単位での販売である。

⑤支部共販・・支所の下にある集落などを範囲とする支部単位での販売であり，一部の支所で残存している。

このうち，支所共販は，農協合併前の中心的共販組織である。支部共販は，出荷組織が農協に統合される以前からの残存物である。また全農共販も農協合併前から極一部の品目で細々と続けられてきたものである。農協合併に関わって，新たに生まれてきたのはブロック共販と本所共販である。

JA フルーツ山梨全体としての段階別販売比率を図Ⅱ-3〔2〕-3 に示したが，ブロック共販と支所共販で 9 割以上を占めている。その中でも支所共販は全体の 58%を占め，販売事業の主体となっている。すなわち，農協合併後も合併前からの支所共販が中心であり，農協合併により統合された部分も，農協全体での統合はわずかで，ほとんどはブロックごとでの統合に留まっている。

しかもブロックごとに共販統合の状況はまったく異なっている。ブロック共販と支所共販を合わせた金額中でブロック共販の占める比率は，笛川ブロックでは 100%であるが，塩山ブロックでは 55%，勝沼ブロックでは 46%であり，山梨ブロックではわずか 5%である。

図Ⅱ-3〔2〕-3　JA フルーツ山梨の共販単位別販売金額構成

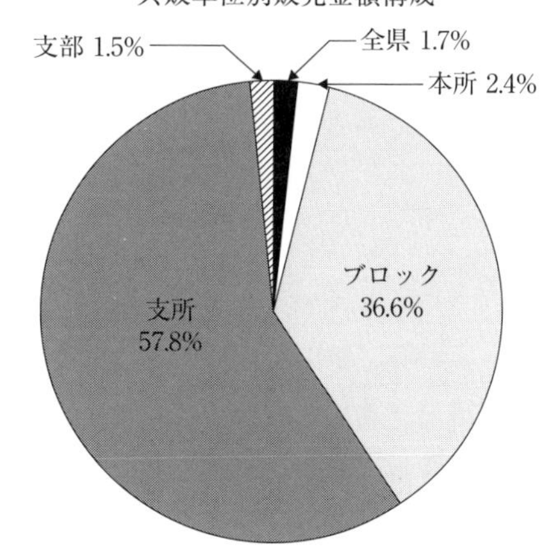

表Ⅱ-3〔2〕-2 はブロック別に品目ごとの共販単位を示したものである。全農共販，本所共販は全ブロック共通である。デラウエア以外のハウスブドウも全ブロックでブロック共販である。それ以外の品目では，

表Ⅱ-3〔2〕-2　ブロックごとの品目別共販単位

	ブドウ					モモ		スモモ	オウトウ	
	ハウスデラウエア（6月上旬まで）	ハウスデラウエア（6月中旬以降）	その他のハウス	食用露地	醸造用	ハウス	露地		ハウス	露地
山梨ブロック	◎	○	◇	△	△	○	△	△	◇	△
塩山ブロック	◎	○	◇	◇	△	○	△	◇	◇	△
笛川ブロック	◎	○	◇	◇	◇	○	◇	◇		
勝沼ブロック	◎	○	◇	◇△	◇	○	△	△	△	△

注：1）◎：全県共販，○：本所共販，◇：ブロック共販，△：支所共販
　　2）ブロックによっては，部分的に表示を異なる単位での販売が少量併存している。
　　3）勝沼ブロックのぶどう露地食用では，1つの支所だけがブロック共販に加わっていない。

ブロックごとに対応が分かれている。総じてみれば，笛川ブロックではすべてブロック共販に統合されており，次いで塩山ブロックでブロック共販の品目が多い。一方，勝沼ブロックと山梨ブロックではブロック共販の品目は少ない。品目別にみると，モモよりもブドウでブロック共販への統合は進んでいる。山梨ブロックは，ブロック共販の品目が少ない上に，モモの比率が高いためにブロック共販の比率が低い。

販売単位の統合は，全農共販のみ1960年代と早期に実施されているが，他はすべて1990年代 以降に実施されている。塩山市内の種なしピオーネの統合を除けば，農協合併後に徐々に共販統合は進んでいる。ブロック共販では，JAフルーツ山梨設立以前に合併前市町村を範囲とする農協合併にともなって統合されているものが目立つ。JAフルーツ山梨設立後は，本所共販への統合が始まるが，この時期にブロック共販に統合されているものもある。

JAフルーツ山梨としては，原則的には農協全体とした共販体制の統合化の方向を指向している。しかし，合併後10年を経過して前述のような状況に留まっている。歴史的に形成されてきた地区ごとの果樹生産や販売の違いは簡単には解消できず，違いを残したままでの共販の統合には生産者の抵抗が大きいことが背景にある。現状で共販統合が可能なほどの果樹作農業の同質性は，せいぜいブロック段階までと言える。

地区ごとの果樹作農業の違いは，まず栽培品目構成の違いが挙げられる。地区ごとに栽培品目構成に対応した産地組織の体制が作られているが，共販統合を行う場合には，部分的なものにしても，その再編が必要となる。共販体制統合でより大きな問題は，地区間でのブランド力に違いや出荷市場の違いである。表Ⅱ-3〔2〕-3に露地モモの支所別平均単価を示したが，山梨ブロックでも最上位のブランド力を有する支所の価格は全体の平均価格を2割上回っている。同じような出荷量の支所と比べても，特に塩山ブロックとの価格差は明白である。一般的にブランド力の高いブロックでは，当然，ブランド力の劣る地区との統合は好まず，販売戦略上で出荷量の拡大よりも品質の高位平準化が重視されるので，販売単位の統合は進みにくい。逆にブランド力の劣るブロックでは出荷量の拡大による市場競争力の向上が重視され，共販単位の統合が進みやすい。

ブランド力に関わる問題は，品目間の共販統合化の違いにも影響している。モモはブドウと比べて共販統合が遅れているが，ブドウはモモと比べて地区間の価格差が小さい。モモでは，既述のように支所間で2割以上の価格差があるが，ブドウでは同一品種の価格差は1割程度に収まっている。

モモでは価格差がつきやすいこともあり，支所ごとに独自のマーケティング戦略を展開している。山梨ブロックでモモの出荷量が1,000トンを超える3支所では，それぞれ「ぴー」，「かすがい」，「桃一番」という独

表Ⅱ-3〔2〕-3　露地モモの共販組織別販売単価（2009年）

	出荷量（t）	単価（円/kg）	単価指数
（山梨①）	1,208	487	112
（山梨②）	1,199	523	121
（塩山①）	1,163	454	105
（山梨③）	1,078	446	103
（塩山②）	795	441	102
（塩山③）	762	392	91
（勝沼）	720	378	87
（山梨④）	656	423	98
（山梨⑤）	640	415	96
（塩山④）	525	391	90
（山梨⑥）	432	330	76
（山梨⑦）	430	390	90
（塩山⑤）	354	370	85
（塩山⑥）	177	370	85
笛川B	102	450	104

資料：JAフルーツ山梨資料
注：1）笛川Bのみブロック共販で，それ以外は支所共販であり，（　）内は所属ブロックを示している。
2）出荷量100t以上の共販のみを示している。
3）単価指数は，農協全体の平均価格を100とした指数表示である。

自のブランド名を冠し，出荷段ボールもJAフルーツ山梨の統一デザインとは異なる独自のデザインを施している。また荷姿でも多様な形態が取り入れられている。さらに多くの支所で糖度選別が行われているが，支所ごとに糖度選別基準は異なり，等級の名称も異なっている。

一方，ブドウでは独自のブランド名を使用している支所はなく，荷姿の多様性も小さく，さらに糖度選別も行われておらず，支所ごとの出荷形態の違いは小さい。

モモのように支所ごとの出荷形態の違いが大きい場合には，出荷単位の統合は難しいであろう。逆に言えば，共販統合には，まず出荷形態の統一が必要となる。ブロックへの共販統合が進んでいる塩山ブロックでは，糖度選別基準も含めて，出荷規格は統一されており，出荷形態ではブロック単位への共販統合の条件は整えられている。

また歴史的に形成された支所ごとの販売組織の運営形態の違いも，その統合には影響する。山梨ブロックの支所では，生産者中心で販売組織が運営されており，自立性が高い。一部の支所では，JAフルーツ山梨設立以前には，農協の販売手数料を徴収していないものもあった。そのような実態も共販統合を阻む要因となっている。

JAフルーツ山梨は，共販体制を一本化することは当面難しいであろう。しかし，それはJAフルーツ山梨が産地組織としての機能をほとんど果たしえないことを意味するものではない。直接的な出荷業務以外の部分で，業務の統合，共通化が図られている。見えやすい部分では，出荷容器の統一である。将来の農協としての産地ブランド形成に向けた第一歩である。ただし，既述のようにすでに旧農協単位などで高い地域ブランドを形成しているものでは，依然独自の容器が使用されている。

第二には，販売手数料の統一である。合併前は旧農協ごとに販売手数料はまちまちであった。合併後もしばらくは支所ごとに販売手数料は異なっていた。2004年になって，ようやく販売手数料の統一が実現した。これは出荷体制の一本化を図る上での第一歩であろう。ただし，支所ごとに生産者部会費や集出荷場運営費などの名目で，それぞれ生産者から経費を徴収しており，生産者の負担が全面的に統一された訳ではない。

第三には，より重要な点として技術指導体制が統一されたことである。合併前は，当然旧農協ごとの技術指導であり，指導内容にも違いがあった。それが合併前市町村単位の農協合併の段階から徐々に技術指導内容の統一が図られ，JA フルーツ山梨設立後も，技術指導体制の統一が継続的に進められた。まず技術指導資料を一本化し，指導内容を統一した。人事面では，支所ごとに最低1名の技術指導員を配置するが，人事は本所で管理し，支所間の人事異動も積極的に行い，人的にも支所間の垣根を取り払った。販売担当職員については，地区ごとに販売に特徴があり，出荷先との人間関係も無視できないため，人事異動は控え，人事異動を行う場合でも，特別の事情がない限り，ブロック内に留めており，技術指導員とは対照的な方針を採っている。

このように販売方法や出荷先などでは，支所ごとの歴史や特徴を無視してまで統一することは得策でないので，支所ごとのやり方を尊重している。しかし，直接的に販売との関わりが少ない部分で，業務の効率化や将来的な共販体制の統一も視野に入れた業務の統一が図られている。

広域合併により地域全体をカバーするJA フルーツ山梨が設立された峡東地域における現在の重層的産地体制を整理すると，表Ⅱ-3〔2〕-4のようになる。農協合併前の表Ⅱ-3〔2〕-1と比べると，合併市町村と市町村を超えるJA フルーツ山梨管内が加わったため，地域段階が六つとなっている。そのうち，集落は依然，生産者組織の基礎単位となっているが，生産者の高齢化，縮小に

表Ⅱ-3〔2〕-4　農協合併後の地域レベル別産地体制

地域レベル	産地組織など	機能・役割
集落	・果実部会支部	・生産者との連絡調整
旧村	・農協支所	・販売 ・共選施設の運営管理
合併前市町村	・農協ブロック	・販売
市町村	・観光協会	・各種行政施策・事業 ・観光農業の振興
広域農協	・農協	・出荷調整 ・営農指導
県	・果実農協連 ・果樹園芸会	・出荷調整 ・技術研さん・普及

よって，その機能の縮小は否定しがたい。かつては，共販単位としても，ある程度の比重を持っていたが，現在は共販単位としてはごく僅かな部分を残すのみとなっている。旧村は，かつては農協の単位として産地体制の中核であった。農協の単位は広域的な地域段階に移ったため，その機能は弱まっているが，現在でも共販単位としては中核的な地位を維持している。合併前市町村は，市町村合併により行政の単位ではなくなり，産地体制における地域段階としては意味を失ったようにみえる。しかし，実際は共販単位統合の主要な受け皿となり，旧村と並んで，共販単位として中核的な地域段階となっている。

合併市町村は新たな行政の単位としての機能を有する地域段階となったが，かつての合併前市町村が有していた機能と比べると，その機能は弱いとみられる。合併市町村では，広域すぎて多様な農業形態を抱え込んでおり，単一の施策では対応できず，また単一の地域ブランドともなり難い。旧勝沼町を例に挙げると，醸造用ブドウの原産地認証制度は，甲州市を事務局として内容を拡充した制度が制定されたが，甲州市内の醸造用ブドウ生産の大部分は旧勝沼町であるため，実質的には旧勝沼町を対象としたものとなっている。また観光協会も甲州市で一本化されたが，旧塩山市には観光果樹園はほとんどないため，観光果樹園に関しては旧勝沼町のみを対象としている。

JAフルーツ山梨管内は新たな農協の単位となる地域段階であるが，産地体制における地域段階としては，現状では機能は限られている。技術指導や出荷組織の運営では，農協全体としての一本化，統一が進められ，主要な地域段階となっているが，共販単位としてはわずかな部分を占めるに留まっている。現状では，県段階と同じような調整機能が最も重要な機能である地域段階とみられる。

本節では，山梨県果樹園芸会について触れてこなかったが，既述のように会員数が減少傾向にあり，支部も廃止されようとしている。そのため，県全域を対象とした品目別部会が活動の中心となり，山梨県果樹園芸会に関しては，各地域段階は大きな機能を持たなくなりつつある。

4．地域統合と産地体制

山梨県の果樹作農業における産地再編は，農協および市町村の広域合併が大きな契機となっている。それとともに，生産者の高齢化，弱体化も無視できない背景となっていることも留意すべきである。農協合併の直接的動機は，販売事業など産地体制に直接関わる課題によるものではないが，生産者の弱体化が揺らぎ始めた産地体制を合併農協によって支えるという視点がまったく無いわけではないであろう。実際，JA フルーツ山梨では，原則的には産地体制統合の方向を志向している。

しかし，実際には農協全域を対象とした統合は，技術指導などの一部に限られており，共販単位は狭い範囲に留まっている。その要因は，これまで旧農協ごとで築かれてきた産地ブランドなどの過去から引き継がれた問題もあるが，より根本的な問題として，合併農協の範囲では多様な農業条件の地区を抱え込んでしまい，一つの産地としてまとまることは困難であるということがある。農業の同質性という点では，合併市町村でも大きすぎ，合併前市町村が妥当な範囲であり，共販統合の中心は，この地域段階となっている。合併前市町村は，行政的な地域段階ではなくなったが，産地体制の中では，その機能がむしろ高まっている。

農協が合併市町村の範囲を超えて合併していることも，産地体制にとって新たな課題を投げかけるものとなっている。山梨県では，従来は一つの市町村に複数の農協がある場合が多く，農協間の調整を市町村が担っていた。現在では一つの農協管内に複数の市町村があるが，市町村間での施策の調整を農協が担うことは容易くなく，そのことも農協全域で統一的な産地体制を構築することを難しくしている。

いずれにしても，合併農協，合併市町村ともに，産地体制の主要な地域段階としては広域すぎ，その下にある合併前市町村程度の狭い範囲が産地体制の中核的な地域段階となっており，その状況は簡単には変化しないであろう。その中で合併農協，合併市町村はどのような機能を担うのか，現状はまだ模索状況にあると言える。

生産者が弱体化していることも，今後の産地体制を考える上で考慮すべき重大な問題である。特に山梨県では，生産者主体で産地形成が進み，産地の機能が農協に集約化されず，重層的な産地体制が築かれてきた。しかし，生産者が弱体化する中では，農協がこれまでより大きな機能を担うことが求められている。それは，産地のすべての機能を農協に一元化することを意味していない。農協がこれまで以上の主体性を発揮するにしても，これまでの生産者が果たしてきた役割を可能な限り維持できるように支援するとともに，市町村など関連する組織との連携を発展させ，新たな重層的産地体制を再構築することが課題となっている。

注

1）山梨県の果樹作農業の歴史的展開過程は，内山〔1〕，勝沼町誌刊行委員会〔2〕，来米・小林〔3〕に主に依拠している。
2）鈴木ほか〔4〕参照。

参考文献

〔1〕内山幸久『果樹生産地域の構成』大明堂，1996年。
〔2〕勝沼町誌刊行委員会『勝沼町史』勝沼町，1962年。
〔3〕来米速水・小林忠夫「道路と農業」『日本の農業―あすへの歩み―』第19号，1963年。
〔4〕鈴木富之・山本敬太・山崎恭子・呉羽正昭「甲州市勝沼町における観光ぶどう農園とワイナリーの地域的特徴」『地域研究年報』第29号，2007年，pp.63-79.
〔5〕山梨県果樹園芸会『果樹園芸会50年の歩み』1999年。

〔3〕和歌山県有田地域における多様な産地組織によるミカンのマーケティング戦略

細野　賢治

1．はじめに

近年の温州ミカンを取り巻く環境は，消費者ニーズの多様化と果実輸入の増大に伴う果実商品アイテム数の増加により，果実消費における温州ミカンの相対的地位低下という状況にある。不適地の他品目への転換や，農産物価格の低迷，農業生産の担い手の高齢化・後継者不足をその要因として，温州ミカンの全国生産量はピーク時（1975年）の367万トンから，2010年には夏季少雨等の気象条件も相まって78万トン（ピーク時の21%）にまで減少した。

ところで，和歌山県有田地域は自然条件がカンキツ生産に適しており，古くからのミカン産地であり，戦前より農家・集落主体による産地形成がなされてきた。また，大消費地である京阪神地域と近接しているため，古くから個選農家・集落単位での販路が確立しており，農協共販体制の成立とも相まって多様なミカン販売主体が形成されている。

木村務は，1980年代後半以降，温州ミカンにおける産地間競争の局面が「生産力（コスト）競争」から「高品質生産・高価格実現競争」へと転換したと指摘している[1)]。川下主導による流通再編下にあるなかで，「大型ロットによる定時・定量・定品質」販売，および個性的な生産・選別方法を差別化した「こだわり商材」の供給の両者が産地に対して求められている[2)]。ミカン産地では，これらのニーズに同時に対応できる生産・販売体制の構築と，戦略的な産地マーケティングを展開することが重要となっている。

そこで本節では，多様な販売主体を持つ和歌山県有田地域における温州ミカン生産・出荷の取り組みを事例として，前述のような多様な川下ニーズに対応するための産地組織の再編とマーケティング戦略を検討する[3)]。

2．有田地域の農業概況と組織体制

有田地域は，有田市および有田郡湯浅町，広川町，有田川町の１市３町で構成され，和歌山県最大のミカン産地である。図Ⅱ-3〔3〕-1 は，温州ミカン生産量がピークの 1975 年を起点とした全国，和歌山県および有田地域における温州ミカン出荷量の推移を指数で示している。近年における全国の温州ミカン出荷量がピーク時の 30％を下回っているのに対し，和歌山県は 50％の減少にとどまり，有田地域では 80％水準を維持している。

2010 年農林業センサスによると，有田地域は販売農家数 3,921 戸のうち

図Ⅱ-3〔3〕-1　温州ミカン出荷量の推移（全国・和歌山・有田）（1975 年比）

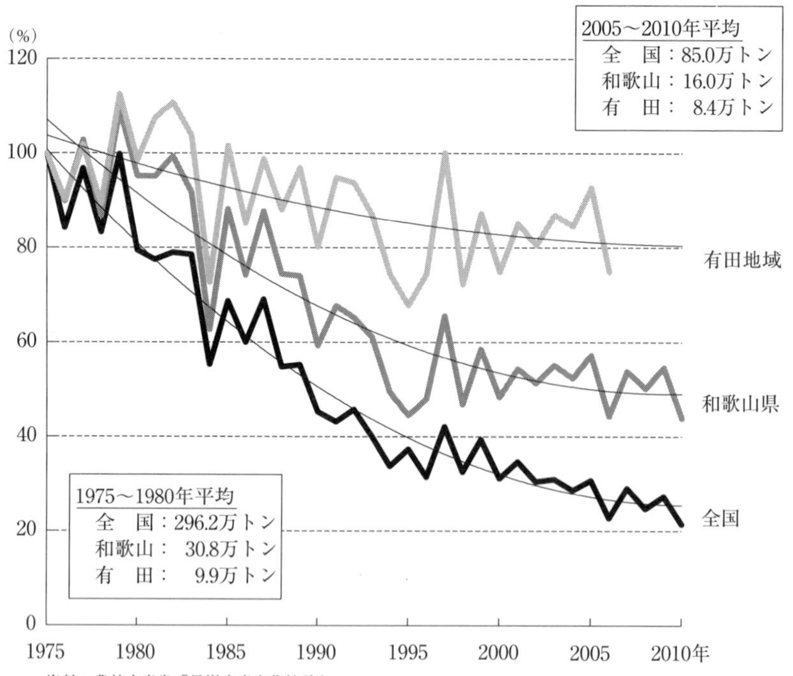

資料：農林水産省「果樹生産出荷統計」。
注：1）1975年の出荷量を100とした各年次の出荷量を指数（%）で示している。
2）有田地域のミカン出荷量「2005～2010年平均」値は，データ発表の関係上，2005～2006年の平均値を示している。

87％が温州ミカン栽培農家である。販売農家数に占める専業農家率は46％であり，農業就業人口8,320人に占める65歳未満の基幹的農業従事者の比率も45％と，和歌山県の38％より高い値を示している。また，2012年耕地面積調査によると，耕地面積5,950haに占める樹園地の割合は86％，温州ミカン栽培面積の割合は66％である。和歌山県が耕地面積3万4,700haのうち，樹園地63％，温州ミカン栽培面積が23％であり，この数値と比較しても有田地域が温州ミカンに特化したカンキツ単作地帯を形成していることがわかる。

ところで，有田地域はミカン生産に適した自然条件，大消費地に近いという立地条件から，古くから個選農家・集落単位での販路を確保している。表Ⅱ-3〔3〕-1は，主産県における温州ミカン集出荷組織について，組織数と1組織当たりの出荷量を示している。有田地域は和歌山県の温州ミカン出荷量の約半分を占めていることから，表Ⅱ-3〔3〕-1の和歌山県の数値は有田地域の状況を反映しているといえる。これによると，とりわけ任意組合の組織数が他産地に比べて格段に多いことがわかる。一方，農協共販の成立や農協合併，流通の

表Ⅱ-3〔3〕-1　主産県における温州ミカン集出荷組織の状況（2000年・2005年）

（組織，1,000トン）

主産県		総合農協		専門農協		任意組合		集出荷業者	
		組織数	1組織当たり出荷量	組織数	1組織当たり出荷量	組織数	1組織当たり出荷量	組織数	1組織当たり出荷量
全国	00	268	2.1	24	3.0	127	0.4	288	0.5
	05	187	2.7	16	3.7	70	0.5	194	0.5
和歌山	00	40	1.9	4	1.3	89	0.4	55	0.5
	05	24	2.7	4	1.5	43	0.5	31	0.5
愛媛	00	14	6.3	3	11.7	1	0.1	24	0.3
	05	10	9.9	2	17.6	2	0.0	18	0.3
静岡	00	19	3.3	1	4.0	3	3.6	37	0.5
	05	14	3.9	1	4.2	3	2.7	29	0.5
熊本	00	12	4.7	−	−	5	0.6	27	0.9
	05	12	4.3	−	−	2	0.8	15	1.1
長崎	00	25	2.3	4	0.7	9	0.1	14	0.7
	05	16	3.3	3	0.8	5	0.2	11	0.7
佐賀	00	15	3.9	2	2.0	1	0.0	10	0.9
	05	6	8.8	2	1.4	−	−	4	2.5

資料：農林水産省「青果物集出荷機構調査報告」。

大型化とともに共販組織の合併等による組織の大型化も進んできた。当地域を管轄する総合農協はありだ農協であり，1999年に地域内6農協が合併して誕生した。同表では，和歌山県における総合農協による集出荷組織は組織数が減少し，1組織当たりの出荷量は増加していることが示されている。

このような経緯からミカン販売主体は現在において，①農協共販組織，②集落共販組織，③輸送共同組織（出荷組合），④個人出荷者，⑤集出荷業者，以上の5類型が存在する。表Ⅱ-3〔3〕-2は，これらの組織概要と1995年～2005年における出荷者数の推移を示している。近年，温州ミカン出荷者数は漸減傾向にあるが，農協共販組織への出荷者の比率は拡大傾向にある。

これらのうち，本節で取り上げる農協共販組織および集落共販組織は，「JAありだ共選協議会」に所属するミカンの共同選別・共同販売を行う組織であるが，分荷権が農協にある組織を農協共販組織，集落にある組織を集落共販組織としている。2010年2月現在で農協共販組織は5組織，集落共販組織は9組織がそれぞれ運営を行っている。図Ⅱ-3〔3〕-2は，これらの配置を示している。

表Ⅱ-3〔3〕-2　有田地域におけるミカン販売主体の概要

<table>
<tr><th rowspan="2">組織概要</th><th colspan="3">ミカン出荷者数（人）</th></tr>
<tr><th>1995年</th><th>2000年</th><th>2005年</th></tr>
<tr><td>大型販売組織</td><td></td><td></td><td></td></tr>
<tr><td>①農協共販組織→農協が分荷権を持つ共選共販組織</td><td>1,831(42.8)</td><td>2,021(51.5)</td><td>2,021(60.0)</td></tr>
<tr><td>小規模販売主体</td><td></td><td></td><td></td></tr>
<tr><td>②集落共販組織→集落が分荷権を持つ共選共販組織</td><td>748(17.5)</td><td>620(15.8)</td><td>424(12.6)</td></tr>
<tr><td>③輸送共同組織→選別・販売は個人，輸送のみ共同</td><td rowspan="4">1,697(39.7)</td><td rowspan="4">1,285(32.7)</td><td rowspan="4">921(27.4)</td></tr>
<tr><td>④個人出荷者→選別・輸送・販売のすべて個人</td></tr>
<tr><td>補完的組織</td></tr>
<tr><td>⑤集出荷業者→農家から販売を受託</td></tr>
<tr><td>合計</td><td>4,276(100.0)</td><td>3,926(100.0)</td><td>3,366(100.0)</td></tr>
</table>

資料：細野賢治『ミカン産地の形成と展開』農林統計出版，2009年の図2-3を加筆修正。
注：1）出荷者数はJAありだ調べ（合計値は「農林業センサス」）。
　　2）（　）内は構成比（%）。

図Ⅱ-3〔3〕-2　ありだ農協管内におけるミカン共選共販組織の配置

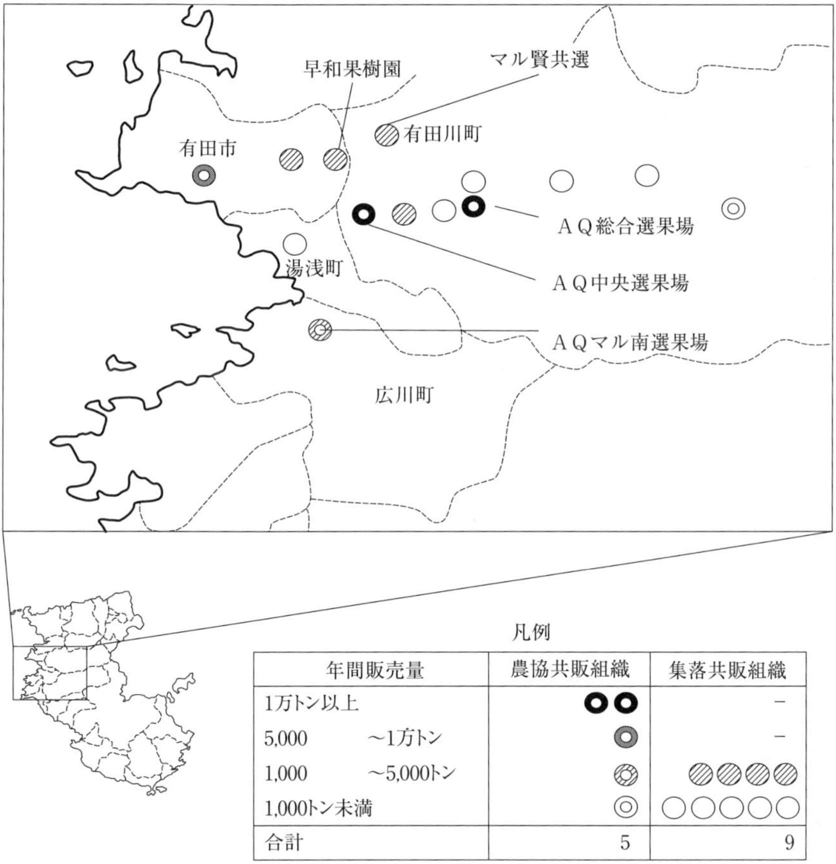

年間販売量		農協共販組織	集落共販組織
1万トン以上		◉◉	−
5,000	～1万トン	◉	−
1,000	～5,000トン	◎	◍◍◍◍
1,000トン未満		◎	○○○○○
合計		5	9

資料：細野賢治「和歌山県有田地域における多様な販売主体によるミカンのブランド戦略（1）」，図１を加筆修正。
　注：年間販売量は 2005 年産（ありだ農協資料）。

３．農協共販組織によるミカン生産・販売の「大型化」対応

(1) 有田地域の農協共販組織の生産・販売対応

有田地域では農協共販組織は前述のように５組織が運営を行っているが，あ

りだ農協ではこれらのうち三つの組織について，その名称に「AQ」という統一ブランドを付して，農協直営による運営を行っている。「AQ」は2004年に位置づけられ，「アリダ・クオリティ」の頭文字で有田ミカンの品質の良さを示したものである[4)]。現在「AQ」の名称を持つ農協共販組織は，AQ中央選果場，AQ総合選果場およびAQマル南選果場の3組織である。これらは，その管轄区域の地域特性に起因して，それぞれが異なる組織経緯をたどっている。

AQ中央選果場は有田川町吉備地区に位置し，2013年産の出荷者数550人，温州ミカン出荷量は1万3,000トンである。当地は高品質な早生温州ミカンが生産できる地区として有名であり，1960年代前半は20以上の集落共販組織が運営を行っていた。その後，農協合併や流通の大型化を機に1989年に一つの集落共販組織が農協直営に組織変更され，以降，周辺の集落共販組織等を吸収合併する形で組織の大型化を進めた。2004年には当組織の前身と湯浅町および広川町津木地区に存在した2組織が合併して現在に至っている。

また，AQ総合選果場は有田川町金屋地区に位置し，2013年産の出荷者数770人，温州ミカン出荷量は1万2,500トンである。当地は有田地域のなかでは内陸部に位置し比較的条件不利なミカン産地であった。当地も1960年代前半は20以上の集落共販組織が運営を行っていたが，条件不利を出荷ロットの大型化で克服しようというねらいで1980年に農協共販組織が設立された。以降，周辺の集落共販組織の解散とともに同組織への出荷者が増加し，現在では800人を超える出荷者を擁する共販組織となった。

そして，AQマル南選果場は広川町広・南広地区に位置し，2013年産の出荷者数172人，温州ミカン出荷量は4,000トンである。1957年に設立された集落共販組織を母体として，当地に存在した五つの集落共販組織全てが1966年に合併し，農協共販組織として運営を開始した。現在ではミカン販売農家の半数以上が当組織に出荷している。

AQ3組織は，前述のとおりそれぞれが地域特性を持ち，また管轄区域も広域で多様な出荷者を持っている。このことから，これらは出荷ロット大型化と品質の統一化を実現する手段として，光センサー選果システム導入と園地台帳管理を柱とした生産・出荷指導体制を構築している。

光センサー選果機導入により，出荷品全量の非破壊による糖酸度測定が実現され，ケースごとの糖酸度のバラツキをなくすとともに，代金精算時にはこれらの評価によるウェイトづけが可能となった。また，園地台帳を筆ごとに作成してオンライン化しており，光センサーによる糖酸度のデータと園地台帳を連動させ，各農家に対する生産・出荷指導に活用している。

そして，糖酸度のバラツキだけでなく，食味のバラツキを防ぐために，3組織とも管轄区域を標高，地域，土壌などを基準に地帯区分し，それぞれ出荷日を指定して集荷を行っている。そして，生産履歴の記帳を徹底し，残留農薬の検査を抜き打ちで行うなど，安全面での配慮も行われている。

(2) 農協共販組織における温州ミカンの個性化商品

それでは，AQ3組織における温州ミカンの個性化商品についてみてみよう。農協共販組織におけるプライマリ・ブランドは，和歌山県農業協同組合連合会が企画した「味一みかん」および「味一α（アルファ）みかん」である。

「味一」ブランドは，1983年から開始された和歌山県下統一ブランドであり，園地指定と品質検査の二段階構造となっている。つまり，生産者から登録申請された園地について農協の技術員が審査を行い，合格した園地が「味一」栽培園地として登録される。そして，これら「味一」栽培園地において生産された温州ミカンについて，糖酸度，色つき，キズ，形，サイズや食味などの検査を行い，糖度12度以上，酸0.7～1.0%という基準を満たしてはじめて，「味一みかん」として販売される。また，1991年から取り組みが開始された「味一αみかん」は，マルチ栽培園地に限って糖度13度以上，酸0.7～1.0%という基準になっている。

このように「味一みかん」は厳しい品質基準が設定されており高価格が期待できるものの，農家ごとの出荷比率は3%以内と低く，各選果場においては出荷者の収入増が期待できる新たな方策が求められていた。そのため，3組織においてそれぞれ独自の基準によるセカンダリ・ブランドの設定がなされている。AQ中央選果場では，「味一」栽培園地において生産された糖度11.5度以上の温州ミカンを「美甘娘」としてブランド化している。また，AQ 総合選果場では，同様に「味一」栽培園地において生産された糖度 11 度以上の温州ミカンを「特選」とし，AQ マル南選果場では糖度 12 度以上の SS サイズの温州ミカンを「舌鼓（したつづみ）」として販売している。

これらは，価格面では「味一みかん」の次，レギュラー品より高価格で取引されており，「味一みかん」よりも高い比率で出荷されることから，農家においてはこれらの生産・出荷による収入増が期待できる。

(3)　有田地域の農協共販組織におけるマーケティングのポイント

有田地域の農協共販組織におけるミカン生産・販売対応を総括してみよう。

農協共販組織のような大規模組織においては，規模や生産管理方法に拘らずあらゆる階層の農家のもとで品質の統一化を図る必要がある。そこで，出荷品について客観的な評価基準とそれに見合った代金精算によって各農家の自主的な品質統一化の努力を促すという方法（結果の統一化）を採ることで，農家ごとに生産方法・方針が異なっていても大型ロットでの品質統一化が可能となった。また，このことを実現するためには，光センサー等の新選果システム（大きな投資が必要）による評価基準の信頼性向上が必要である。

また，温州ミカンのブランド戦略の特徴は，プライマリ，セカンダリ，レギュラーという 3 段階構造で多様な消費者ニーズに対応しようとしていることである。産地の高級感をよりいっそう高めるため，県下統一の「味一みかん」というプライマリ・ブランドにより高品質で希少性の高い商品を提供し，一方でレギュラー品との格差を補うセカンダリ・ブランドを各選果場が設定することで，ブランド構造の多様化と出荷者の収入増をねらっている。

このように，有田地域における農協共販組織による温州ミカンのマーケティングのポイントは，①「結果の統一化」による品質の統一化，②ブランド構造の多層化による多様な消費者ニーズへの対応である。

4．集落共販組織によるミカン生産・販売の「個性的」対応

(1) 有田地域における集落共販組織

つぎに，小規模ながら「個性的」対応により「こだわり商材」の提供が可能な集落共販組織のマーケティング戦略を検討する。

JAありだ共選協議会に所属する集落共販組織は，前掲の図Ⅱ-3〔3〕-2に示すように，2010年2月現在で9組織が運営を行っている。これらは，1949年に設立された紀州有田柑橘農業協同組合[5]という専門農協に加盟していた，集落単位で形成された共選共販組織に立脚している。1960年当時は有田地域に62の集落共販組織が存在したが，その後，選果施設の更新や農協合併などを契機に統廃合が進み，一部は合併して大型農協共販組織となり，一部は解散するなどして現在の9組織となっている。

本節では，これらのうち，「全量早生完熟」といった徹底した労働集約化による高品質化を実現している「マル賢（けん）共選組合」，および組織の法人化と加工品の導入による商品アイテムの多角化を実現した「早和果樹園」の二つの集落共販組織を検討する。

(2) 徹底した労働集約化による高品質化に取り組むマル賢共選

まず，出荷品の全量を早生温州の完熟型出荷で対応し，徹底した労働集約化による高品質化を実現している，マル賢共選組合の取り組みをみてみよう。

当組織は有田川町賢（かしこ）地区において，1975年に35戸の農家により設立された任意組合である。2013年現在，出荷者数は31人（賢地区の農家は約80戸），温州ミカン出荷量は1,200トンである。

当組織における製品政策の最大の特徴は，出荷品の全量が「早生温州ミカンの完熟型出荷」という点である。そして，そのために生産・出荷方法について，次のような高い労働集約度のもとでの統一化を図っている。

まず，栽培品種は早生温州に限定しており，当組織に出荷する全農家の園地

面積50haのうち，48haが早生温州であり，うち9割が「宮川早生」を栽培している。そして，出荷時は園地において糖酸度を計測し（サンプルチェック），糖度が12度以上になってはじめて収穫・出荷することができる。

また，食味のバラツキをなくすため，全出荷者50haの園地を標高差などにより五つに地帯区分（「A」～「C」は標高差，「D」は水田転換園地，「外」は賢地区外）し，それぞれに出荷日を指定して集荷している。

肥培管理については，当組織が独自に開発した配合肥料を全出荷者が使用し，和歌山県果樹試験場が提唱する「適肥栽培[6)]」を徹底して行っている。加えて，全園地の5割（24ha）においてスプリンクラーによる共同防除が行われている。

これら生産出荷対応については，当組織に所属する13人の若手を中心とした農業者（平均年齢38歳）で結成された生産部が中心となって企画・設計を行っており，このメンバーが中心となって行われる「園地まわり」[7)]に基づいて作成された園地台帳をもとに，生産対応の企画・設計が行われる。

選別対応については，1994年にカラーグレーダー，そして2009年産から光センサー選果機を導入し，出荷品の全量が光センサーにより選別されており，1箱ごとの糖酸度のバラツキがほぼ解消されている。

当組織のブランド戦略であるが，独自ブランド「賢宝」は，糖度13度以上，酸度0.8%という高い基準が設定されており，当組織における温州ミカン出荷量の約2割が当該ブランドである。なお，当組織は東北市場1社，および関東市場1社の計2社に出荷しており，市場外流通への対応は行っていない。

当組織の特徴は，生産・収穫・選別における「過程の統一化」といった小規模組織であることのメリットを生かした生産・販売対応であるといえる。また，31人の出荷者全員による会議も最低月1回は開かれており，販売先の卸売業者との意見交換なども，出荷者全員が参加して行われている。これらの生産・販売対応が奏功し，マル賢共選は，有田地域における共選共販組織で最も販売価格が高い組織の一つとして知られている。

(3) 法人化と商品の多角化を実現している早和果樹園

つぎに，有田地域における集落共販組織のなかで，唯一，株式会社法人の形態を採っている，株式会社早和果樹園の取り組みをみてみよう。

当社は有田市宮原町東地区において，1979年に7戸の農家により早和共選（任意組合）として設立された。その後，法人化による組織的な販売体制の確立と出荷者の就業環境向上を企図して，2000年に有限会社となり，2005年には組織形態を株式会社に変更した。2014年現在，従業員46人，うち正社員35人，常勤パート11人であり，正社員のなかには非農家出身者も存在し，農外部門から優秀な人材の確保が実現されている。なお，当社は株式会社法人ではあるが，JAありだ共選協議会に加入する農協系統組織である。2014年6月決算の年間販売額は6億2,500万円であり，うち生鮮果実が1億1,200万円，加工品が5億1,300万円である。

当社のブランド戦略についてみてみよう。まず生鮮果実の生産・販売では，県下統一ブランド「味一みかん」のほか，2003年にマルドリ方式[8]を導入し，「紀の国有田まるどりみかん」（糖度13度以上）として高付加価値販売を行っている。また，早生温州ミカンの完熟型出荷に限定したブランド「とれたて家族」（糖度11度以上）は生産・収穫・選別に対する「やさしさ」や商品の「新鮮さ」がキーワードとなっている。これらは，卸売市場流通を中心に販売されており2013年産の温州ミカン販売量は生果が400トン，出荷先は関東1社，甲信越1社，和歌山県内1社となっている。また，加工仕向けは700トンである。なお，2009年産から出荷者全ての農地および周辺の農地も賃借して5.5haについて当社に利用権を設定し，組織的な果実生産が行われている。

加工事業については，2004年に販売が開始されたチョッパーパルパー方式[9]による高級有田ミカンジュース「味一しぼり」などの果汁飲料をはじめ，温州ミカンのシロップ漬け，ゼリー，ジャム，そして2010年には温州ミカンを利用したポン酢の製造・販売を開始した。これらは，収穫された温州ミカンの裾物を加工仕向にすることによる生産者の収入増を期待した取り組みであるが，当社はとりわけ，糖度が高く酸度が適切な果実を原料とする加工品に特化しているため，製品自体の価格が比較的高めに設定できることから，高糖度のわりに外観の品質が劣位な果実の効率的な利用に役立っている。また，このような取り組みにより，生鮮果実についても安定した品質での出荷・販売を可能にしている。

販売促進活動については，2004年に三越デパート恵比寿店で初めて行った試飲・試食販売がその中核をなしている。現在では白浜町の「とれとれ市場南紀白浜」や地元デパートなど常時五ヶ所程度で試飲・試食販売が行われており，必ず社員が出向いて商品特性や製造過程での「こだわり」を消費者に直接説明するとともに，消費者の生の声を聞くことで，ニーズの把握と生産・販売面での改善計画の立案に役立てている。

また，和歌山県アンテナショップ事業への協力や日本政策金融公庫が主催するアグリフードEXPOにも積極的に参加するなど，協力機関との連携体制も構築しており，このような取り組みから，大手酒類メーカーとのタイアップ商品の開発や，有名ホテルのウェルカムドリンクに「味一しぼり」が，全日空の機内食に「てまりみかん」がそれぞれ採用されるなど，新たなビジネスチャンスも獲得している。

(4)　有田地域の集落共販組織におけるブランド戦略のポイント

集落共販組織のような小規模組織においては，組織構成メンバー全員が同時にコミュニケーションをとれるため，市場環境と製品コンセプトを高水準で共有できるという小規模組織ならではのメリットが存在する。そこで，「全量早生温州の完熟型出荷」や「マルドリ方式」の導入など生産方法・選別方法を高い労働集約度で統一化（過程の統一化）することによって，高水準での品質の統一化が実現され，高付加価値化による「こだわり商材」ニーズへの対応でさらなる収入が期待できる。

また，早和果樹園のケースにみられる共販組織における法人化のメリットは，①出荷者の社員としての帰属意識・共同意識の向上に起因する生産意欲の向上が期待できること，②生産の共同化，加工事業や販売促進活動など事業の多角化に組織的に対応できること，③農外部門から優秀な人材を確保しやすいことなどが挙げられる。

5．多様な産地組織によるミカン産地の再編とマーケティング戦略

これまで，和歌山県有田地域を対象として，多様な産地組織によるミカン産地再編の状況とマーケティング戦略について検討してきた。有田地域は，全国のミカン産地がその出荷量をピーク時の30％未満に減少させている中で，現在においてもピーク時の80％水準を維持している。その要因としては，生産条件がミカン栽培に適していることに加え，産地組織の多様性が多様な川下ニーズへの対応を可能にしているという点を指摘したい。

つまり，大型の農協共販組織が「結果の統一化」の取り組みを行うことで川下の「大型ロットによる定時・定量・定品質」ニーズに対応し，小規模な集落共販組織が「過程の統一化」の取り組みを行うことで「こだわり商材」ニーズに対応している。このように，多様な川下ニーズに対して，産地全体として対応しているところが，有田地域の強みであるといえる。産地再編を行うに当たっては，組織の統合・大型化をめざすだけではなく，それぞれの産地特性に併せて重層的な販売主体構造の構築をめざすことも重要である。

ところで近年，川下主導による流通体系のもとで，高品質の商品を安定的に生産しても価格が下落傾向にあり，国内有数のブランド産地である有田地域においてもミカン農家の収益性が低下しているという状況にある。このようななか，高い労働集約度に見合った価格を実現するためには，産地の実情に即した抜本的な価格形成プロセスの見直しと，そのための川上から川下までのいっそうの連帯関係の強化，および消費者に対し産地の実情に理解を求める活動が必要であろう。そういう意味で，マル賢共選が行っている，出荷者全員による販売先卸売業者との意見交換や，早和果樹園が行っている，消費者に直接アクセスする販売促進活動，および関係機関との連携体制の構築などは，今後の農産物マーケティングの展開方向に一定の示唆を与える取り組みであるといえる。

注

1）木村務「ミカン産地組織とマーケティングの展開方向」九州農業経済学会編『国際化時代の九州農業』九州大学出版会，1994年，p.371.
2）細野賢治『ミカン産地の形成と展開 ―有田ミカンの伝統と革新―』農林統計出版，2009年，p.47.
3）本稿は，細野賢治「和歌山県有田地域における多様な販売主体によるミカンのブランド戦略（1）～農協共販組織による「大型化」対応～」『果実日本』65巻5号，2010年5月，pp.91-95，および，細野賢治「和歌山県有田地域における多様な販売主体によるミカンのブランド戦略（2）～集落共販組織による「個性的」対応～」『果実日本』65巻6号，2010年6月，pp.88-92，に加筆修正を加えたものである。
4）また，「A級」や「永久」という意味も込められており，「高品質の有田ミカンを末永く消費者に届けたい」という当農協の意思を表している。
5）現在は発展的に解消され，JAありだ共選協議会に組織変更された。前掲細野（2009），p.67.
6）肥料をできるだけ少なく投入する栽培方法。糖度の向上や浮皮を少なくするといった効果が期待できる。
7）当組織の園地まわりは，全出荷者の園地300筆について，生産部13人と共選組織の役員，農協の営農指導員が4班に分かれて点検するという取り組みである。
8）近畿中四国農業研究センターが開発し，2003年から試験的に導入された栽培方法である。マルチシートの下に定置配管し，灌水や液肥施肥を行う栽培方法。「マルチ」と「ドリップ」で「マルドリ」という名称を採用している。
9）ミカンの皮を剥いて搾汁する方法であり，皮の油や不純物の果汁への混入が大幅に抑えられるため，品質劣化が少なく，実の袋に含まれるパルプによって果汁に「とろみとコク」が出るといわれる。

引用文献

〔1〕木村務「ミカン産地組織とマーケティングの展開方向」九州農業経済学会編『国際化時代の九州農業』九州大学出版会，1994年，pp.368-375.
〔2〕細野賢治『ミカン産地の形成と展開 ―有田ミカンの伝統と革新―』農林統計出版，2009年。
〔3〕細野賢治「和歌山県有田地域における多様な販売主体によるミカンのブランド戦略（1）～農協共販組織による「大型化」対応～」『果実日本』65巻5号，2010年5月，pp.91-95.
〔4〕細野賢治「和歌山県有田地域における多様な販売主体によるミカンのブランド戦略（2）～集落共販組織による「個性的」対応～」『果実日本』65巻6号，2010年6月，pp.88-92.

〔4〕愛媛県における柑橘産地の再編構造
—販売組織としての産地を中心として—

板橋　衛

1. はじめに

需要拡大期に生産面積を急速に拡大したミカン生産園地は，その後の急激な消費減少とオレンジ果汁自由化による実質的な柑橘輸入増加[1]により生産縮小を余儀なくされ，2011年における生産面積は，ピーク時の30%以下であり，極端な変動を示してきた。愛媛県のミカン産地におけるそれへの対応は，産地によって異なるが，一つは普通温州ミカン単作からの脱却であり，中晩柑類への品種更新に取り組んできた。もう一つは販売面での対応であり，統一ブランドによる大規模共同販売から共選所など小マーク単位による共同販売への細分化と統一ブランド下での厳選集出荷体制の確立であった[2]。

そうした再編の主体的役割を果たしたのが農協であり，盲目的な新品種更新に狼狽し混迷したと揶揄された品種更新ではあるが，産地ごとの特徴を示し[3]，新興のミカン産地で見られた極端な農協共販離れには至らなかった。しかし，輸入オレンジ果汁の増加と国内産柑橘需要の減少が引き続く中，更新した中晩柑類の価格面における優位性の時期は限られ，全般的な価格低迷状態が常態化し，生産者の生産意欲の減退は否めなく，高齢化の進展も相まって，生産管理が行き届かなくなりつつある。そのため，一方では耕作放棄地の拡大[4]が進み，他方で産地間の格差や同じ産地内における園地間の格差が拡大してきた。また，小売業の交渉力の強化により，産地はよりきめ細かな出荷対応を強いられることとなり，選果選別の徹底が光センサー機の導入も相まって進められてきた。このように，今日における産地再編の背景は，生産と流通のそれぞれの側面の課題に対応する方向が模索され，複雑化している。

さらに，農協組織の系統再編により，従来の柑橘販売の中心であった愛媛県青果連加盟農協が地域において総合農協と合併するケースがみられた。その中には，これまでの産地とは異なる単位での農協と合併するケースもあり[5)]，事業間の棲み分けを行ってきた愛媛県独特のミカンに関する農協組織構造に大きな変化をもたらしている。このことは，産地体制にも大きな影響を与え，生産と販売の論理とは異なった再編圧力になっている。

ここでは，主に販売組織としての産地単位に注目[6)]し，これまでの産地再編過程を農協機能と関連させて整理する。そして，近年における産地再編の局面の中で系統組織再編に焦点をあて，その影響を受けているとみられる産地の分析を通して，今後の産地再編の方向性について考える。

2．販売組織の再編と農協機能

(1) 出荷組合の統合と農協

愛媛県の柑橘産地における販売単位としての組織化展開は，戦前期における共同選果出荷組合の設立に始まり，すでに固有の出荷マークを有していた[7)]。戦時統制下は機械的に集荷機能を果たすのみであったが，戦後の統制撤廃後には再びこの出荷組合の単位に共同販売が開始された。他方，戦後農協法に基づき設立された農協は，これら出荷組合の上部組織として統括的な業務を行っていたにすぎず，集出荷販売の主体は出荷組合であった。こうした出荷組合がミカン生産・販売の拡大の中で農協のもとに統合化されていくのであるが，その過程を松山市中島地区を事例としてみてみよう[8)]。

中島地区における戦前のミカン販売は商人を中心に行われていたが，1916年に大浦地区に出荷組合（あさひ組合）が結成された。その後も地区ごとに次々と出荷組合が設立され，阪神市場への共同販売を行っていた。戦後においてもこの出荷組合の単位でミカン販売が行われ，17出荷組合がそれぞれ独自に出荷を行っていた[9)]。

中島地区の農協組織は，戦後農協法に基づき1948年に八つの農協が設立されていたが，信用・購買事業を中心としており，販売業務は17の出荷組合単位で行われる体制が続けられる。1955年には「中島青果農業協同組合連合会」が設立され，17出荷組合のミカン輸送の一元化と市場出荷量の調整が実施され，統一販売への取組が本格化したが，出荷先市場や荷受け会社の指定は各出荷組合の意向が強く反映されていた。とはいえ，この連合会が中心となり各農協や普及所と協力して統一的な営農指導体制を確立したことが，その後の販売銘柄統一につながっているとみられる[10)]。

その後，東中島農協が1960年に青果部門を設置して，管内五つの出荷組合のマークを統一して販売取扱を開始したことにより，農協によるミカン販売の取組が実質化する。その後の展開は図Ⅱ-3〔4〕-1に示した通りである。1965年には七つの総合農協と一つの連合会の合併により町単位（当時）の中島農協が設立され，マーク統一の動きが本格化し，12地区の出荷組合が統一される。1968年には別のマークに統一されていた地区のミカンも一つのマークの下に統一化される。選果場も大型化して2カ所に集約され[11)]，1968年には中島青果農協と名称を変更し，総合農協ではあるが青果連に加盟することとなる。

このように，販売組織としての出荷組合が選果場の大型化などと連動して農協機能と一体化し，農協のもとに一つの産地としてかたちづけられた[12)]。

(2) 販売単位の再編と農協機能

1968年産ミカンの価格暴落を契機として，産地は品質重視の生産出荷管理体制の強化に取り組み，生産者への価格評価の厳密化を進める。共同計算の単位の再編も検討されるが，次年産から価格が一定程度持ち直したため，統一マークによる体制は各産地で維持される。しかし，1972年に再び価格が暴落したことを受け，本格的な産地再編が展開する。市場における圧倒的な過剰状態が，より品質を重視した生産と出荷体制への変換を促し，産地はそれに対応した形への体制再編が必要になる。具体的には，園地区分の明確化と等階級別の厳選出荷，その販売価格差を生産者への精算価格に反映させるシステムの構築である[13)]。

こうした再編の過程で，農協管内の地域間の格差が顕在化し，宇和青果農協にみられるように，統一されたマークが共選所単位に分割された産地もある。

図Ⅱ-3〔4〕-1　中島青果農協の合併とマーク統一

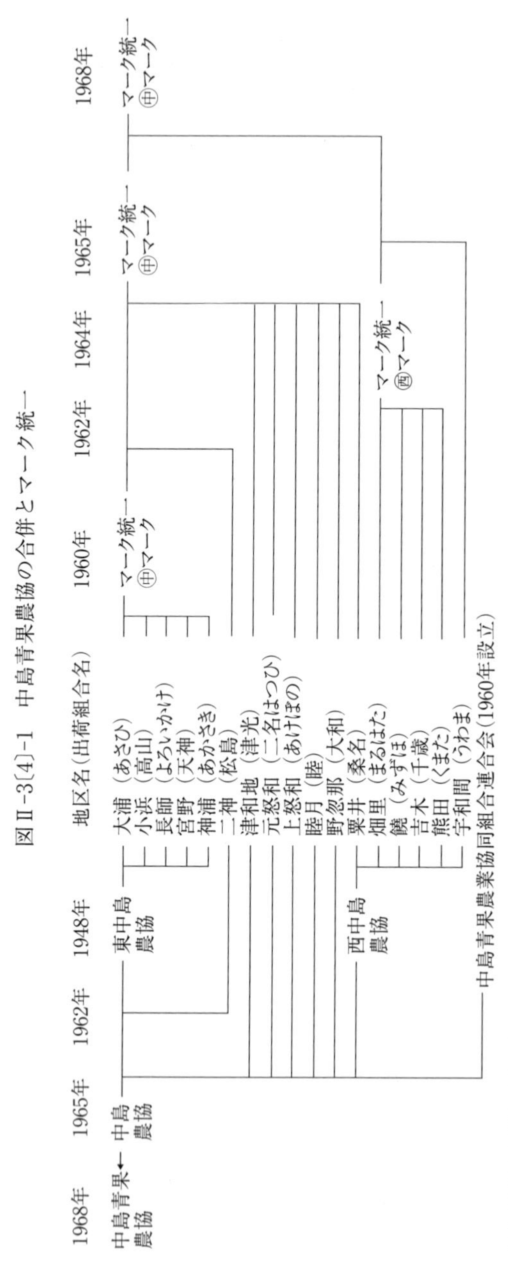

資料：『愛媛青果連50年史』p.289

また，温泉青果農協のように，統一マークは維持しつつ，出荷等階級区分を厳密化し，それを遵守するために庭先選別の強化と合わせて共選所における検査の徹底を図り，生産者への精算方法の明確化を進めた産地もある。また，同時に，各産地で品種更新が大々的に行われることになる。

こうした産地再編過程において，その主体的役割を果たしたのは農協であり，営農指導面から販売対応面までの機能をフルに動員して進められた。需要の減少に対応した生産抑制が図られたため出荷量は減少するが，農協以外への販売が特に拡大したわけではなかった。むしろ，マーク統一期に販売組織と一体化した農協が，機能的にはより強化され実質化したとみることができる。しかし，その後の価格低迷の長期化は，交渉力を強化した小売業主導の流通事情の変化とも相まって，農協利用から離れ，個人販売の増加傾向も確認される[14)]。

(3) 農協合併の展開と販売組織としての農協

愛媛県の農協組織には，設立の理念，組織・事業形態，発展の歴史的背景が異なる総合農協と専門農協系統がみられ，その組織・事業のあり方をめぐり，これまでに連合会を巻き込んで競合・紛争問題も引き起こしてきた[15)]。しかし，1967年には中央会が共通役員体制から独立し，専門農協組織も参加する形の役員構成に改組したことを契機に，接近・和解の方向へと進んだ。第20回愛媛県農協大会（1970年）において決定した「農業基本構想」では，当時，総合農協と専門農協を合わせ，県下に150農協以上あった組織を13組合に再構成する案が構想されるが，専門農協と統合するケースを含めた検討の結果が示され，全県を8ブロックとして設立されていた青果専門農協が果たしている共同選果や販売対応などの高度な機能が評価されており，郡などの行政単位よりも柑橘産地単位のエリアで検討されている点が注目される。

その後，この13農協構想に基づいた農協合併はあまり進展しないまま，1990年においても100以上の農協が存在していたが，第28回愛媛県農協大会（1991年）では，第18回全国農協大会（1988年）の「全国1000農協構想」を受ける形で13農協構想の再確認とその強力な推進が決定され，その後の13農協構想のエリアを超える農協合併の進展と計画の立案により，第29回愛媛県農協大会（1995年）では10農協構想が示された。その構想に基づいた農協合併の展開により，今日では12総合農協にまで集約されており，青果専門農協は，東予園芸農協のみとなっている。

こうした農協合併の進展の中で，青果専門農協と総合農協の合併が行われてきたが，青果連会員の8農協の状況を整理したのが表Ⅱ-3〔4〕-1である。13農協構想が示される以前から，各ブッロク内での農協組織の再編等の結果により，温泉青果農協，中島青果農協，長浜青果農協ではすでに総合的事業展開が行われていたが，柑橘生産者が多いエリアなどに限定されており，本格的な総合農協との合併は1990年代以降の系統組織再編期とみられる。このような県内の青果専門農協再編の進展から，連合会段階においても青果連と経済連の合併が決断され，1998年に実施された。

とはいえ系統組織再編の過程を経ても，愛媛県の柑橘産地における販売は共選所単位に行われているケースがほとんどであり，農協合併に伴って共選所の統廃合などが行われない産地では，産地再編には至っていない。しかし，合併を契機として販売単位の再編に取り組まれた産地もある。ここではその事例と

表Ⅱ-3〔4〕-1　愛媛県内の青果専門農協の再編状況

青果専門農協名	設立年	組織と事業の特徴	再編の結果
東予園芸農協	1966年	複数の専門農協の合併で設立、金融部門なし	存続、事業エリアに複数の合併構想農協がある
越智園芸連	1953年	経済連から独立した青果部門の地域連合組織	会員14農協の合併による越智今治農協に包括継承（1997年）
温泉青果農協	1948年	1951年から信用事業を行い、近隣農協と合併して拡大	えひめ中央農協の設立に参加（1999年）
中島青果農協	1965年	7農協と1連合会の合併で設立され、事業的には総合	えひめ中央農協の設立に参加（1999年）
伊予園芸農協	1948年	青果部門の生産・販売・加工・指導事業、金融部門なし	えひめ中央農協の設立に参加（1999年）
長浜青果農協	1964年	地区の青果連合会と農協が合併して設立、事業的には総合	愛媛たいき農協に吸収（1999年）
西宇和青果農協	1948年	青果部門の生産・販売・加工・指導事業、金融部門なし	地域の14農協と合併して西宇和農協の設立（1993年）
宇和青果農協	1948年	青果部門の生産・販売・加工・指導事業、金融部門なし	えひめ南農協と合併（2009年）

資料：『愛媛青果連50年史』聞き取り調査

して，えひめ中央農協における農協合併を契機とした産地再編の取組についてみてみることとする。

3．系統組織再編下の産地再編の構図　―えひめ中央農協を事例として―

(1) 農協合併による共販体制の再編

えひめ中央農協は，1999年4月に12農協が合併に参加して設立された。合併に参加した農協の中には，青果連加入の3農協（表Ⅱ-3〔4〕-1参照）が含まれており，それら農協と総合農協が対等合併している点が他の農協には見られない特徴である。柑橘生産地帯としては，大きくは陸地部（青果連加入農協でみると温泉青果農協と伊予園芸農協）と島嶼部（同，中島青果農協）に分けられ，合併を契機に販売銘柄のマーク統一も検討された。しかし，陸地部と島嶼部の相違が大きいことからマーク統一は難しいという結論になり，陸地部のみを新たなマークに統一し，旧中島青果農協管内は従来通りの㊥マークと黄緑色の段ボールを踏襲することとし，別々の販売単位として柑橘販売事業はスタートした。とはいえ，その後，広域合併農協の資源の有効活用・効率化を図るため，組織・機構や事業の整備が急務の課題となり，農協組織内に検討チームを設置し，その検討課題として共選所の統廃合やマーク統一問題があげられた。

共選所の統廃合は光センサー機化への整備と合わせて行われ，従来の地区単位の共選所という位置づけから，受け入れる品種や等級別に共選所を割り当てる形となり，広域合併した農協単位の共選所となってくる。そのため，生産者からの集荷体制は従来通り庭先選別後に地区ごとの集荷場への持ち寄りであるが，その後の集荷場から共選所までの運賃をプール計算することになる。他方，島嶼部に関しては地理的な問題もあり，中島地区を単位として共選所を整備し，2000年10月に光センサーを導入している。

販売に関しては，2002年度から島嶼部のマークを合併農協の新たなマークに統一することが決められる。その結果，2002年6月からはマークが統一され，中島地区の㊥マークは廃止された。また，黄緑色の段ボールも茶箱へと統一され，販売分荷権は本所に一元化された。この販売体制は，基本的に今日にまで継続されている。

このように，愛媛県内の柑橘産地において，合併後3年というタイムラグはあるが，合併を契機として販売銘柄の統一が図られたケースは特別である。その要因としては，一つには，温泉青果農協において，ミカンの生産拡大期に統一したマークを，その後の生産縮小期においても分裂させることなく品質重視の販売体制を行うことによって堅持してきた実績があげられる。二つめとしては共選所の位置づけである。松山市以南の柑橘産地においては，生産者の代表である共選長を中心として，共選所ごとの結束力がきわめて強固であり，共選所ごとの独立採算制を重視した運営体制が確立されているが，えひめ中央農協管内の共選所は農協の施設としての認識が一般化している。三つめとしては，管内の柑橘品種構成が，温州ミカンからの転換品種として伊予柑を中心としているが多様化しており，柑橘以外の果実の生産も拡大しているため，地区単位でまとめるメリットが弱くなっていることがある。

しかし，図Ⅱ-3〔4〕-2に見られるように，その後の販売実績は，生産者の高齢化による生産力の減退や柑橘価格の低迷も要因しているが，マークを統一して，拡大した販売単位のメリットを発揮した実績にはつながっていない。生産振興に関しても，現在は，温州ミカンと伊予柑をベースとして，愛媛果試28号（紅まどんな）をえひめ中央農協のブランドとして推進していく方向で方針が明確となっているが，多様な新品種に対して明確な品種更新の方針を見出せない試行錯誤の時期もみられた[16)]。

そうした中で，地域の事情を踏まえた生産振興や販売対応もみられつつある。

(2) 差別化販売の展開と生産・販売単位としての産地

販売マーク統一を行わないことを前提に合併に賛成したともいわれる中島地区の生産者にとって，2002年度からのマーク統一は，これまで自分たちが築いてきた産地が消失するほどの衝撃的問題でもあった。㊥マークと黄緑色の段ボール箱を目印として，大阪市場を中心に販売を展開してきた実績があったの

図Ⅱ-3〔4〕-2　えひめ中央農協における販売事業の推移

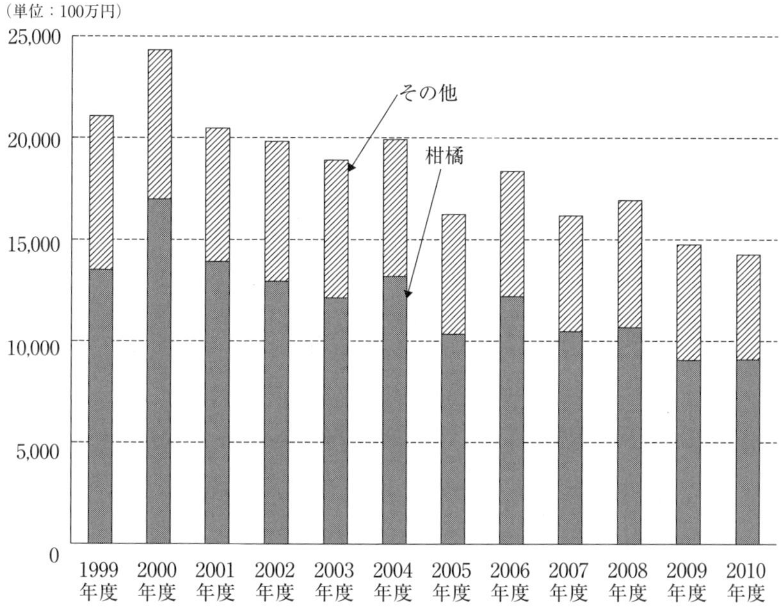

（単位：100万円）

25,000 / 20,000 / 15,000 / 10,000 / 5,000 / 0

その他

柑橘

1999年度　2000年度　2001年度　2002年度　2003年度　2004年度　2005年度　2006年度　2007年度　2008年度　2009年度　2010年度

資料：えひめ中央農協

である。2002年度における柑橘販売は，天候の関係から果実の酸抜けが平年より悪く，価格が低迷したが，そのことも中島地区の生産者にとっては不満を大きくする要因となった。そのため，集団的に農協への販売から離れる動きもみられた。

こうしたことへの対応でもあるが，2003年度はえひめ中央農協の販売事業の差別化戦略の一環として，中島地区において園地を指定し，そこで生産され等階級基準をクリアした柑橘を「島のたより」と名付けて黄緑色段ボールでの販売を開始した。これは，特殊販売として個選個配品ではあるが，農協の販売事業の範囲である。2004年には，「島のたより」という名称が商標登録の関係から問題となり，「中島だより」と変更された。「中島」という名称が限定的ではあるが復活し，取扱量も拡大して販売実績を積み上げていくことになる。こうした実績が評価され，2008年度からは共選品のレギュラー品に関しても黄緑色段ボールでの販売を始めている。販売マークはえひめ中央農協の統一マークではあるが，段ボール色を旧来に戻している点では，地区単位のこだわりを重視した戦略ではないかとみられる。

また，中島地区において陸地部と異なる問題として共選所への集荷体制がある。地区単位に集荷場を有し，そこから共選所への搬入を行うという点では陸地部と同様であるが，島嶼部は船舶を使うこともあり，労力の関係などから運搬経費が陸地部よりも拡大する。そのことが要因で，集荷場から共選所への経費を陸地部と共同計算することが難しく，生産者への販売品の精算を陸地部と共同計算することができずに今日まで至っているのである。そのため，販売先市場の相違などもあり，販売単価差を残存させることにもつながっている。

生産振興においては，2011 年度から始まった第 3 次農業振興計画において，より地域の実情を踏まえた計画となっており，中島地区は，せとかや愛媛果試 28 号（紅まどんな）など，えひめ中央農協の販売戦略に即した生産振興も行っているが，島嶼部の気候に適したカラマンダリンの振興を特に推進している。

このように，えひめ中央農協は，合併を契機として一つの産地への再編を進めつつも，その中で地区の特質を重要視することにも再び目を向けている。

4．愛媛県における柑橘産地の再編構造の現状

本稿では，愛媛県における柑橘産地の再編の構図を販売組織としての産地という単位に注目し農協機能と関連させて整理した。

戦後，統制販売が撤廃された後の柑橘産地は，集出荷・販売の意志が統一された範囲で組織化されている販売組織の単位に販売マークがあり，戦後農協が設立される中でも販売組織単位のマークは維持されていた。しかし，その後「作れば売れる」時代の中で，販売単位が拡大し，農協単位に販売組織が一本化してくる。そこでは，販売銘柄もマーク統一として一本化され農協組織の単位が産地となるが，重要な点は，農協が産地運営の主体となるべく生産指導と販売機能を確立していたことである。そのため，その後のミカン過剰期における品質重視の販売戦略下においての販売対応を，農協が生産者の協力を得て実施することができたのであり，統一銘柄マークが小マーク化した産地もあるが

農協の主体的機能は維持されていた。販売単位は共選所単位ではあるが，生産・販売面の状況変化に対応した農協主導の産地形成であり，農協共販利用から離れる生産者の動きは特別多く見られなかった。

これに対して，近年における系統組織再編による産地再編の圧力は，生産・流通環境を背景とした産地の側からの主体的再編論理とは相対的に異なる農協経営の論理によるものである[17)]。そこでは，少なからず農協の経営論理による選果施設の統廃合や販売銘柄の統一が実施され，生産者の十分な理解を得られないケースにおいては，農協利用から離れる動きともなっている。近年における柑橘価格の長期低迷傾向と技術革新による小規模流通環境の整備がこうした農協共販離れの動きに拍車をかけている。

しかし，やはり産地とは，生産と販売の単位であり，地域の生産者と農協が共同で産地形成に取り組んできた成果であり矜持である。このことは，事例でみた中島地区の近年の取組とそれを認めるえひめ中央農協の実践が示唆しているのではないかと考えられる。

注

1）柑橘系の果汁輸入量を生果換算で見ると100万tを超える。詳しくは，〔11〕参照。
2）品種構成の変化は〔1〕，販売対応の変化は〔3〕，〔9〕，〔10〕参照。
3）〔1〕第4章「みかん転換期における経営対応と産地再編」参照。
4）〔5〕参照。
5）〔4〕参照。
6）本論における産地とは，「地理的な生産概念ではなく販売意志が統一された生産者集団である」という〔3〕の定義に従っている。
7）〔2〕参照。
8）同様の統合過程に関して，宇和青果農協を事例とした分析は〔6〕，〔10〕参照。
9）1947年に全体を統括して有利販売に結びつけることを目的に「中島園芸」が設立されたが，統一販売には至らず，1949年には解散している。
10）〔8〕参照。
11）共同計算の単位は共選所ごとに行われており，販売先の決定も共選所の意志が尊重されていた。
12）当時は他の産地においてもマーク統一の方向で産地再編が進められた。宇和青果農協は〔8〕，〔10〕，温泉青果農協は〔3〕参照。
13）この当時は果汁による調整も強力に行われた。1972年の価格暴落時において，愛媛青果連が行った搾汁により産地廃棄を免れたミカンも相当数におよんでおり，生産者への精算単価は製品と大きくは変わらない。詳しくは〔11〕参照。

14）この点は〔9〕においても指摘されている。また，統計的には「青果物集出荷機構調査報告書」と「果樹生産出荷統計」から推計することができるが，愛媛県におけるミカンの個人出荷の割合は，1996年8.9％，2001年18.4％，2006年38.8％と急増しているとみられる。

15）これらの問題は〔7〕を参照。

16）「まりひめ」という品種を生産振興し，改植して栽培面積を拡大したが色づきが悪いなどの問題も多く，近年は再改植されている。

17）系統組織再編そのものが農業生産構造と農産物流通の変化をも背景としているとはいえるが，1980年代後半からの農協合併の展開は，農協の経営問題を主たる要因としていたとみられる。

参考文献

〔1〕相原和夫『柑橘農業の展開と再編』時潮社，1990年8月。

〔2〕阿川一実編著『果樹農業の発展と青果農協』（財）果樹産業振興桐野基金，1988年9月。

〔3〕麻野尚延『みかん産業と農協』農林統計協会，1987年6月。

〔4〕板橋衛「かんきつ産地の再編と農協」村田武編『地域発・日本農業の再構築』筑波書房，2008年3月。

〔5〕板橋衛「果樹地帯における農地荒廃化の構造と地域の対策」梶井功編集代表，矢坂雅充編集担当『日本農業年報56　民主党農政』農林統計協会，2010年5月。

〔6〕宇和青果農協『宇和青果農協八十年のあゆみ』1996年7月。

〔7〕愛媛県青果農業協同組合連合会『愛媛県果樹園芸史』1968年。

〔8〕愛媛県青果農業協同組合連合『愛媛青果連50年史』1998年2月。

〔9〕木村務「需要減退下における果樹農業再編」田代洋一編『日本農業の主体形成』筑波書房，2004年4月。

〔10〕幸渕文雄『戦後のみかん史・現場からの検証』2002年12月。

〔11〕幸渕文雄「みかん農業の危機とその再生の方向」『農業・農協問題研究』第45号，2010年11月。

〔5〕九州柑橘産地の現段階と産地組織の挑戦

木村　務

1．はじめに

かつて成長作物の雄として九州のほとんどの山麓をオレンジ色に変えた温州ミカン生産は，今や最盛期の5分の1にまで縮小している。ミカン需要の減少に対応した変化とはいえ近畿や東海地域の産地に比較すると崩落的縮小と言わざるを得ない状況にある。なぜこのように大幅な縮小を余儀なくされたのであろうか。

現段階のかんきつ市場においては，大型スーパーチェーンの仕入れ戦略への対応，すなわち出荷ロット大型化と高品質化（＝高糖度）という川下サイドのニーズへの対応の差異が産地変動の要因であることが指摘されている[1)]。また非破壊で糖度計測を行う光センサー設備が選果場に導入されるようになった現段階においては，果樹産地のマーケティング戦略の差異が産地間格差を引き起こすようになっていることも指摘されている[2)]。

このような産地変動要因が登場した現段階のミカン市場において，九州のミカン産地はどのような方向を指向しているのであろうか。大幅な生産縮小の中でも産地維持発展を図っている産地の事例の中にその方向が見えるのではなかろうか。本節では，長崎県の産地を事例として検討してみたい。

2．九州におけるミカン産地変動の特徴

九州におけるミカン産地の変化の特徴をみてみよう。温州ミカンの主要生産県について，生産ピーク時の1975年に対する栽培面積の変化をオレンジ・牛肉自由化による園地転換が始まる直前の1988年，そして2010年について示す

と表Ⅱ-3〔5〕-1 のようである。

1960 年以降の農業基本法農政の，いわゆる選択的拡大作物として九州の山麓の畑地のほとんどがミカン園に転換されてきた。九州においても福岡，熊本，長崎の一部産地では戦前から商業的作物としてミカン栽培が行われてきた伝統的な産地もあるが，ほとんどは 60 年代以降の新興産地であった。そのため 1970 年代中期以降の構造的な過剰を迎えて大幅な産地縮小を余儀なくされた。75 年に対する 88 年の園地面積比率は九州以外は 63%であったが，九州は 54%とほぼ半分にまで縮小した。オレンジ自由化対策として実施された 1988 年からの園地転換事業による生産削減の以前に，九州のミカン産地は近畿・東海・中国・四国の主要な産地に比較すると急激に減少した。

1980 年代末の園転以降においても生産縮小は一層進み，1988 年～2010 年の期間に期首年に対して 40%にまで縮小している。そして生産ピーク時の 1975 年に対しては 21%，5 分の 1 にまでに縮小した。九州以外の同比率は 35%で

表Ⅱ-3〔5〕-1　みかん栽培面積減少の県別比較

	温州みかん結果樹面積（ha）			期首年に対する比率（%）		
	1975 年	1988 年	2010 年	1988/1975	2010/1988	2010/1975
全国	160,700	94,700	46,100	58.9	48.7	28.7
神奈川	3,780	2,270	1,340	60.1	59.0	35.4
静岡	16,500	9,460	5,470	57.3	57.8	33.2
愛知	3,460	2,200	1,310	63.6	59.5	37.9
三重	2,770	1,980	1,260	71.5	63.6	45.5
和歌山	12,600	10,600	7,500	84.1	70.8	59.5
広島	7,910	4,690	2,440	59.3	52.0	30.8
山口	4,130	2,490	907	60.3	36.4	22.0
徳島	4,050	2,220	914	54.8	41.2	22.6
香川	5,290	2,710	1,230	51.2	45.4	23.3
愛媛	21,800	13,200	6,720	54.1	50.9	30.8
小計	82,290	51,820	29,091	63.0	56.1	35.4
福岡	8,780	4,700	1,800	53.5	38.3	20.5
佐賀	14,300	7,860	2,700	55.0	34.4	18.9
長崎	13,700	7,410	3,390	54.1	45.7	24.7
熊本	12,100	8,070	4,430	66.7	54.9	36.6
大分	9,000	4,520	875	50.2	19.4	9.7
宮崎	6,010	2,320	787	38.6	33.9	13.1
鹿児島	5,550	2,710	1,070	48.8	39.5	19.3
九州計	69,440	37,590	15,052	54.1	40.0	21.7

資料：農林水産省『果樹生産出荷統計』より作成

あることと対比すると，構造的ともいえる大幅な生産激減が九州の特徴といわざるをえない。

九州の県別にみると，熊本県と長崎県は近畿・東海地域の産地変動に近い傾向を示しており，2010年には九州の温州ミカン栽培面積のうち半分がこの2県となっている。一方，1975年に1万4,000haと愛媛，静岡に次ぐ大生産県であった佐賀県は，2010年には2,700haと18%にまで減少し，今や九州第三の主産県となっている。

近年の生産量の推移を示すと図Ⅱ-3〔5〕-1のようである。九州のミカン生産縮小は2010年以降も続いている。九州のミカン産地は極めて厳しい状況に直面しているのである。

生産削減された園地の多くは，落葉果樹や茶園などに転換さることは極まれにしかなくてほとんどが廃園であり，耕作放棄地も多く発生した。たとえば長崎県の耕作放棄地は2000年に1万2,000haと耕地面積の2割に及び，全国一となったが，その主因はミカン園の廃園によるものであった。ミカン消費減退のもとで価格が低迷し，生産農家の高齢化や労働力不足が加わって栽培管理の

図Ⅱ-3〔5〕-1　九州県別みかん生産量の推移

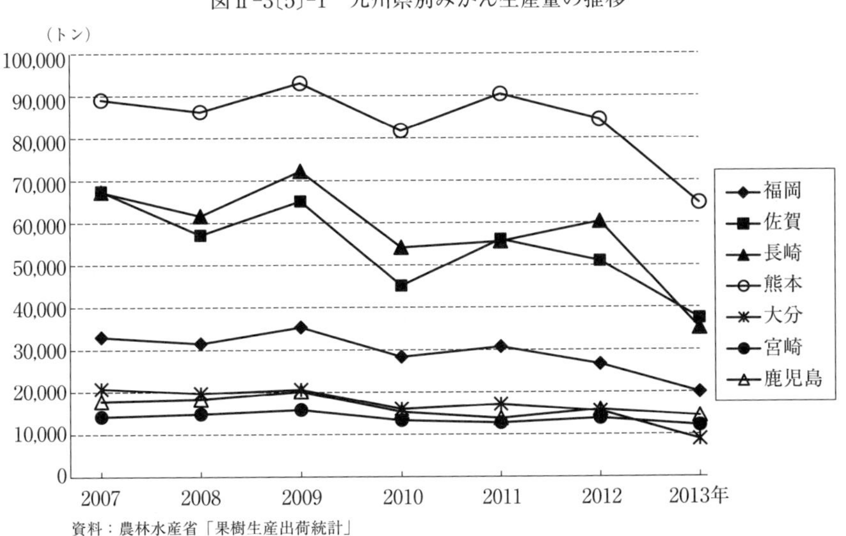

資料：農林水産省「果樹生産出荷統計」

表Ⅱ-3〔5〕-2　温州みかんの品種構成（2010年産）

	面積（ha）				割合（%）			
	合計	早生	うち極早生	普通	合計	早生	うち極早生	普通
全国	46,100	26,300	8,490	19,900	100.0	56.9	18.4	43.1
九州	15,052	10,320	4,813	4,746	100.0	68.5	32.0	31.5
九州以外	31,048	15,980	3,677	15,154	100.0	51.3	11.8	48.7

資料：農林水産省『果樹生産出荷統計』より作成

粗放化が起こってきたことが，以上のような生産量減少の主因となってきたのであり，その傾向は年々強くなってきている。

ところで九州の温州ミカンは，表Ⅱ-3〔5〕-2に示すように品種構成が早生品種に集中している。とくにオレンジ自由化が始まった1990年以降の生産削減は，主として普通温州を削減し，極早生化による早期出荷と晩柑類の導入による年明け出荷という周年出荷を目指した品種転換が進められてきた。しかし消費減退下で消費者の高品質＝高糖度志向が強まる中で，早期出荷や晩柑化は必ずしも産地の市場評価を高めるものではなかった。さらに非破壊糖度計測機＝光センサーの普及は，低糖度の極早生を主とした品種構成の産地には大きな打撃となった。2010年における極早生比率は，佐賀県45%，福岡県31%と，この両県はとくに極早生の拡大等による品種多様化・周年出荷によって価格低迷に対抗しようとしてきたが，90年代以降の両県の栽培面積削減は極めて大きくならざるを得なかった。

大規模量販店チェーンの川下ニーズと光センサーに対応した高品質・高糖度商品のマーケティング戦略が問われる段階においては，早生品種とくに極早生品種を中心として周年出荷を目指した産地のマーケティング戦略は有効でなくなっていたのである。

こうした九州全体の著しい生産縮小のなかでも，相対的に面積減少が少なかった熊本と長崎の産地においては，高糖度系への品種転換とマルチ栽培等の作型転換が積極的に行われてきた。とくに熊本は早くから早生品種を中心に光センサーを導入して静岡をしのぐ光センサー選果率となって産地競争力を高めてきたことが指摘されている[3)]。

大規模量販店のサプライチェーンに対応したロット・高品質の確保および光

センサー段階に対応した産地形成は，高度な技術革新を伴った産地のブランド価値を高める産地づくりである。それは第1に，品種更新と同時にマルチ栽培を中心とした作型更新等の栽培技術革新，第2に，技術革新とブランド形成を組織的に実施する部会組織などの産地組織の再編，さらに第3に光センサーなどの高度施設の構築等が，持続可能な産地形成の条件となってきている。その実態を長崎県の産地を中心に具体的にみてみよう。

3．産地組織の新たなブランド戦略 —長崎県ミカン産地を中心に—

(1) 長崎県における産地変動

長崎県のミカン主産地は大村湾に面した傾斜地に立地しており，湾を中心として南部地域（旧長与町・旧多良見町），北西部地域（旧西海町・旧西彼町），北東部地域（佐世保市）の大きく三つの産地からなる。表Ⅱ-3〔5〕-3には1980年以降20年間における長崎県の産地別生産推移を示している。

長崎県全体の生産量をみると1980年には24万2,000トンで，品種別では普通温州が約17万トンと7割を占めていた。それが2000年には2万7,400トン

表Ⅱ-3〔5〕-3　産地別生産量推移（長崎県）

（単位：トン，%）

	1980年	1990年	2000年	期首年に対する比率 2000/1980
長崎県計	242,100	122,400	82,800	34.2
うち早生温州	72,600	56,600	55,400	76.3
うち普通温州	169,500	65,800	27,400	16.2
佐世保地区佐世保市	11,600	10,600	10,200	87.9
長崎・西彼地区	96,960	60,509	42,790	44.1
旧西海町	12,700	9,500	8,430	66.4
旧西彼町	11,200	7,620	5,720	51.1
旧長与町	19,900	11,100	7,930	39.8
旧多良見町	18,700	14,800	10,000	53.5
県央地区	44,810	19,360	9,080	20.3
大村市	14,000	5,810	5,060	36.1

資料：農林水産省「果樹生産出荷統計」より作成

と80年の16%に，20年間に7分の1になっている。長崎県のミカン産地は古く，伝統的に普通温州を中心とした産地形成が行われていた。生産縮小期においては普通温州を削減し早生温州に集中した産地再編が行われてきた。

生産量の変動を地域別にみると，旧長与町と大村市の減少が最も大きかったが，この地区は長崎市の郊外に位置することから宅地化が進み，農地転用による減少も影響している。

次に減少率が高いのは「伊木力ミカン」銘柄で有名な旧多良見町であるが，急傾斜地が多いこの産地では，1990年以降に急激な生産縮小が起こってきた。そして，この地域に比べると生産減少がやや緩やかになっているのが北西部の西彼・西海地区であり，1960年代以降に園地開発が行われた新興産地で旧大西海農協によって極早生を中心とした産地形成をしてきた地区である。最後に，佐世保地区の場合は，1980年時点で1万1,000トン規模を擁する産地であったが，2000年においてもなお80年の9割に及ぶ1万トン規模の生産量が維持されている。

このように長崎県内の主要3産地は，対照的な変動を示しているが，それは，園地条件等の立地条件と産地組織の戦略の差異からもたらされた結果である。なお現在のJA組織は，表Ⅱ-3〔5〕-3の県央地区は「JAながさき県央」，長崎・西彼地区は「JA長崎せいひ」，佐世保地区は「JAながさき西海」と3JAからなるが，ミカン選果場は旧町単位で各地区に複数設置されていた。

大村湾の南端に面した南部地域の中心をなす旧多良見町は「伊木力ミカン」の銘柄産地であり，その始まりは古く大村藩下の安政期といわれ，銘柄産地を形成し，1960年代後半には東京卸売市場（東一）で最高価格を実現するなど全国的な銘柄産地となった[4)]。しかし90年代以降になると，急傾斜地の園地が多いことから高品質・高糖度生産の対応が遅れ，担い手の高齢化の下で部会員の急激な減少が進んでいる。

伊木力選果場の設備は，1993年に日処理能力100トンのカラー・グレーダー，2002年には光センサーが導入された。地域のミカン生産量は1万トンであるが，しかし集荷量は，2001年の8,175トンを最高に2005年には7,800トン，そして2010年には5,000トン強にまで減少した。部会員は357名であるが，伝統的に地元長崎市場への個人出荷が3割，直売が1割，共販率は6割程度にすぎず，選果場の稼働率は年々低下してきたのである。

設備の老朽化もあって2011年に，日処理150トン，年間1万2,600トンの処理能力を有する最新の光センサー選果施設が事業費17億円かけて導入されることとなった。しかしながら，受益者負担は6億3,000万円であり，選果負担金をキロ5円に抑えるためには集荷量年間1万2,000トンを確保する必要があった。隣接した旧長与町には1997年に設置された日処理100トンの選果場があって琴の海中部ミカン部会が組織されてきた。部会員は長与支部278名，時津支部118名，琴海支部116名であり，合計512名の部会員からの集荷量は6,000トンであった。そこで伊木力ミカン部会と琴の海中部ミカン部会が統合して，900人，850haからなる新たな産地組織が形成された。

伝統的な産地であるほど選果場の統合には困難な課題が多いのは他産地の経験と同様である[5)]。しかし，現段階のミカン市場は産地に一定の産地規模を求めるようになっているのであり，川下ニーズに対応した市場が求める規模は年間1万トンをミニマムとしており，この産地規模へと再編されたのである[6)]。

なお，伊木力ミカン産地においては，1990年中期に管内の380haの5割をマルチ被覆し，高糖度のブランドミカンづくりを図ってきたが，2010年においてもマルチ面積は110haで3割にも達していない。その理由は，急傾斜園地が多く，植栽間隔も不整形で，マルチ被覆に手間がかかる園地が多いことと，夏場の被覆作業は高齢化した担い手には負担となっているからである。このためブランド比率は約3割と低迷している。

次に西彼・西海地区の場合は，1960年代の選択的拡大政策の下で，イモ・スイカなどの畑作物からミカンに大規模転換を図った新興産地である。1980年代に早生・極早生の優良品種「原口」「岩崎」が発見され，これをプライス・リーダーとして周年出荷体制を築いた。卸売市場やスーパーとの間に，春の時期にその年の品種・作型ごとの出荷予定時期・量・価格が取りきめられ，その取り決めに従って部会員は定時・定量・定質の出荷を実行するのである。部会員には全量共販を義務づけ，班単位で責任出荷体制を築くことで，量販店等との契約的取引を完遂するという計画生産計画販売体制を構築した。そのことによって1980年代末には東京卸売市場（東一）において全国一の価格を実現した[7)]。

しかしながら1990年代後半以降の光センサー段階となって極早生のプライス・リーディング機能が働かなくなり，計画的な周年出荷体制の組織力も発揮できなくなって産地の競争力は急速に低下した。目下，マルチ被覆6割を目標に高品質・高糖度ブランド「味ロマン」の拡大に取り組んでいる。

1990年では部会員1,076人，栽培面積約700ha，販売量1万トンであったが，2010年には部会員540名，312ha，販売量5,000トンに半減している。

1990年代後半から年処理1万トン規模の選果場が設置されていたが，集荷量の減少が続き，2010年には年処理5,000トン規模の光センサー選果場に更新された。

産地の縮小がほとんど起こらなかった佐世保地域は，西海橋を隔てて西彼・西海地区に隣接する針尾地区が中心となっている。同地区は緩やかな丘陵地帯であり，マルチ被覆の栽培技術普及には比較的恵まれた園地条件になっていたことから，1990年頃からマルチ被覆が積極的に行われ，高糖度ブランドミカンづくりが早くから行われてきた。とくに，この地区で発見された高糖度の「佐世保ミカン」ブランドは，長崎県統一の「出島の華」と命名され，産地の市場評価を高めた。佐世保地域では，高品質化とブランド化にもとづく製品差別化戦略が高価格を実現し，産地の生産量維持が図られてきたのである[8)]。

以上のように長崎県の産地変動には，①伝統的銘柄産地，②極早生を中心に周年出荷体制を築いてきた産地，そして③マルチ栽培など栽培技術革新をもとにした高糖度ブランドのマーケティング戦略を構築している産地の3形態がみられた。いずれも現段階の市場ニーズの下で起こった産地変動であるが，次に佐世保ミカン産地の事例をもとに産地維持の条件[9)]について具体的にみてみよう。

(2) 高度技術にもとづいたブランド戦略の構築　―佐世保ミカンの事例―

佐世保地区の産地組織はJAながさき西海のミカン部会である。まずJAの概況を見ておこう。長崎県の北部地域三市二町（佐世保市，平戸市，松浦市，北松浦郡佐々町，北松浦郡小値賀町）を区域とし，2002年に4JAが合併して誕生した。人口25万の県北中核都市の佐世保市から離島まで広域で多様な農業地域が広がっている。2013年度末で正組合員10,123人，准組合員13,301人であり，27の支店，2事業所，5営農経済センターを設置している。主な事業高は，貯金額1,027億円，長期共済保有高7,049億円など金融が主体となっている。

管内は島しょ・半島・中山間地域という地形からなり，農業生産性が高い平坦地には恵まれていない。しかし注目すべきは農畜産物販売高が2009年の90億円から2013年には111億円に大きく増加していることである。それは「西海の牛」「西海ミカン」「世知原茶」「松浦メロン」などブランド化を進めてきた成果である。中でもミカン部会は，マルチ・ドリップ栽培に取り組んで高糖度高品質ブランドミカン「味丸・味っこ・出島の華」ブランドを確立し，約300人の部会員によって2013年度には販売高25億円を達成した。

ミカン部会は佐世保針尾地域と松浦地域からなるが，選果場は2007年に7億円かけて中心地の針尾地区に設置され，日処理100トンの処理能力を持つ非破壊糖度センサーと選別10ラインを有している。2011年には「柑橘園地管理システム」が導入され，品種や糖酸比等の品質データを園地ごとにバーコードで登録する園地管理システムが構築された。この選果データは市場との契約的な取引に活用されている。当初の園地管理は2000年頃に始まったが，同システムによって管理が高度化するとともに部会員の負担が大きく軽減した。さらに2013年には5キロ箱ラインを設置するめに4億円が追加投資された。「味っ子」5キロ箱6,000円という高価格実現がこうした先行投資を容易としてきているのである。

部会組織は，JA合併後もさせぼ地区かんきつ部会（2010年で316名332ha）と松浦地区ミカン部会（同47名）に分かれていたが，松浦地区が縮小したために2008年に合併し，「ながさき西海かんきつ部会」として栽培基準とブランド規格等を統一しており，約1,000トン前後の団地ごとに産地支部役員を17名配置し，各団地には2名ずつのチェック・マンとロード・マンを置いて，徹底した園地管理を行っている。

佐世保地域におけるブランド戦略は1990年に体系化された。この地域のミカンは，JA ながさき西海に合併する前から「西海ミカン」銘柄で販売されてきたが市場評価は高くなかった。この克服策として，佐世保では一般に行われていた極早生などの銘柄品種の導入ではなく，マルチ栽培などの栽培技術にもとづいた高品質ブランド化を図ったのである。このブランドづくりは 1988 年に販売した「味っ子」に始まる。糖度 13 度以上・酸度 1.01 以下とするもので，マルチ栽培作型による高糖度ブランドづくりの始まりとなった。そして翌年には糖度 12 度以上・酸度 1.02 以下のものが「味まる」と名付けられて販売された。さらに 1999 年には，新たに発見され品種登録された「させぼ温州」品種の糖度 14 度以上，酸度 1.00 以下のものが「出島の華」と名付けられ，長崎県の統一ブランドとされた。

高糖度を実現する栽培技術はマルチシート被覆栽培である。マルチシート被覆栽培は 1980 年代末に開発され，長崎県の産地でも普及したが，とくに佐世保地区ではほぼ全園地で被覆栽培が行われている。マルチの被覆率は長崎県が全国一であるが，それでも県内園地の被覆率は 5 割程度である。これに対して佐世保地区の被覆率は 90％と最高レベルとなっている。それは，部会員の 1 戸当たり経営規模が 1ha 以上と比較的大きく若年労働力を含む労働力に恵まれていること，地域の園地条件が緩傾斜地が多く被覆作業が効率的であること，そして何よりもマルチ被覆による高糖度ブランドが高価格を実現したことが要因であったと考えられる。さらに現在は，被覆労力の軽減を図るためにドリップ栽培が取り組まれ，計画的に配管事業が取り組まれているのである [10]。

2009 年と 2010 年の平均販売量のブランドのシェアを示すと表Ⅱ-3〔5〕-4 のようである。「出島の華」は 371 トンと 4.4％に過ぎないが，「味っ子」は早生 4.9％，させぼ温州 4.2％，高糖度系大津 0.3％を合わせると 9.4％となり，高級ブランドが 15％を占めている。「味まる」は極早生を完熟させた完熟早生 7.5％，早生 31％，させぼ温州 11.9％，普通 6.1％，高糖度系大津 11.3％である。実に 81.5％がブランドミカンであり，長崎県内他産地のブランド比率 30〜50％程度との違いは隔絶したものとなっている。

ブランド品の販売単価は，1990 年のブランド開始時より，佐世保地区の主力をなしていた早生品種レギュラー規格品と比較すると「味まる」で 1.5 倍，

「味っ子」は2倍以上の価格が実現し，さらに「出島の華」では3～4倍の市場評価となったのである。

このブランド効果は現段階においても明確に表れている。2000年以降のブランド別単価を推移を示すと図Ⅱ-3〔5〕-2のようである。レギュラー品が200円水準（図では早熟指定園価格）に対して，「味まる」が300円水準，「味っ子」が400円水準，そして「出島の華」は600円水準と，ブランド開始当初の価格水準が維持されているのである。

表Ⅱ-3〔5〕-4　西海みかんブランド別販売量

	ブランド名	販売量(Kg)	割合（%）
完熟早生	味まる	634,935	7.5
早生	味っ子	410,684	4.9
	味まる	2,612,691	31.0
させぼ温州	出島の華	371,729	4.4
	味っ子	354,340	4.2
	味まる	1,000,484	11.9
普通	味まる	512,197	6.1
高糖度系	味っ子	24,510	0.3
大津	味まる	953,103	11.3
ブランド計		6,874,671	81.5
ブランド以外		1,564,589	18.5
販売量合計		8,439,260	100.0

資料：JA ながさき西海資料より作成
注：販売量は2010年産と2009年産の平均

図Ⅱ-3〔5〕-2　西海みかんのブランド別単価

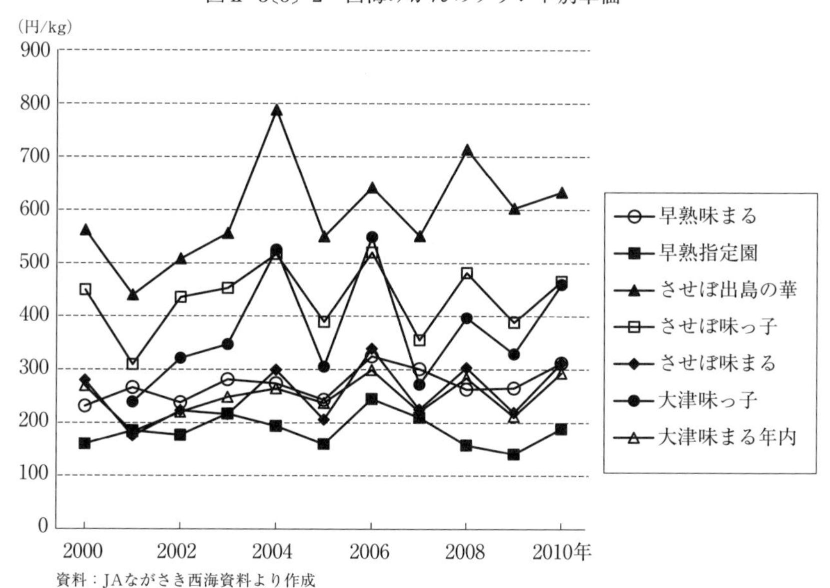

資料：JAながさき西海資料より作成

さらに部会では農家手取りの向上をはかるために加工原料仕向けの高価格化にも取り組んでいる。高糖度ミカンの規格外品を原料としたストレート果汁製品を地域の農産加工法人との連携の下で開発し，東京の果実専門店で1リットル2,700円（地域では1,400円で販売）という高い評価を得ている。果汁加工品についても，従来の過剰処理・格外品処理としての果汁加工という消極的対応からブランド製品の生産販売に転換したのである。

販売量の推移を示すと図Ⅱ-3〔5〕-3のようである。図に明らかなように，他産地が販売量の激減に悩んでいるのに対して，2000年以降においても生産量は1万トン水準を維持しており，販売量も8,000～9,000トンで推移している。共販率も9割を常に上回っている他産地が6割程度で低迷してきている現状に対して大きな差がみられるが，現段階の川下ニーズが求める販売ロットに照応した産地規模のミニマムが維持されているのである。

図Ⅱ-3〔5〕-3　西海みかんの生産販売推移

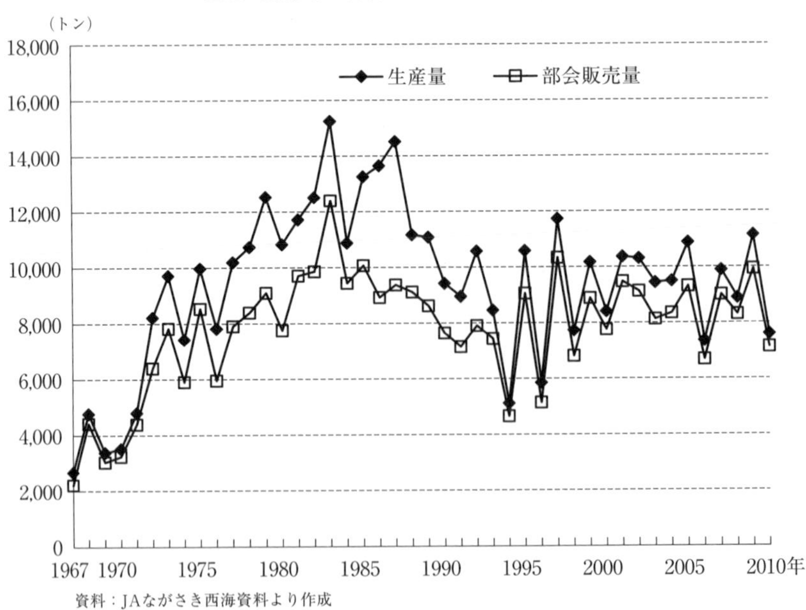

資料：JAながさき西海資料より作成

4．おわりに　―現代におけるミカン産地維持の条件―

九州のミカン産地は，早生・極早生を主体とした新興産地が多く，産地組織による計画的な生産出荷体制を構築することなどで1990年代以降の産地縮小期に対抗してきた。しかし，大規模量販店のサプライチェーンに対応したロットの大型化と高品質の確保および光センサー段階に対応した産地形成は容易ではなかった。そのためにほとんどの産地において壊滅的ともいえる生産縮小を余儀なくされてきたのである。

一方では，高度な技術革新を伴った産地のブランド価値を高める産地づくりによって産地維持が図られていることが確認された。それは第1に，品種更新と同時にマルチ栽培を中心とした作型更新等の栽培技術革新の推進，第2に，技術革新とブランド形成を組織的に実施する部会組織などの産地組織の維持再編，さらに第3に光センサーやドリップ配管などの高度な施設設備という常に先行投資を行っていることである。高度な技術と設備にも基づいたブランド戦略を図る産地形成，これが現段階における産地維持条件となっているのである。

また現段階の川下ニーズは一定の産地規模を求めているが，そのための組織規模や投資規模を確保することは伝統的な部会組織では困難であったが，佐世保ミカン産地ではそれを実現している。それを可能としているのは，部会の統廃合による組織再編と大型投資に耐えうる総合農協の事業方式である。川下ニーズに対応して次々に求められる技術革新のための先行投資が必要になっているが，それは広域総合農協における部会組織において可能となっているのである。広域のJA合併によって選果場の統廃合も広域になってきているが，広域産地に適合的な産地組織のあり方は重要な今後の課題の一つである。

注

1）細野（2009）は，ミカン産地の変動を「成長期」（1965～75年）「過剰・転換期」（1975～90年）「再編期」（90年以降）に時期区分し，「再編期」に大型スーパーチェーンにより出荷ロットを大型化と高品質化を産地に求め，この川下サイドの仕入れニーズに対応の差異が産地変動の要因となったとしている。

2）徳田（2006）は，光センサー導入段階においては，内部品質評価を加味した多様な商品戦略の展開が可能になったことから，産地にマーケティング能力が求められるようになった，と指摘されたが，九州のミカン産地の変動はまさにこの取り組み如何に関わっている。

3）細野（2009）は，静岡県は高糖度系品種の積極的導入，熊本ではマルチ栽培や光センサーの積極的導入によって，出荷の大型化や高品質の取り組みを進めていると指摘している。

4）月川（2000）は，伝統的銘柄産地伊木力産地の形成発展過程を詳述している。

5）大隈（2008）は，共選場の機能と農協・組合員の関係について愛媛県宇和地域の共選場の統廃合を対象として検討し，選果場と産地組織の再編には各産地固有の難しい課題があることを明らかにしている。

6）川久保（2007年）は，産地変動の規定要因として園地条件等の立地条件に加えて産地組織と産地規模の重要性を指摘している。これは細野（2009）の川下サイド対応のロッド大型化とも照合するものといえよう。

7）木村（1994）は，西彼・西海地区の大西海農協における徹底した周年計画生産出荷計画が高い産地間競争力を形成したと指摘している。

8）宮井（2007）は佐世保地域の西海ミカン産地を対象として，高品質化とブランド化によって製品差別戦略を実施し，高価格を実現していることが産地発展になっていることを明らかにした。また細野（2009）は，和歌山県有田地域の産地における同様のブランド戦略を分析している。

9）木村（2004）は，90年代以降のミカン需要減退期に産地縮小が起こる中でも集約化高品質化を進める産地組織においては産地維持が図られていることを指摘している。

10）金ヶ江（2006）は，2005年における佐世保地域の産地の課題として，①家庭選別と②マルチ栽培の水管理問題，という農家の過重な労力負担問題を指摘した。

参考文献

〔1〕大隈満「かんきつ共選組織の現代的機能と今後の課題」村田武編『地域発・本農業の再構築』筑波書房，2008年。

〔2〕金ヶ江さやか「部会主導型新興みかん産地におけるブランド化と生産者組織の役割に関する研究 ―長崎県佐世保を事例として―」（九州大学農学部農政経済学科農政学教室卒業論文），2006年。

〔3〕川久保篤志『戦後日本における柑橘産地の展開と再編』農林統計協会，2007年。

〔4〕木村務「ミカン産地組織とマーケティングの展開方向」九州農業経済学会編『国際化時代の九州農業』九州大学出版会，1994年。

〔5〕木村務「需要減退下における果樹農業再編　―愛媛県吉田町―」田代洋一編『日本農業主体形成』筑波書房，2004年。

〔6〕月川雅夫『伊木力蜜柑史』ことのうみ農業協同組合かんきつ部会伊木力部会，2000

年。
〔7〕徳田博美「光センサー普及段階における果実の内部品質選別と価格形成 ―光センサー導入先発産地における価格の推移と商品戦略」『農業市場研究』第15巻第1号，2006年。
〔8〕細野賢治『ミカン産地の形成と展開 ―有田ミカンの伝統と革新―』農林統計出版，2009年。
〔9〕宮井浩志「流通再編下における部会主導型みかん産地組織の構造と機能」『農業市場研究』第16巻第1号，2007年。

第４章　果樹産地における産地再編の現状と課題

徳田　博美

１．果樹産地の特質

ここで取り上げた五つの産地事例を踏まえて，果樹産地の特質を改めて整理しておきたい。

第一に，果樹産地の多くは，長い歴史を有していることである。戦前や戦後早い時期から果樹栽培が行われていた産地がほとんどである。中には，和歌山県や山梨県のように近世以前からの歴史を有している産地もある。その背景には，果樹栽培は自然条件の制約が大きく，生産適地が限定されることがある。果樹産地形成はまず自然的立地条件に規定されるため，産地移動は限定的であり，古くからの主産地の多くが，現在でも主産地となっている。果樹栽培の長い歴史の中で，産地ごとに特有の産地主体が形成されてきた。

第二には，総合農協の発展以前からの歴史を有し，総合農協が主導して産地が形成されたのではなく，生産者が主体となって産地形成が進んだ産地が多いことである。果樹産地の中には，戦前に生産者が中心となって集落単位の出荷組合を形成していた産地も少なくない。戦後においても，愛媛県のように果実専門農協が果実出荷の主体となってきた産地もある。一方，青森県では生産者主体の出荷組織の形成はみられないが，果実の出荷販売を担う移出商人や産地市場が分厚く形成され，出荷販売面では総合農協以上の機能を果たしてきた。果樹産地では，総合農協主導で産地が形成されたところは，むしろ少数派であることが，大きな特徴である。

第三には，果樹産地の中には，多様な産地主体があり，役割を分担しながら，総体として産地形成がなされてきたことである。産地主体の機能としては，出荷販売面と生産面がある。総合農協主導型の産地であれば，いずれの機能も総合農協が中核的に担っているが，果樹産地では総合農協主導でない産地が多いため，それぞれ別の主体が中核的な役割を担っている。出荷販売面では任意出荷組合，果実専門農協，総合農協あるいは移出商人，産地市場が主要な主体となる。一方，生産面では農協組織とは別個に生産者主導で技術の改良および研さん・普及を目的とした組織が形成されている。青森県のリンゴ協会と山梨県の果樹園芸会が典型である。青森県では，共同作業組織である共防組織も重要な機能を担っている。

これらの産地組織あるいは主体が，総体として産地で求められる多様な機能を果たしていることが果樹産地の大きな特徴となっている。すなわち，単独の主体によって管理された生産出荷体制としての産地ではなく，果樹生産・出荷に関わる組織，主体の集積，いわば産業クラスターとしてとらえるべきものである。果樹産地は，自然条件に規定された自然的生産力の優位性を基礎として，果樹生産・出荷に関わる機能が集積することで，社会的生産力の優位性に発展している。さらに質量ともに市場で優位な位置を占めることで，市場評価と消費者の認知度を高め，いわゆる産地ブランドの形成へと発展している。これは単独の出荷組織やそれに組み込まれた生産者に限定された優位性ではなく，その地域の生産者全体が享受する優位性である。

第四には，産地組織が全国段階までの多段階の組織体制を構築されていることである。出荷組織は，果実専門農協や総合農協に統合されても，集落や旧村単位で支部あるいは支所として，一定の機能を果たしてきた。県段階の組織としては，果実連あるいは園芸連として，総合農協系統とは別個の連合組織を設けている県が多かった。全国段階でも日園連という独自の組織を持っている。技術研さん・普及組織も県段階の組織の下で集落，旧村段階の支部や支所があり，全国段階では，全国果樹研究連合会（全果連）が設立されている。青森県の共防組織でも，全国段階まではつながっていないが，集落から県段階までの多段階型の組織体制が形成されている。このように多様な産地主体が多段階で形成されている。

2．果樹産地再編の現段階

(1) 総合農協の役割の拡大

果樹産地の再編では，既述のように産地移動よりも，産地内部の構造再編に注目すべきである。産地を形成してきた産地組織あるいは主体がどのように変化したのか，その果たしてきた機能はどう変わったのかが，まず明らかにされる必要がある。また産地組織や主体間の関係の変化や，産地総体としての市場対応の変化も重要な点である。さらに，それらの変化をもたらした背景にも注意を払う必要がある。

このような観点で果樹産地における産地再編の現段階をみると，五つの事例産地に共通していることとして，総合農協の役割が拡大していることが指摘できる。果樹産地では，当初から総合農協が中核的な役割を果たしていた産地は少ない。出荷販売面では果実専門農協や移出商人が主体となってきた産地が多かった。それが現在では，果樹産地の多くで総合農協が出荷販売の中核的機能を担うようになっている。五つの事例産地でも，かつては移出商人が中核的な出荷販売の担い手であった青森県を含めて，すべて総合農協が主要な出荷販売の担い手となっている。

総合農協の果樹産地における役割は，戦後早い時期から産地形成の大きな課題となっていた。任意の出荷組合や果実専門農協と総合農協との関係は産地組織の最大の問題であったとも言える。任意の出荷組合や果実専門農協の総合農協への統合は，早い段階から徐々に進行していた。しかし，総合農協に統合された場合でも，出荷組合などが担っていた機能のすべてが総合農協本体に移行するのではなく，出荷組合などが支部，部会などとして，総合農協の内部組織として存続し，そこが実質的に一定の機能と権限を保持している場合が多かった。

総合農協の役割の拡大は，果実が構造的過剰局面に転換する1970年代以降，特に1990年代以降に加速化した。まず果実専門農協などの総合農協への統合が進展した。最も典型的に果実専門農協主体の産地形成がなされた愛媛県においても，1990年代に果実専門農協と総合農協の合併が進み，現在でも専門農協として存続しているのは，野菜や花きを含めた園芸品目全般を扱う一農協のみとなっている。全国的にも果実専門農協はわずかとなっている。果実専門農協の総合農協との統合とも相まって，果実出荷での総合農協の比重が上昇している。これは，果実専門農協の統合によるのみではない。果実専門農協が未発展の青森県でも総合農協の共販率が上昇しているように，移出商人や産地市場に出荷していた生産者を糾合してきたことも一因となっている。

総合農協の役割が拡大しても，産地が総合農協によって一元的に管理されるようになる訳ではない。出荷販売でも，出荷体制が総合農協に集約化されることは少ない。青森県では，農協共販率が5割を超えたが，依然，移出商人，産地市場の役割は大きい。和歌山県有田地域では，ありだ農協を事務局とする「JAありだ共選協議会」に組織されている出荷組織の中でも，総合農協が運営する農協共販組織とともに，集落単位の出荷組合を出自として，自立的に運営されている集落共選組織が並存している。産地ごとに多様な形態を取っているが，多様な産地組織や主体によって構成される産地構造は，総合農協の役割が拡大してきた中でも，基本的には維持されているとみるべきであろう。

(2) 総合農協の広域合併

総合農協の果樹産地での存在感が大きくなってきた中で，その広域大型合併が進展したことは注目される。五つの事例産地のすべてで総合農協は広域大型合併がなされている。

広域大型合併の進展にともなって大きな課題となってきたのが，出荷単位の再編である。農協合併が行われた場合でも，果実販売事業での出荷組織が，それに合わせて統合されるとは限らない。五つの事例産地の中でも，出荷組織を一本化したところと，一本化していないところと，対応が分かれている。

農協合併にともなう出荷組織再編の問題は，市場戦略における質と量の意義が大きな規定要因となっている。農協合併に合わせて出荷組織を一本化すれば，出荷量を拡大でき，量産型の市場戦略が展開しやすくなる。現在の果実流通では，量販店が主要な取引相手であるが，量販店は大量安定出荷を求めているので，出荷量の拡大は有効な市場戦略となり得る。つがる弘前農協が，他に追従を許さない出荷量の大きさを背景として，大手量販店と契約的取引に取り組んでいるのは，その典型である。

しかし，出荷組織の一本化は，出荷する生産者数が大幅に増えるとともに，生産地域が広がることで，品質のばらつきが大きくなる危険性がある。また，合併前に高いブランド評価を得ていた地区がある場合には，一本化によって，そのブランド評価を失ったり，低下させたりしてしまう。したがって，品質を重視した市場戦略を展開しようとする場合には，出荷組織の一本化はマイナスに作用してしまうことがある。需要拡大期で供給が需要拡大に追い付かない状況では，量産型の市場戦略の有効性が高いが，需要が飽和し，供給過剰基調になると，量産型の市場戦略の有効性が低下し，品質重視型の市場戦略の有効性が高まる。現在は，まさに需要が飽和した下での供給過剰基調にあり，品質は市場戦略できわめて重要な要素となっている。

広域大型合併農協における出荷組織の再編は，産地条件に応じて，市場戦略でどのような質と量を目指すのかにかかっている。品質やブランド力を重視する産地ほど，農協合併が進んでも，出荷組織は従来の規模が維持される。

農協合併に対応した出荷組織の一本化がなされなかったとしても，合併農協としての統一した産地戦略を展開する余地はある。出荷組織を一本化していない農協でも，出荷段ボール箱やマーク，ブランド名や栽培技術指導の統一に取り組んでいる。

市場戦略の統合は，単位農協の範囲を超えて，全県レベルで実施されている部分もある。青森県では，大手量販店との契約的取引の一つは，全農青森県を窓口として実施されており，山梨県では，早期の施設ブドウで全県単位の共販が行われている。和歌山県のプライマリ・ブランドである「味一ミカン」や長崎県の「出島の華」は全県統一ブランドである。

現在の果樹産地では，全県から集落あるいは旧村まで多段階に機能が分散し，産地戦略が展開している。農協の広域大型合併は，その特質をさらに助長するものとなっている。

(3) 市場戦略の展開

既述のように現在の果実の市場環境は，消費が飽和する下での供給過剰基調にある。そこでの市場戦略は，チャネル戦略では出荷市場の絞り込みや量販店との契約的取引など，流通チャネルを絞り込んだ上で特定の取引相手との関係の強化が目指されている。いわゆる関係性マーケティングが重視されている。五つの事例産地では，青森県での大手量販店との契約的取引しか取り上げていないが，柑橘産地では出荷地域を絞り込んだ上で卸売業者などとの関係を重視する傾向があり，リンゴ産地では特定の量販店との間で企画商品の開発など，連携を強める傾向がある。その背景には，柑橘産地が比較的分散しているのに対して，リンゴは青森県が生産量の過半を占めているなど，産地が限定されていることが背景にあると考えられる[1)]。チャネル戦略では，果実品目ごとの市場環境に応じた違いがみられる。

製品戦略では，恒常的供給過剰局面に転換した1970年代以降，他の産地などの商品との違いを強調する商品差別化戦略が展開されてきた。当初の差別化戦略は，カラー段ボール箱の使用や外観主体での厳選化など，内部品質をともなわないものが多かった。しかし，近年は品種や栽培方法などの違いによる内部品質に基礎を置いた差別化が中心になってきている。糖度や熟度などの内部品質を計測できる非破壊センサー（光センサーなど）の普及もそれを後押ししている。

近年，新たな品種の開発が積極的に行われていることも，差別化戦略が展開している背景となっている。中晩柑類では，不知火（デコポン），はるみ，せとか等，数多くの品種が登場しており，リンゴでも，シナノスイート，シナノゴールド等，新たな品種が店頭に並ぶようになっている。新たな品種が数多く登場する中で，品種を産地で囲い込む動きも現れている。五つの事例産地の中では，つがる弘前農協の「弘前ふじ」や愛媛県の「愛果試28号」（紅まどんな）などがある。

品種の囲い込みとも絡んで，独自のブランド名での差別化の動きも広がっている。五つの事例産地のすべてで，独自のブランド名での商品差別化が図られている。その中でも，「紅まどんな」は，品種名は「愛果試28号」という無味乾燥な名称のまま登録し，品種名では市場に浸透しにくくして，ブランド名が使用できないと販売を難しくしており，品種の囲い込みと連動させた新たなブランド戦略として注目できる。

製品差別化戦略のもう一つの大きな変化は，当初は他産地の商品に対する差別化が主目的であり，産地内の生産物では等階級を除けば，商品として区分されることは少なかった。それが，現在では和歌山県のありだ農協の共販組織では，全県ブランドの「味一」をプライマリ・ブランドとし，組織ごとに「美柑娘」などのセカンダリ・ブランドを持ち，つがる弘前農協では，栽培方法などにより，「太陽つがる・ふじ」「あっぱれりんご」というブランド名を使っているように，産地内でもブランド名を変えるなど，生産物を区分して販売している。現状での商品差別化は，他産地との差別化のみでなく，異なる需要に対応した商品の細分化という性格も有している。

(4) 農協以外の産地主体

果樹産地は，多様な産地主体によって形成されてきた。総合農協の役割が大きくなった現状においても，その特性は基本的には変わらないと言える。

果樹産地に特徴的な産地組織としては，技術研さん・普及組織がある。青森県のリンゴ協会と山梨県の果樹園芸会がその代表である。両組織とも，県内の果樹農家の多数を組織し，独自の専任職員を有している。いずれも集落や旧村単位で支会，支部があり，地域に密着した活動を展開し，産地のリーダーも析出してきた。両組織とも，現在でも重要な産地組織であるが，果樹農家の高齢化，減少にともなって，会員数は減少傾向にあり，活動量の停滞は否定できないであろう。青森県で特に発展していた共防組織も，同様に組織数が減少しており，その機能が弱体化傾向にある。

果実販売に関わる産地主体にも変化がみらえる。総じて言えば，総合農協の役割が拡大する一方で，他の販売主体は弱体化している。果実専門農協のほとんどは，現在，総合農協と合併している。

(5) 産地再編の背景

上記のような産地再編が進んだ要因を考えると，まず挙げられるのは果樹農家のぜい弱化である。果樹産地の多くは，生産者あるいは関連業者主体で産地が形成されてきた。しかし，果樹農家がぜい弱化したために，生産者などが主体となって産地を維持することが難しくなってきた。そのため，生産者などが担ってきた機能が徐々に総合農協に移ってきた。

次に挙げられる要因は，果実の需要側で量販店の比重が高まり，しかも量販店の大型化が進んだことである。その結果として，それまで以上に出荷ロットの大きさが重要となり，安定出荷が求められるようになってきた。それに対応するためには，総合農協を主体として産地の大型化が必要となってきた。

第三の要因として，集出荷施設の高度化・大型化の進展がある。果実は，出荷調製過程での機械化，自動化が最も進んでいる。近年は，糖度などを計測する非破壊センサーが普及しており，品目によっては非破壊センサーで選別しないと，販売しにくいものもある。高度な装置を装備した施設を効率的に運営するためには，施設を大型化することも必要となってきている。その結果として，施設投資額が高額化しており，それに耐えうるだけの組織体制を実現させることも，総合農協への合併，大型化を促進する要因となっている。

3．果樹産地における産地再編の課題

果樹産地では，総合農協の役割が拡大し，総合農協主導型に産地が再編されてきている。果樹産地は，従来，生産者の主体性が高く，多様な産地主体によって産地は構成されてきた。生産の地域的な集積を基礎として，多様な産地主体により自然的立地の優位性を超えた社会的生産力や市場競争力の優位性を実現してきた。それは，単独の出荷主体に限定されるものではなく，地域総体として実現されたものである。果樹産地とは，地域的な概念としてとらえるべきものである。

そのような果樹産地を維持発展されるには，役割が拡大してきたとは言って

も，総合農協のみで実現しうるものではなく，総合農協を中核としながらも，多様な産地主体によって実現しうるものである。総合農協を中核とした果樹産地の今後の課題を３点挙げて，まとめとしたい。

第一は，総合農協の役割が拡大した背景には，果樹生産者の減少，高齢化と，それに伴う産地主体の弱体化がある。弱体化した産地主体が担っていた機能が次第に総合農協に移ってきたが，そのすべてを総合農協が引き受けることは難しく，生産者の現状を踏まえた産地主体の再編整備が課題となる。特に産地内で総合農協のカバーできない生産者まで包摂してきた技術研さん・普及組織や共防組織は現在でも重要な役割を担っており，その機能を産地の実態に即して，どのように維持強化していくかが課題となる。

第二に，これまで果樹産地では，共同防除を除けば，生産面での組織的な取り組みはあまりみられなかった。しかし，果樹生産者が減少，高齢化し，放任果樹園も増加している中では，果樹生産者を確保するとともに，これまであまり進展していなかった大規模経営の形成を促進することが，産地の維持発展にとって重要な課題となっている。具体的には園地の利用調整による優良園地の確保，多様な生産者の営農を支えるための労働力の斡旋・調整や作業受委託などである[2)]。これらは，水田地帯ではすでに整備が進んでいるが，果樹産地においても新たな産地体制整備の課題として俎上に載せられ始めている。

第三には，総合農協の広域合併が進展している中で，県段階，広域農協段階，旧農協・支所段階の役割や分担を改めて整理していくことが必要であろう。産地を地理的概念としてとらえる場合，単一の地域範囲でとらえることはできず，県全域から旧村程度の範囲まで重層的な概念としてとらえられる。各地域範囲に応じた機能や役割があり，それらが有機的に連携することで，産地総体の発展が実現できる。現状では，総合農協の広域合併が進むとともに，県統一ブランドが取り組まれるなど，より広い範囲での機能が大きくなっているが，それはすべての機能が広域化できるものではない。より狭い範囲における機能を改めて検討すべき必要があると思われる。

注

1）徳田〔1〕参照。
2）果樹園地の利用調整システムに関しては，徳田〔2〕参照。

参考文献

〔1〕徳田博美「卸売市場の変化で迫られる新たな関係性の構築」『農業と経済』2012.12 臨時増刊号，2012 年，pp.28-37。
〔2〕徳田博美「柑橘産地における地域的営農支援システムの形成」『2009 年度日本農業経済学会論文集』日本農業経済学会，2009 年，pp.32-38。

第Ⅲ部　酪農・肉用牛産地の再編

第１章　酪農・肉用牛産地の特質と分析対象

鵜川　洋樹

酪農・肉用牛生産では，野菜や果樹のような市場対応を起点とする産地形成は一般にはみられないが，経営環境の変化に対して経営レベルや地域レベルでの対応が行われてきたことは共通している。また，酪農生産と肉用牛生産では，経営環境の変化や経営対応（産地再編）のあり方が異なることから，産地再編の論理や課題も異なると考えられる。

本章では，はじめに酪農生産と肉用牛生産の特質を生産物の特性に起因する個体価格差と技術構造の違いから整理する。次いで，酪農経営と肉用牛経営をめぐる輸入自由化など経営環境の変化とその経営対応を概観し，第Ⅲ部で分析する事例経営の位置づけを行う。

１．酪農・肉用牛生産の特質 —共通性と異質性—

(1)　個体価格差と流通経路

酪農生産と肉用牛生産には大家畜を対象とする土地利用型畜産技術としての共通性がある。一方，生産物の販売先をみると，酪農では生乳は指定生産者団体にほぼ一元集荷・多元販売され，販売価格はプール計算されているのに対し，肉用牛では子牛，肥育牛ともに市場出荷が基本で個体ごとのせり価格が販売価格になる。なお，肥育牛では市場外流通も少なくないが，その場合の取引価格でも市場価格が建値になっている。こうした販路の違いは，生産物それぞれの商品特性に起因している。つまり，酪農生産物である生乳には乳成分（乳脂肪や無脂固形分）や衛生的乳質（体細胞や細菌）による品質差があり，乳価もそれらの数値により変動するが，その格差は大きくない。それに対して，乳価は同じ品質の生乳であっても用途別（飲用乳や加工原料乳など）の格差が大きいことから，酪農生産では生乳の集荷・販売は加工原料乳生産者補給金の受給単位である指定生産者団体ごとに行われ，農家販売価格はプール乳価（総合乳価）が採用されている。他方，肉用牛は子牛の系統や増体，枝肉（肥育牛）の格づけなどにより価格が1頭ごとに大きく異なることから，市場における個体ごとのせり取引が中心になる。また，肉用牛生産に関する経営安定対策（肉用子牛生産者補給金制度や肉用牛肥育経営安定特別対策事業）では，交付金は肉用牛1頭ごとに支払われる。このような商品特性に規定された価格形成の違いは，技術構造にも影響を及ぼす。以下では，生乳と肉用牛の価格変動の違いを確認した上で，酪農生産と肉用牛生産の技術構造の共通性と異質性を検討する。

はじめに，乳価は指定生産者団体と乳業メーカーとの交渉により用途別に決められるが，指定生産者団体によって用途別割合が異なることから，プール乳価の水準も指定生産者団体により異なる。飲用乳の割合が高いほどプール乳価も高くなり，2006年の実績では北陸が95.5円／kgで最も高い。次いで，近畿94.5円，四国92.8円，中国90.1円，関東89.8円，東海88.1円，九州85.3円，東北84.1円の順になり，加工原料乳の多い北海道は69.7円と最も低い。これらの地域別の変動係数は8.9%になる（図Ⅲ-1-1）。

次に，肉用牛の和牛生産では繁殖牛経営と肥育牛経営への分化が一般的なことから，それぞれの生産物である子牛は産地家畜市場，肥育牛（枝肉）は消費地の卸売市場で取引される。既述のように，子牛価格は1頭ごとのせりにより決められるが，そこでは子牛の系統や増体が大きな影響を与える。その結果，1頭ごとのせり価格には大きな格差（個体価格差）が生じ，その格差は子牛価格の相場（平均価格）が高いときに小さく，相場が低いときに大きくなる[1)]。北海道の家畜市場（S市場）の1976年1月から2002年3月までの取引結果（去勢子牛）のなかで，最も個体価格差が大きかったのは1981年8月の変動係数38.0%であり，その月の市場平均価格は303千円／頭であった。同じく最も個

図Ⅲ-1-1　取引価格の変動係数

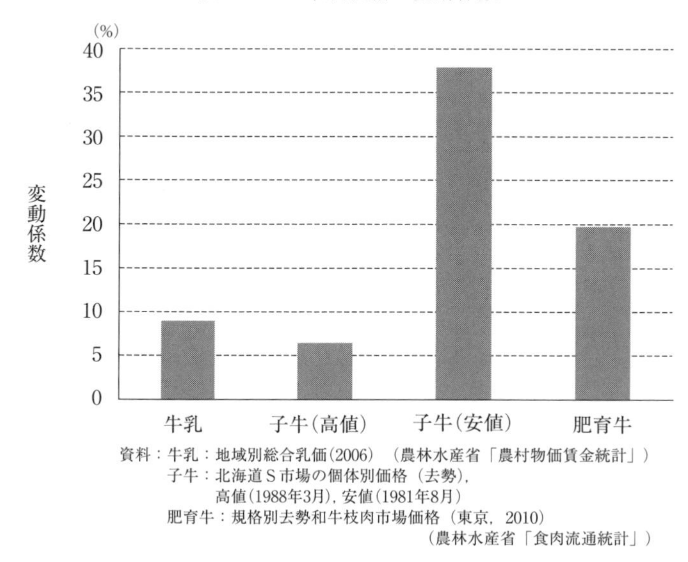

資料：牛乳：地域別総合乳価(2006)（農林水産省「農村物価賃金統計」）
子牛：北海道Ｓ市場の個体別価格（去勢），
高値(1988年3月)，安値(1981年8月)
肥育牛：規格別去勢和牛枝肉市場価格（東京，2010）
（農林水産省「食肉流通統計」）

体価格差が小さかったのは1988年３月の変動係数6.4％で，市場平均価格は440千円／頭であった。

枝肉価格も１頭ごとのせりにより決められ，そこでは格づけが大きな影響を与える。枝肉の格づけは歩留まり等級（A～C）と肉質等級（5～1）の組合せで評価される。このなかで歩留まりは黒毛和種や乳用種，交雑種などの品種特性により決まることから，肉質等級が実質的な規定要因となる。また，肉質等級は脂肪交雑や肉の色沢などにより判定されるが，なかでは脂肪交雑が最も重要な指標であり，ここに子牛の系統（遺伝的特性）が大きく作用する。したがって，枝肉価格も子牛価格と同じように，大きな個体価格差があると考えられるが，個体の取引データが手元にないことから，ここでは格づけ間の価格差を示した。東京市場における去勢和牛枝肉の格づけ別価格（2010年）はA5：2,087円／kg，A4：1,716円／kg，A3：1,507円／円，A2：1,326円／円であり，変動係数は19.7％である。

このように，同じ大家畜生産でありながら，生産物の商品特性の違いから，その個体価格差の現れ方は異なり，それは生乳＜肥育牛＜子牛の順に大きくなる。この個体価格変動の違いが酪農生産や肉用牛生産の収益性を規定し，技術構造にも影響を与えることになる。

(2) 技術構造と経営展開

土地利用型酪農の技術構造は「土－草－家畜」の資源循環が経営内で行われることが特徴であり，それらは相互に規定し合い，この資源循環のレベルを高めることが生産力の向上につながると考えられる。具体的には経営内で生産された飼料が家畜（乳牛）に給与され，牛乳とふん尿が産出されるが，そのうちのふん尿が飼料生産圃場に還元されて，「土－草－家畜」の資源循環が完成する。しかし，ここで家畜に給与される飼料は，濃厚飼料ではすべて購入，粗飼料でも自給に限られているわけではないことから，この資源循環の環は元々経営内で完結するものではない（図Ⅲ-1-2）。

土地利用型酪農の技術構造の特徴を耕種生産と比較すれば，飼料生産と家畜生産の二つの異なる技術があることと，家畜生産において重要な生産要素である給与飼料は容易に購入できること，土地利用型酪農の経営成果は飼料生産と

図Ⅲ-1-2　酪農生産の技術構造と収益性

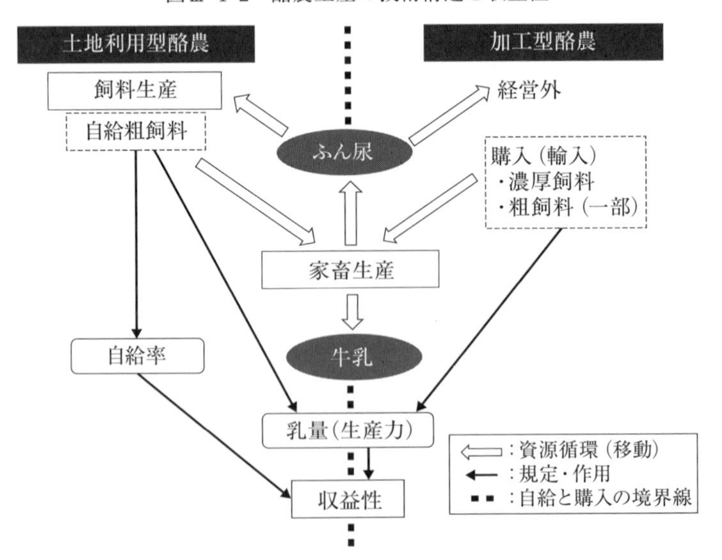

家畜生産の両者の結合の結果として表れることである。さらに，土地利用型酪農に特徴的な取り組みとして，地域内における資源循環を可能にする，古くは地域複合，近年では稲 WCS や飼料用米，エコフィードなどの耕畜連携がある。また，飼料生産やふん尿散布等において，従来からの個別完結型作業や共同作業に加え，コントラクタや TMR センターへの作業委託や集団化が進んでいる。ふん尿の利用先は経営内の圃場に加えて，堆肥の販売やわらとの交換により，耕種経営など経営外での利用も一般的である。他方，ふん尿利用が経営内に限定される場合，一定面積の農地に還元できるふん尿量には限度があることから，農地面積が飼養頭数を規定することになる。

こうした技術構造の下で，酪農経営の展開を左右する成果（収益性）には，乳量と飼料自給率が大きな影響を与える。既述のように，生乳は価格差が小さいことから，売上高は乳量にほぼ比例し，飼料自給率は費用の大きな割合を占める購入飼料費との相関が大きい。そして，乳量は濃厚飼料と自給飼料（品質）に，自給率は飼料生産面積によって規定される。なお，もう一つの経営成果である生産力は生産乳量や個体乳量（1頭当たり乳量）が指標になるが，その場合でも飼料自給率と合わせてみる必要がある。

また，この飼料の購入依存度（飼料自給率）は，酪農経営の収益性確保のために，裁量の余地が大きく，営農現場においても経営間の差異が大きいことがもう一つの特徴である。その結果，飼料資源に制約の大きい経営では購入飼料への依存度が高い加工型酪農が支配的になる。大雑把な地域性として，北海道は土地利用型酪農，都府県は加工型酪農という区分になるが，営農現場では地域にかかわらず経営条件に基づき多様な技術体系が構築されている。なお，どんな技術体系であっても，酪農生産に求められる技術的な要件は，ふん尿処理に関わる環境保全と衛生的乳質の確保の2点であり，酪農生産が国民的な支持を得るためには，環境保全に加えて，地域資源を利用しながら，コスト低減のインセンティブを内蔵した技術体系でなければならないと考えられる[2)]。

したがって，酪農経営の収益性を高めるためには飼養頭数の増加により生産量（売上高）を増やすとともに，飼料基盤を拡充して費用を減少させることが第一に求められる。次いで，一定の飼料基盤を前提にすれば個体乳量を増やすことが第二の経営目標になる。

肉用牛生産の技術構造も「土－草－家畜」の資源循環という点では酪農生産と同じであり，肉用牛経営を取り巻く耕畜連携や作業の外部化についても変わりがない（図Ⅲ-1-3）。しかし，既述のように，肉用牛は品質による個体価格差が大きいことから，肉用牛経営の売上高は出荷頭数に加え子牛の増体や系統，肥育牛の枝肉格づけなどの品質やブランドが大きな影響を与える。費用については，酪農生産と同様に，飼料自給率や飼料生産規模が購入飼料依存度を規定し，飼料費の大きさを左右する。なお，肉用牛生産では，酪農に比べて古くからブランド化が進んでいる。従来からあるブランドでは系統や飼養管理を特徴としていたが，近年ではこれらに加えて自給飼料基盤を特徴とするブランドがみられるようになり，自給飼料は費用だけではなく，売上高にも影響を与えるようになった。

また，この飼料の購入依存度（飼料自給率）の裁量幅が大きいことも酪農生産と同様である。大雑把な特性として，繁殖牛経営は飼料自給率が高く，肥育

図Ⅲ-1-3　肉用牛生産の技術構造と収益性

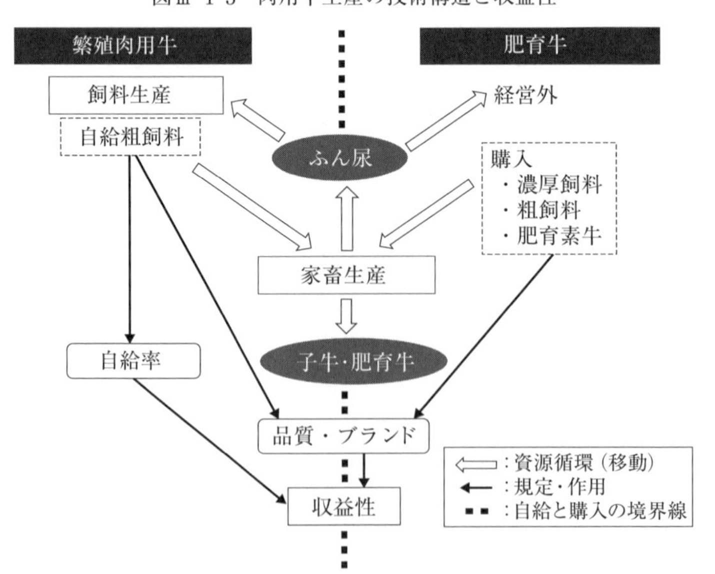

牛経営は購入飼料依存度が高いという区分になるが，このことには二つの要因が考えられる。一つは，繁殖牛は肥育牛に比べ，粗飼料の給与割合が高いという飼料構成の違いである。もう一つは，繁殖牛経営は肥育牛経営に比べ収益性が低く，所得を確保するためにも自給飼料生産が必要とされるからである。こうした条件を反映して，繁殖牛経営は中山間地域に集中するのに対し，肥育牛経営は平地から中山間地域まで広範囲に立地している。

したがって，繁殖牛経営の収益性を高めるためには，飼料基盤を拡充して費用を低減させるとともに，生産子牛の品質を高め，子牛の販売価格（単価）を高めることが求められる。一方，肥育牛経営では自給飼料の費用低減効果は小さく，費用を低減させることよりも肥育牛の品質を高め，販売価格（単価）を高めることが重要になる。酪農経営では生産量（乳量）を増やすために飼養頭数規模を拡大することが経営目標になるのに対し，肉用牛経営では生産量（出荷頭数）増加による低コスト化に加え，個体価格（販売単価）を高めることが重要になることが特徴である。

2．酪農・肉用牛生産をめぐる経営環境の変化と産地（経営）対応 —制度・政策—

我が国農業の経営環境はWTO体制下で大きく変わった。酪農や肉用牛生産も例外ではなく，WTO体制に辿り着くまでのガットや日米交渉による，貿易制度や農業政策など経営環境の変化に対して，酪農経営や肉用牛経営では様々な対応が行われてきた。ここでは，酪農や肉用牛生産をめぐる経営環境の変化を概観し，そうした環境変化に対する経営対応を前節でみた技術構造の視点から分析する。

(1) 経営環境の変化

経営環境の変化は農業の国際化（＝農産物の輸入自由化）や生産資材価格の高騰，病害の発生などが起点になり，その対策としての農業政策・制度の改変や市場価格の変動として現れる。

この20年間で経営環境が大きく変わったのは，牛肉輸入自由化の直接的な影響を受けた肉用牛生産である。牛肉の輸入自由化交渉は，ガット・ケネディ・ラウンド終了後の1968年12月の日米協議で残存輸入制限品目として取り上げられたのが最初である。引き続き，ガット・東京ラウンド（1973～1979年），日米農産物交渉（1981～1984年）で継続し，牛肉・オレンジ交渉（1988年）で輸入割当制度の撤廃＝自由化が合意され，ガット・ウルグアイ・ラウンド（1986～1993年）で関税率の削減が合意された。1993年から適用されている関税率38.5％はWTO体制でも維持され，今日（2012年）でも適用されている。牛肉自由化は主として対米交渉のなかで形成されてきたが，国内の消費者にも「牛肉問題」として強い関心が持たれ，その背景には大きな牛肉需要があった。

1988年に合意した牛肉・オレンジ交渉がマスメディアで大きく報道され，世間の注目を集める中で，牛肉輸入自由化対策として肉用牛の生産振興を図るための助成措置が手厚く講じられた。輸入自由化等による牛肉価格低下の影響は牛肉卸売市場を起点にまず肥育牛経営の収益性を低下させるが，肥育牛経営は販売価格の低下を肥育牛生産において費用を構成する肥育素牛価格の低減に転嫁することができることから，最終的には肥育素牛生産経営が最も大きな影響を受けると考えられた。したがって，自由化対策のなかでも「その根幹をなすのは，新たな法律を制定してまで対処した，肉用子牛生産者補給金制度」[3]であり，その対象は肉用種（和牛）肥育素牛を生産する繁殖牛経営と乳用種肥育素牛を生産・育成する酪農経営・乳用種育成経営である。一方，短期的には牛肉価格低下の影響が不可避な肥育牛経営を対象とする「肉用牛肥育経営安定緊急対策事業」なども措置された。

ところが，その後，配合飼料価格の高騰や素畜価格の上昇，口蹄疫やBSEの発生，そして東日本大震災と原発事故による放射線汚染など肉用牛生産や牛肉消費をめぐる環境はめまぐるしく変化したことから，「肉用牛肥育経営安定対策事業」は継続した。さらに，2008年には「肥育牛生産者収益性低下緊急対策事業」が追加され，2010年に両事業が統合され「肉用牛肥育経営安定特別対策事業」となった。この事業は，肥育牛の販売価格が生産費を下回った場合，その差額の8割を補てんする制度であり，これにより肥育牛経営の所得政策ができあがった。一方，繁殖経営においても，子牛価格の補給金制度（不足払い）に加え，2010年に「肉用牛繁殖経営支援事業」が整備された。この事業は，子牛の販売価格が生産費（家族労働費は8割評価）を下回った場合，その差額の4分の3を補てんする制度であり，これにより繁殖牛経営においても所得政策ができあがった。

これに対して，酪農生産をめぐる経営環境は，生産資材価格の高騰では肉用牛生産と同じ影響を受けたが，牛肉の輸入自由化のようなダイナミックな変動はなかった[4)]。それは生乳用途の約半数を占める飲用乳が輸入品と競合しないからである。一方，輸入品と競合する乳製品の輸入制度は[5)]，1989年にチーズ，1990年にアイスクリームなどが自由化され，関税率も低下したため，乳製品の輸入量は増加した。また，脱脂粉乳とバターについても，1994年に合意したウルグアイ・ラウンドで輸入割当制が廃止され関税化されたが，両者は指定乳製品になり関税割当制度が導入されて，二次関税率が高く設定されたため，輸入量は増えていない。また，脱脂粉乳とバターは国家貿易品目でもあり，国内需給動向を勘案しながら政府が輸入量を管理している。そして，国内生産量は「生乳計画生産」により自主的な生産調整が行われている。

このように乳製品に関する国境措置が牛肉と大きく異なるのは，輸入品と国産品に品質差がなく，輸入量の増大は国内生産の大幅縮小につながることが避けられないからである。乳製品の輸入量や国内生産量が国家レベルで需給調整されていることから，生乳・乳製品価格が大きく変動することはなかったが，乳製品輸入量の増加や牛乳消費量の減少などにより，国内生乳生産量は1997年以降減少傾向が続いている。また，酪農経営に対する行政支援の多くは輸入乳製品と競合する加工原料乳生産に限定されているが，加工原料乳価格が飲用乳価格の下支えになっていると考えられている。加工原料乳生産者補給金制度は1966年に不足払い制度として設立されたが，WTO農業協定に対応するため，2001年に固定払い制度に移行し，同時期に加工原料乳生産者経営安定対策が創設された。

(2) 経営対応

前節でみたように，肉用牛は市場取引が中心であり，市場価格と生産費との差額を補てんする経営安定対策が実施されている。また，自由化により輸入牛肉が増大したが，大きな影響は品質の近い乳用種肉用牛に限定された。その理由は増大した輸入牛肉は大きな牛肉需要（業務用・外食用）に吸収され，品質差の大きい和牛肉生産にはあまり影響しなかったからである。肉用牛経営は，大きな牛肉需要を背景に，自由化しても差別化によって国内生産が生き残れた事例といえるが，それは経営安定対策が有効に機能した結果でもあった。そのため，牛肉輸入量は自由化合意以降2000年まで著しく増加し，BSEの発生とともに急減したが，この間の国内生産量に大きな変動はなかった（図Ⅲ-1-4）。

肉用牛経営の具体的な経営対応としては，既述のように，生産子牛や肥育牛の高価格化＝高品質化および飼養頭数増加による低コスト化を共通とし，繁殖経営では飼料基盤の拡充による低コスト化が進められた。1990年から2010年までの経営の推移を経営耕地面積と家畜飼養頭数を指標としてみると，肥育牛経営の飼養頭数はこの間に4.0倍と大きく増加し，繁殖牛経営でも2.6倍に増加している（図Ⅲ-1-5）。一方，経営耕地面積はそれぞれ1.6倍と1.8倍の増加にとどまり，繁殖牛経営の増加率は期待されたほどではない。ただし，水田地

図Ⅲ-1-4　牛肉・生乳（乳製品）の生産量と輸入量

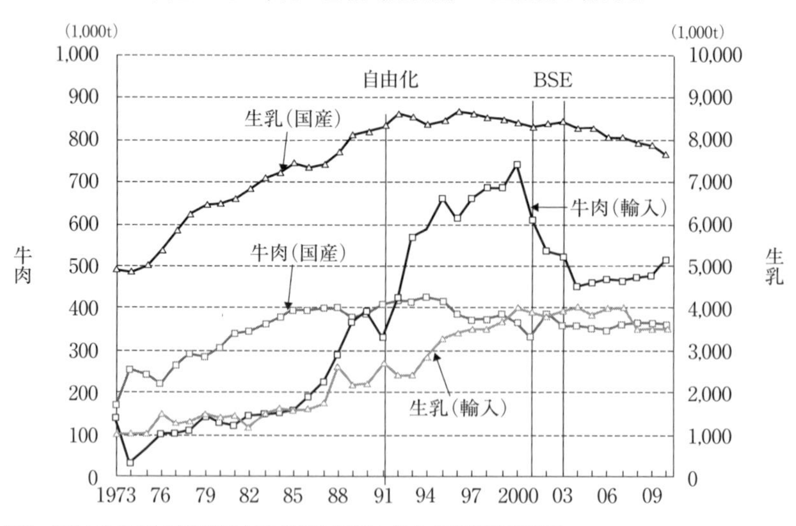

資料：農林水産省「食肉流通統計」「牛乳乳製品統計」(独) 農畜産業振興機構

図Ⅲ-1-5　経営規模の変動

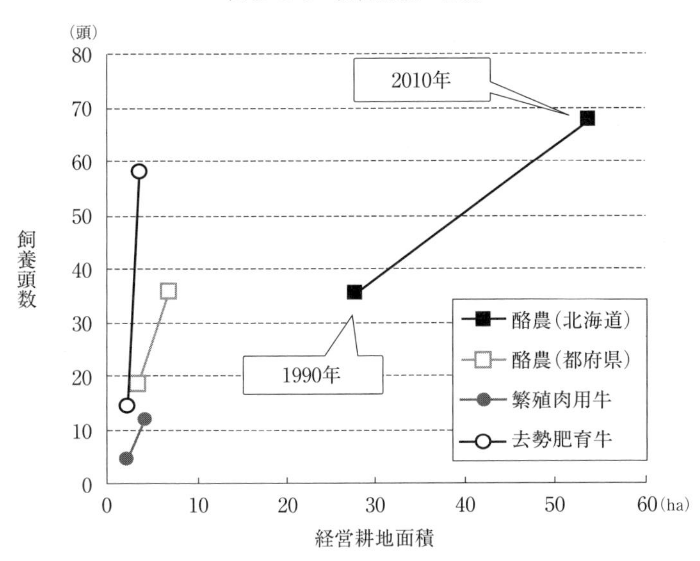

資料：農林水産省「畜産物生産費調査」

帯に立地する繁殖牛経営の主たる飼料基盤である転作田における稲WCSなどは耕畜連携に基づき肉用牛の飼料として利用されているが，ここで指標とした経営耕地面積にはカウントされていないことに留意が必要である。

とくに，乳用種肥育牛経営では自由化対策として，交雑種の導入や和牛への転換，牛肉のブランド化に取り組む事例が少なくない。また，大規模肥育経営では肥育素牛を安定的に調達するために，乳用牛を導入して交雑種や和牛(ET)の素牛を経営内で生産し，結果的に肉用牛と酪農の大規模複合経営（メガファーム）になっている事例もみられる。

一方，生乳については全国的な需給調整が行われているなかで，チーズのように消費量が増加し，自由化している乳製品もあることから，乳製品の輸入量（生乳換算）は着実に増加してきた（図Ⅲ-1-4）。これに対し，国内生産量は需要量の増加とともに1992年までは大きく増加していたが，需要量が停滞に転じる1995年以降は一貫して減少が続いている。

酪農経営の具体的な経営対応は，品質差の小さい酪農生産はスケールメリットが発現しやすいことから，酪農経営の規模拡大＝飼養頭数と飼料作面積の増加と高泌乳化が進められ，酪農メガファームと呼ばれる経営もみられるようになった。1990年から2010年までの経営推移をみると，北海道酪農は飼養頭数，経営耕地面積ともに1.9倍に増加し，土地利用型畜産として極めて順調に展開している（図Ⅲ-1-5）。しかも，それらは単に規模が拡大しただけではなく，家畜管理に関しては個体乳量が増加し，飼料生産に関してはコントラクタへの作業委託やTMRセンターへの参画により，自給飼料の低コスト化と高品質化が目指されている。他方，都府県酪農は飼料基盤の制約が大きいため，土地利用型畜産としては飼養頭数過多であるが，同じ期間に飼養頭数は1.9倍，経営耕地面積は2.0倍に増加している。加えて，都府県酪農は水田地帯に立地する経営が多く，そこでは稲WCSなどが乳用牛の飼料として利用されていることは肉用牛と同様である。さらに，消費者が近接していることから，牛乳の直接販売やブランド化に取り組み，牛乳の高品質化＝高価格販売を目指す経営もみられる。

3．経営対応からみた分析対象の位置づけ

これまで酪農・肉用牛生産の特質ならびに経営環境と経営対応について述べてきたが，ここでは第Ⅲ部で分析する事例経営を経営対応の視点から位置づける。

はじめに，第Ⅲ部で取り上げる事例経営は以下の五つである。

・津別町有機酪農研究会（酪農・北海道）
・雄勝酪農農業協同組合（酪農・秋田県）
・朝霧メイプルファーム（有）（酪農・静岡県）
・上田尻牧野組合（肉用牛・熊本県）
・（農）松永牧場（肉用牛・島根県）

いずれの事例も酪農・肉用牛生産の標準的な経営（平均値）では把えられないような，特徴的な取り組みを実践している経営（組織）であり，また，今後の酪農・肉用牛生産の発展に示唆を与える経営対応であると考えられる。

津別町有機酪農研究会と雄勝酪農農業協同組合は酪農経営の生産者組織としての経営対応である。両者とも組織の構成員である個々の酪農経営はそれぞれの地域で標準的な経営であり，経営対応の目的が牛乳の高品質化＝高価格販売であることも共通している。牛乳の商品特性は品質差が小さいことと述べてきたが，その制約を打ち破るような取り組みであり，将来想定される飲用乳の輸入自由化にも対抗できる。経営対応の手段は，津別町有機酪農研究会では豊富な土地基盤を活かした有機飼料の生産，雄勝酪農農業協同組合では消費者への直接販売によるブランド化と異なるが，地域の条件を活かした対応という点では共通している。一方，(有）朝霧メイプルファームは大規模な酪農メガファームの事例である。酪農メガファームは北海道に多い共同経営型と都府県に多い個別展開型に区分できるが，本事例は個別展開型で，都府県酪農における規模拡大の条件が分析される。

上田尻牧野組合は阿蘇地域に残る牧野組合の一つで，入会地における繁殖牛の共同放牧が中心的な事業である。この事例の特徴は，共同放牧の存続のために，肥育事業を導入し，肥育牛をブランド化して高価格で販売していることである。ブランド化の基盤は放牧と品種「褐毛和種」である。経営対応としては，肉用牛生産の高品質化ということになるが，その手段として放牧と褐毛和種という地域資源を活用していることも特徴である。(農）松永牧場は乳用種肥育経営からスタートし，自由化対策で交雑種や和牛に転換し，さらに肥育素牛の安定調達のために酪農経営を設立した，大規模肉用牛・酪農連携経営である。自由化対策として典型的な経営対応を行った事例であり，その展開条件が分析される。

注

1）鵜川洋樹「肉用子牛の個体価格差の要因」『価格変動と肉用牛生産の展開論理』農林統計協会，1995年，pp.58-90。

2）鵜川洋樹『平成21年度畜産物需給関係学術研究情報収集推進事業 報告書「ミニプラント型酪農経営の生産方式と流通実態」』農畜産業振興機構，2010年，p.5。

3）本郷秀毅「肉用子牛生産安定等特別措置法の制定と肉用子牛生産者補給金制度の開始」『国際化時代の肉用牛変遷史』全国肉用牛協会，1996年，p.197。

4）これは肉用牛経営に比べた表現である。酪農経営においても「1985年以降は国際化の進展，市場経済化の進展，安全・安心の順守，環境への配慮，国際食料・資材価格の大変動」があり，2000年以降は「「変動」に翻弄された10年」（志賀永一（2012年）:「酪農政策と経営の動向」『酪農経営の継承・参入マニュアル』デーリィマン社，p.15）であった。
5）清水徹朗「日本の酪農業とWTO農業交渉」『調査と情報』pp.18-21（2005年9月）に依拠している。

第2章　酪農・肉用牛産地の動向（統計分析）

平口　嘉典

1．はじめに

本章では，1990年前後から現在に至るまでの約20年間を対象に，主として統計資料から，わが国の酪農・肉用牛産地の動向を分析する。対象期間においては，酪農・肉用牛経営の発展を大きく左右する出来事が相次いだ。1991年から開始された牛肉輸入自由化を皮切りに，1996年に発生した腸管出血性大腸菌O-157食中毒事件，2001年9月に国内初のBSE（牛海綿状脳症）感染牛の確認，2003年12月には米国におけるBSE感染牛の確認と米国産牛肉等の輸入停止というように，酪農・肉用牛経営を取り巻く環境はめまぐるしく変化してきた。こうした変化に対し，わが国の酪農・肉用牛産地はどのように対応してきたのか。以下では，酪農と肉用牛を区別して，それぞれの産地の動向について概観する。加えて，次章以降の分析対象（事例）について，統計分析から位置づけをおこなう。

2．酪農産地の動向

戦後のわが国の酪農は，有畜農業的展開から複合農業的展開，複・主業農業的展開へと移行し，1970年代以降は主・専業農業的展開を遂げてきた[1)]。直近の約20年間の乳用牛飼養頭数をみると，図Ⅲ-2-1の通り，2,017千頭（1988年）から1,500千頭（2009年）まで減少傾向にあるが，1戸当たり頭数では，28.6頭から64.9頭へ一貫して増加している。飼養頭数規模別の戸数の推移をみると，図Ⅲ-2-2の通り，戸数は一貫して減少しているが，30頭以上の規模階層の割合が年々高まっており，大規模化の進展がみられる。

図Ⅲ-2-1　乳用牛飼養頭数（全国）の推移

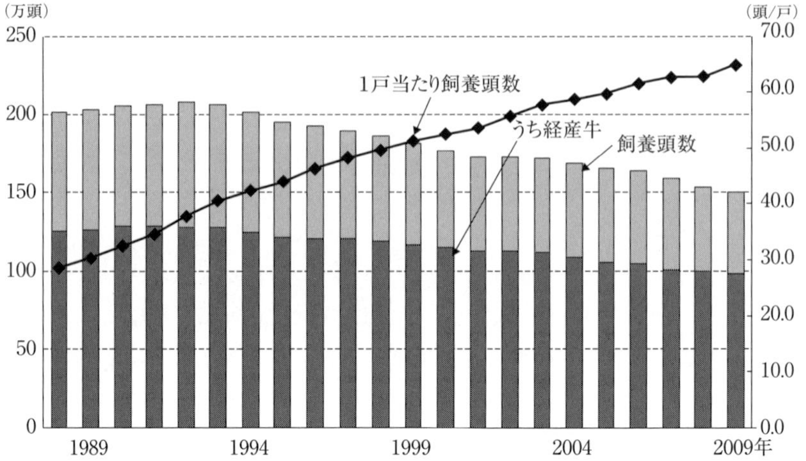

資料：農林水産省「畜産統計」

図Ⅲ-2-2　乳用牛飼養頭数規模別飼養戸数（全国）の推移

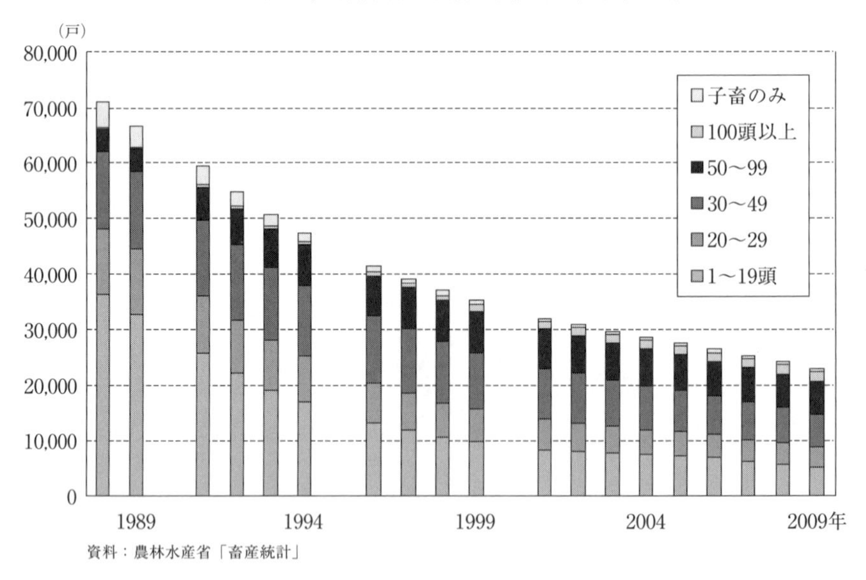

資料：農林水産省「畜産統計」

これを北海道と都府県の地域別にみたのが図Ⅲ-2-3，図Ⅲ-2-4 である。北海道では戸数の減少がみられるものの（1988 年：15,700 戸，2009 年：7,820 戸），

図Ⅲ-2-3　乳用牛飼養頭数規模別飼養戸数（北海道）の推移

資料：農林水産省「畜産統計」

図Ⅲ-2-4　乳用牛飼養頭数規模別飼養戸数（都府県）の推移

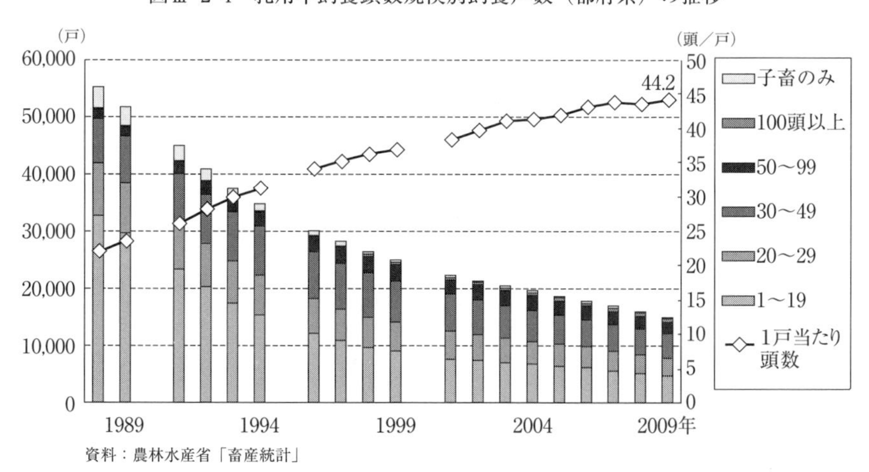

資料：農林水産省「畜産統計」

頭数は増加しており（1988年：808千頭，2009年：813千頭），1戸当たり頭数は51.2頭（1988年）から104.1頭（2009年）へと規模拡大が進展している。特に，100頭以上規模の戸数が，2009年時点で1,220戸存在し，道全体の15.6%を占めている。一方都府県では，戸数の減少に加え（1988年：54,900戸，2009年：15,000戸），頭数も大きく減少しており（1988年：1,241千頭，2009年：663千頭），

図Ⅲ-2-5　乳用牛飼養者の経営耕地面積の推移（全国，北海道，都府県）

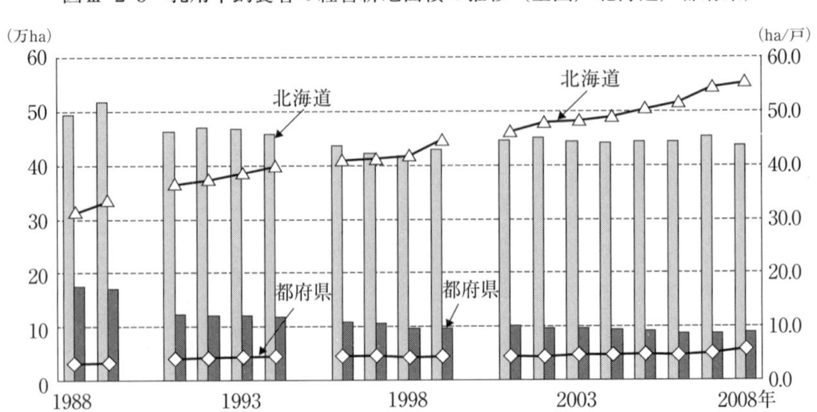

資料：農林水産省「畜産統計」

1戸当たり頭数では22.1頭から44.2頭へと規模拡大は進んでいるものの，産地としては縮小過程にある点は否めない。

次に，経営耕地面積について，北海道と都府県をみたのが図Ⅲ-2-5である。1991～99年のデータでは10頭未満規模が除外されているため注意が必要であるが，経営耕地面積は徐々に減少する一方で，北海道の1戸当たり経営耕地面積は年々増加しているのに対し，都府県ではほとんど変化がない。その結果，2008年時点では，北海道の1戸当たり経営耕地面積は55.6haであり，都府県の5.9haの約10倍の面積を有している。

こうした大規模化，多頭化が進む一方，労働力では，1経営体当たりの農業就業者が全国2.4人，北海道2.7人，都府県2.4人となっている[2)]。また，1経営体当たりの酪農部門への労働投下量をみると，表Ⅲ-2-1のように，全国平均で5,736時間となっており，うち1割（589時間）を雇用に依存している。この傾向は大規模層ほど顕著であり，全国の100頭以上規模層では，全体の4割弱を雇用に依存している。

次に生乳の生産，輸入，消費の動向についてみたのが，図Ⅲ-2-6である。生乳の国内生産量は年々増加し，1996年度にピーク（8,658千トン）となるが，その後は徐々に減少を続け，2009年度には7,881千トンまで生産量が落ち込んでいる。国内生乳の処理量では，牛乳等向けが減少し，乳製品向けが増加して

表Ⅲ-2-1　酪農部門労働投下量（全国，北海道，都府県，2009 年）

（単位：時間）

区分		平均	20 頭未満	20～30	30～50	50～80	80～100	100頭以上
全国	部門労働時間計	5,736	3,230	4,944	5,927	7,282	9,188	11,350
	家族労働時間	5,147	3,127	4,786	5,459	6,649	7,155	7,156
	雇用労働時間	589	103	158	468	633	2,033	4,194
北海道	部門労働時間計	7,540	3,823	4,733	6,660	7,480	9,190	11,034
	家族労働時間	6,681	3,763	4,584	6,487	7,123	7,556	6,976
	雇用労働時間	859	60	149	173	357	1,634	4,058
都府県	部門労働時間計	5,059	3,196	4,966	5,719	6,915	9,183	12,267
	家族労働時間	4,572	3,091	4,807	5,163	5,768	6,324	7,673
	雇用労働時間	487	105	159	556	1,147	2,859	4,594

資料：農林水産省「営農類型別経営統計」

図Ⅲ-2-6　生乳の生産，輸入，消費の動向

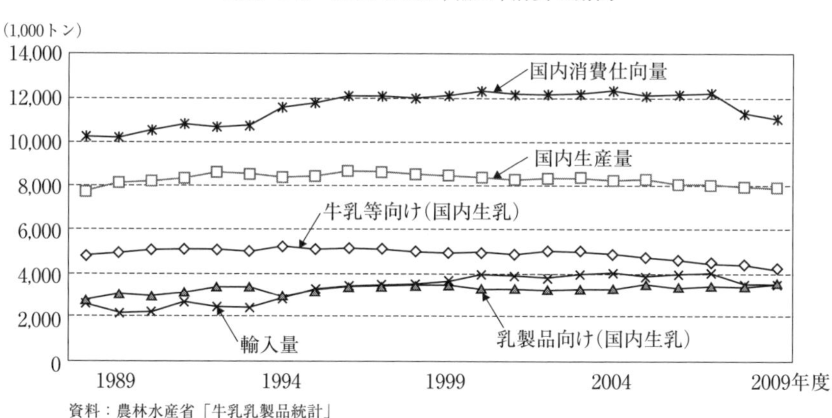

資料：農林水産省「牛乳乳製品統計」

おり，2009 年度では，それぞれ牛乳等向け 4,218 千トン，乳製品向け 3,586 千トンとその差が縮小している。

一方，輸入量は 1989 年度の 2,175 千トンから 2000 年度にはほぼ倍の 3,952 千トンまで増加し，その後停滞をするが，近年輸入乳製品価格の高騰により，わずかに減少がみられる。輸入乳製品は，図にみられるように，乳製品向け国内生乳と同程度のシェアを占めている。

生乳の国内消費仕向量は 2007 年度まで増加してきたが，国内生産量は減少傾向にあり，増加傾向にある輸入生乳が消費仕向量の不足を補ってきたことが

分かる。

生乳の価格動向は図Ⅲ-2-7に示される。全国の総合乳価（円/10kg）の推移をみると，1996年度以降は800円代前半を維持していたが，2003年度をピークに下落し始め，2006，07年度は800円を割った。その後，飼料価格や燃料価格の高騰に伴う生産費の上昇により，2008，09年度は乳価が引き上げられている。乳価の動向を地域別でみると，北海道では，全国より100円程度低い水準で，都府県では，全国より100円程度高い水準でそれぞれ推移している[3)]。

近年の酪農経営の状況について，酪農部門の動向をみたのが図Ⅲ-2-8である。前述のように，2006年以降，生産費の上昇を受けて乳価が引き上げられたが，経営費の増加に伴って粗収益が増加する様子がみてとれる。農業所得は2004年（7,482千円）から2008年（3,606千円）にかけてほぼ半減したが，2009年（7,255千円）は増加に転じ，経営状況の好転の兆しがみられる。農業所得の推移を地域別に見たのが図Ⅲ-2-9である。北海道では2006年以降，6,000千円台を割り込んだが，2009年には10,000千円近くまで回復している。北海道と都府県の農業所得の差をみると，2004年から2006年まではその差が縮小する傾向にあったが，2009年時には北海道の農業所得（9,992千円）は，都府県

図Ⅲ-2-7　総合乳価の推移（全国）

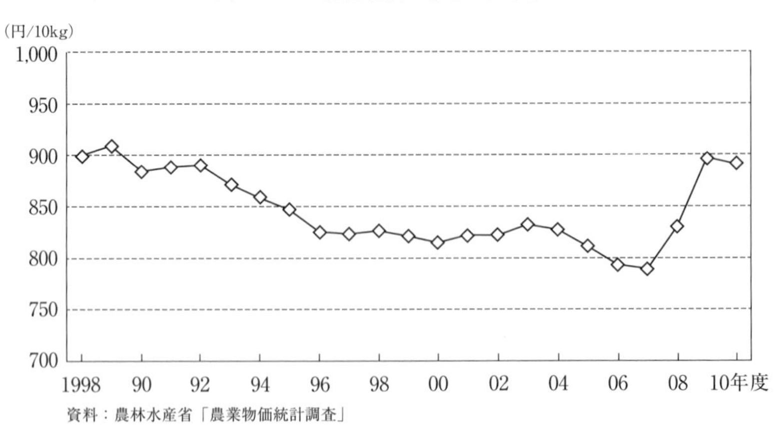

資料：農林水産省「農業物価統計調査」

図Ⅲ-2-8　酪農経営（酪農部門）の動向

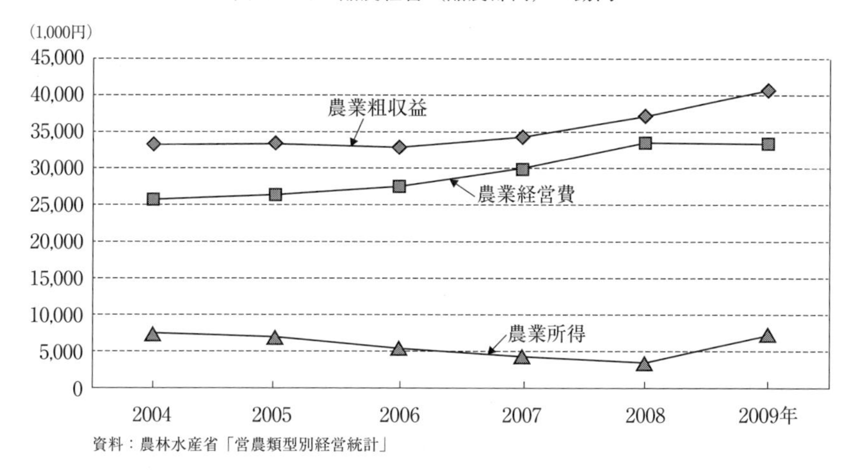

資料：農林水産省「営農類型別経営統計」

図Ⅲ-2-9　酪農経営（酪農部門）の動向

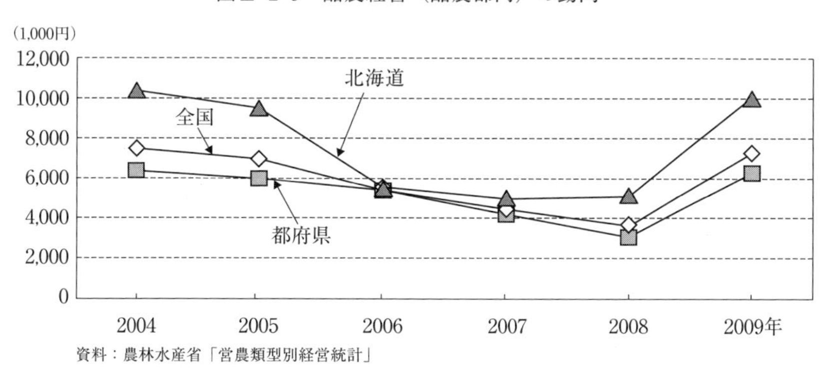

資料：農林水産省「営農類型別経営統計」

（6,232千円）の1.6倍であり，北海道の経営の優位性がみられる。

以上から，直近約20年間の酪農をめぐる動向をまとめれば，全国的に戸数，頭数ともに減少傾向にある中で，北海道では比較的低位の乳価に対して，規模拡大による対応が迫られてきたのに対し，都府県では規模拡大の制約を受けながら，比較的高位の乳価で生き残りが図られている。

3．肉用牛産地の動向

戦後における肉用牛生産過程は四つの画期に区分され，第1期（〜1956年）役畜としての普及過程，第2期（〜1967年）役畜から用畜への移行，第3期（〜1973年）去勢若齢肥育・乳用種雄子牛肥育の用畜飼養としての成立，第4期（1973年〜）繁殖経営の用畜飼養としての成立，と性格づけられる[4)]。特に第4期の特徴は，頭数では繁殖雌牛は停滞，乳用種・肉用種肥育牛は増加し，全体では増加，戸数では繁殖，肥育牛は減少，乳用種は停滞し，全体では減少していることであった[5)]。

直近約20年間について，肉用牛の飼養頭数および飼養戸数の推移をみたのが図Ⅲ-2-10である。飼養頭数全体では，1988年の2,650千頭から1994年の2,971千頭に増加した後，2005年まで減少傾向にあったが，その後増加に転じ，2009年には2,923千頭まで回復している。近年の増加要因としては，2003年12月の米国におけるBSE感染牛の確認と米国産牛肉の輸入停止により国内産需要が高まったことが挙げられる。飼養頭数の内訳をみると，肉用種に同様の

図Ⅲ-2-10　肉用牛飼養戸数・頭数（全国）の推移

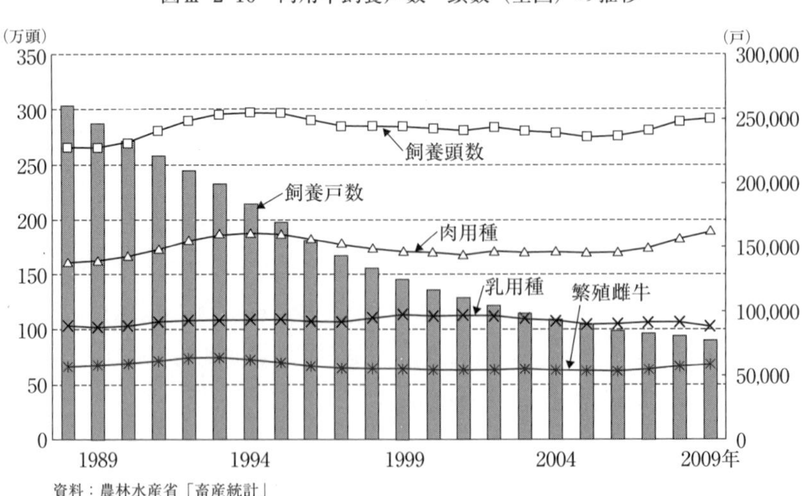

資料：農林水産省「畜産統計」

増減がみられる一方，乳用種は1,000千頭強で停滞している。また肉用種のうち繁殖雌牛は700千頭前後，割合は40%前後で推移している。これに対し，飼養戸数をみると，1988年の261千戸から2009年の77千戸まで一貫して減少傾向にあり，この20年で3割近くまで急減している。

これら頭数と戸数について，経営タイプ別にみたのが図Ⅲ-2-11，図Ⅲ-2-12

図Ⅲ-2-11　肉用牛経営タイプ別飼養戸数

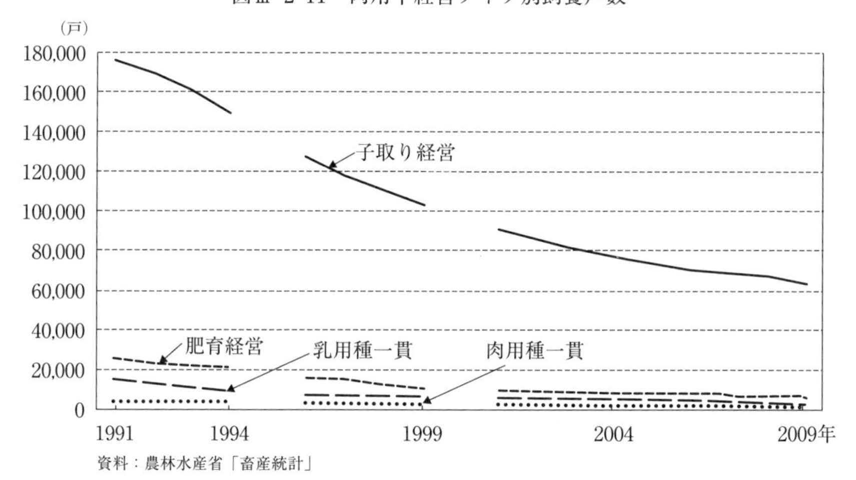

資料：農林水産省「畜産統計」

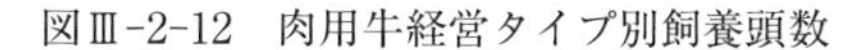

図Ⅲ-2-12　肉用牛経営タイプ別飼養頭数

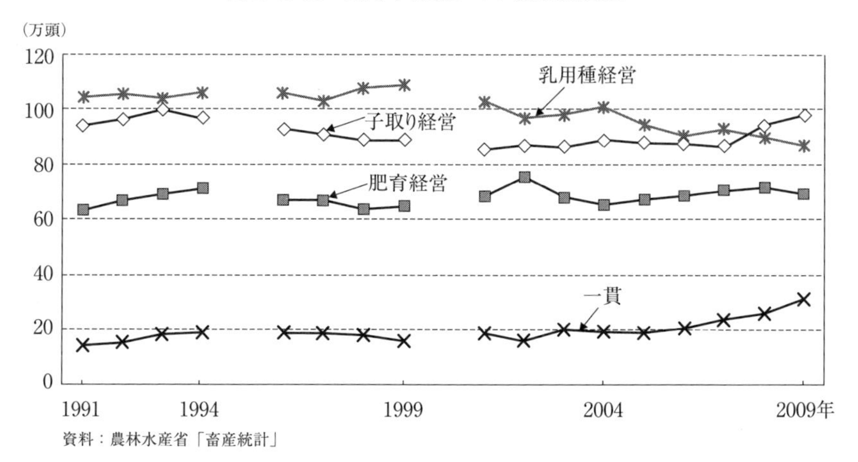

資料：農林水産省「畜産統計」

である。2009年における子取り経営，肉用種肥育経営（以下，肥育経営と略称），乳用種経営の3タイプの戸数は，1991年と比べて約7割も減少しているが，肉用種一貫経営（以下，一貫経営と略称）の戸数に関しては約4割の減少にとどまっている。一方頭数では，乳用種経営では1999年まで微増傾向にあったが，2001年の国内BSE発生以降は減少傾向にある。子取り経営は1993年，肥育経営と一貫経営は1994年にピークを迎え，その後減少していくが，2003年の米国BSE発生に伴う輸入停止の影響により，2004年頃から増加傾向にあり，特に一貫経営では前年比10%強の伸び率で増加している。これら経営タイプ別に1戸当たり飼養頭数をみると，各タイプとも増加傾向にあり，2009年時点で子取り経営15.3頭，肥育経営113.1頭，一貫経営132.4頭，乳用種経営228.5頭と各タイプで多頭化が進行している。

地域別の経営タイプ別戸数は表Ⅲ-2-2に示される。子取り経営では，九州，東北で全体の8割弱を占め，肥育経営では，東北，九州に次いで関東・東山で全体の7割強を占める。一貫経営では，東北，九州に次いで関東・東山，北海道が台頭している。乳用種経営では関東・東山が3割弱を占め，九州，東北，

表Ⅲ-2-2　肉用牛経営タイプ別飼養戸数（全国農業地域別，2009年）

（単位：戸）

区分	計	肉用種経営					乳用種経営
		小計	子取り経営	肥育経営	その他経営		
						一貫経営	
北海道	2,990	2,550	1,970	52	531	322	437
東北	21,700	21,100	18,300	1,890	958	795	550
北陸	515	388	194	126	68	42	127
関東・東山	4,530	3,520	2,140	1,010	381	266	1,010
東海	1,610	1,180	616	438	130	112	427
近畿	2,360	2,170	1,830	296	48	42	182
中国	4,560	4,330	3,960	254	123	108	224
四国	1,160	876	493	283	100	91	283
九州	34,400	33,900	31,400	1,760	685	568	563
沖縄	3,070	3,070	3,000	43	20	20	–
全国	76,895	73,084	63,903	6,152	3,044	2,366	3,803

資料：農林水産省「畜産統計」

北海道，東海が続いている。地域別の経営タイプ別頭数は表Ⅲ-2-3に示される。地域別の分布は，戸数の場合とほぼ同様であるが，北海道の台頭が目立っており，他地域と比べて相対的に大規模な経営が存在することがわかる。これまで特に子牛生産において，都市近郊から市場遠隔地への立地移動がみられたが[6)]，2009年時点においても，九州，東北，北海道といった遠隔地が子牛の主要産地であることがみてとれる。

次に，牛肉の生産，輸入，消費の動向をみたのが図Ⅲ-2-13である。国内生産量は500千トン前後で推移しており，1991年の牛肉輸入自由化は生産量にはあまり影響していないことが分かる。2001年の国内BSE発生により，生産量は470千トン（2001年度）に落ち込んだが，その後は回復している。

一方，輸入量は1991年の輸入自由化以降，467千トン（1991年度）から1,055千トン（2000年度）まで急増したが，国内BSE発生に伴う消費量の減退，2003年米国におけるBSE感染牛の確認と米国産牛肉等の輸入停止により，減少を続け，2004年以降は700千トン弱を推移している。

国内消費仕向量は，1988年の973千トンから1995年の1,526千トンまで急

表Ⅲ-2-3　肉用牛経営タイプ別飼養頭数（全国農業地域別，2009年）

（単位：頭）

区分	計	肉用種経営					乳用種経営
		小計	子取り経営	肥育経営	その他経営		
						一貫経営	
北海道	528,500	263,700	115,400	57,400	90,800	81,900	264,800
東北	413,400	315,200	157,100	105,500	52,700	50,400	98,200
北陸	23,300	11,600	2,280	5,770	3,540	2,010	11,700
関東・東山	331,600	174,300	36,300	93,900	44,000	40,500	157,200
東海	146,900	75,700	11,900	45,300	18,400	14,400	71,300
近畿	90,600	68,600	21,000	41,900	5,700	5,580	22,000
中国	136,800	84,300	35,600	26,700	22,000	21,900	52,400
四国	70,300	30,000	5,520	17,000	7,490	6,940	40,300
九州	1,065,000	914,500	518,900	295,600	100,000	87,000	150,400
沖縄	84,400	84,400	75,000	6,280	3,090	3,090	-
全国	2,890,800	2,022,300	979,000	695,350	347,720	313,720	868,300

資料：農林水産省「畜産統計」

図Ⅲ-2-13　牛肉の生産，輸入，消費の動向

資料：農林水産省「食料需給表」

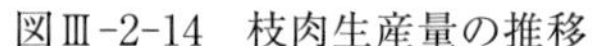

図Ⅲ-2-14　枝肉生産量の推移

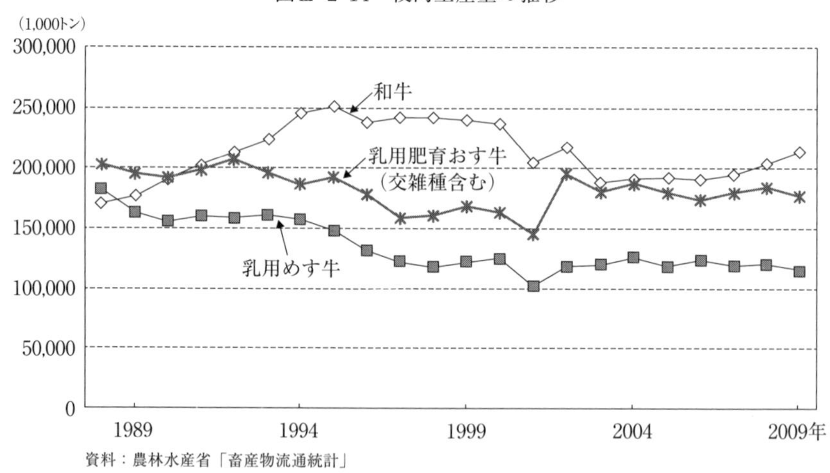

資料：農林水産省「畜産物流通統計」

増したが，1996年に発生した腸管出血性大腸菌O-157食中毒事件により停滞し，2001年以降の国内外のBSE発生により，2004年には1,155千トンまで減少し，以降は1,100千トン強を推移している。

国内の枝肉生産量の推移は図Ⅲ-2-14に示される。1988年以降，和牛で増加

傾向，乳牛で減少傾向がみられたが，2001年の国内BSEの発生で生産量が落ち込むものも，その後回復し，和牛については増加傾向，乳牛については停滞・減少傾向がみられる。特に，交雑種を含む乳用肥育おす牛の生産量は，2001年に195千トンまで回復がみられ，その後高位で推移している。

肉用牛の価格の推移は図Ⅲ-2-15に示される。ここでは去勢肥育和牛，交雑種，乳おす肥育についてみたが，価格変動の傾向はほぼ同じである。輸入自由化以降，価格は下落傾向にあり，2001年の国内BSE発生により，価格は大きく落ち込んだが，その後は回復し，去勢肥育和牛，交雑種では自由化開始時の水準まで上昇した。しかし2005年以降は再び下落傾向にある。

近年の肉用牛経営の状況について，繁殖牛経営（子取り経営）の動向をみたのが図Ⅲ-2-16である。子牛価格が上昇基調にあったため粗収益も増加したが，枝肉価格の下落に伴う子牛価格の下落により，2008年以降は粗収益が減少している。対して経営費は，2007年以降，飼料・燃料価格の高騰により急増しており，結果，農業所得がは2004年（1,291千円）から2009年（262千円）にかけて急減している。

一方，肥育牛経営の動向は図Ⅲ-2-17に示される。2007年以降，粗収益が減少したのに対して，飼料費の上昇を主要因に経営費が年々増加したため，結果，所得が減少し，2008年には1,000千円を割り込むまでに収益状況が悪化し

図Ⅲ-2-15　肉用牛価格（生体10kgあたり）推移

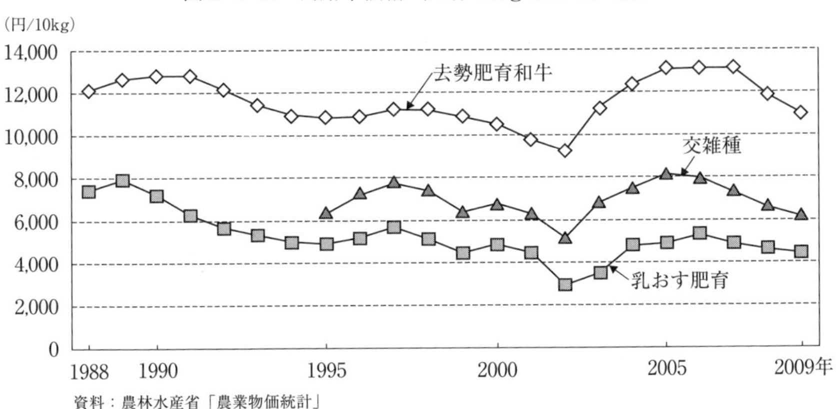

資料：農林水産省「農業物価統計」

図Ⅲ-2-16　繁殖牛経営（繁殖牛部門）の動向

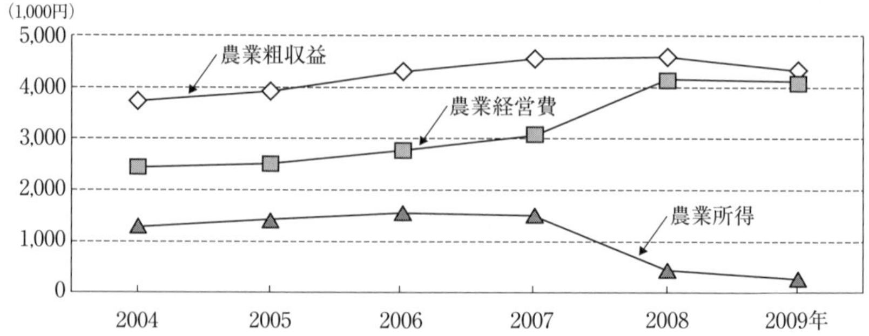

(1,000円)
5,000
4,000
3,000
2,000
1,000
0
農業粗収益
農業経営費
農業所得
2004
2005
2006
2007
2008
2009年

資料：農林水産省「営農類型別経営統計」

図Ⅲ-2-17　肥育牛経営（肥育牛部門）の動向

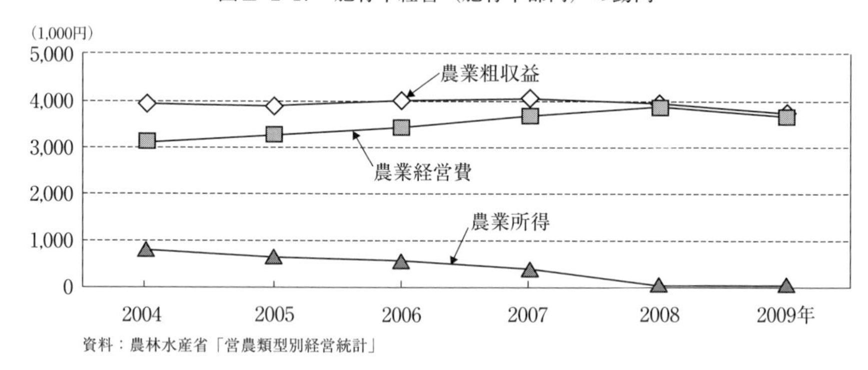

(1,000円)
5,000
4,000
3,000
2,000
1,000
0
農業粗収益
農業経営費
農業所得
2004
2005
2006
2007
2008
2009年

資料：農林水産省「営農類型別経営統計」

ている。

以上，直近約20年間の肉用牛をめぐる動向をまとめれば，繁殖牛経営を中心に戸数が減少する中で，それぞれの経営タイプで規模拡大を進展させながら飼養頭数の絶対数は維持されており，これまでの肉用牛産地であった九州，東北，関東・東山に，台頭著しい北海道が加わり，肉用種一貫経営をも視野に入れた産地再編が進行しつつある。さらに近年の飼料・燃料価格高騰が肉用牛経営に与える影響は，経営タイプを問わず甚大であり，今後，再編の速度が速まる可能性もある。

4．統計分析からみた分析対象の位置づけ

以上の統計分析から，次章でみる分析対象の位置づけをおこない，本章のまとめとかえたい。

北海道の中山間地域酪農産地を対象にした事例（第1節）では，大規模化の進展する北海道酪農において，条件が不利な中山間地域における，有機酪農を基盤にした高付加価値化を志向しており，北海道酪農における産地再編の新たな突破口を提示している。一方，都府県の小規模酪農産地を対象にした事例（第2節）では，規模拡大の制約を受けながら，地域資源利用（稲 WCS 利用）を契機としたブランド化と直売による高乳価を実現しており，消費地に近いというメリットを活かした，都府県酪農における産地再編の一方向を提示している。また，都府県の大規模酪農経営を対象にした事例（第3節）では，大規模化を実現し，高い経営効率を目指す一方で，循環農法や，都市近郊の立地を活かした消費者との交流活動に取り組みながら産地発展を志向しており，前節の事例とは異なるベクトルで都府県酪農の一方向を提示している。

九州における肉用牛肥育産地を対象にした事例（第4節）では，従来，普及拡大の進まなかった放牧・粗飼料多給型飼養において，繁殖と肥育の連携と，製品差別化を意識したマーケティングの実践により高付加価値商品の創出を実現している。また，中国地方における資源循環型大規模畜産経営を対象にした事例（第5節）では，乳用種肥育でスタートした経営が，イノベーションの不断の積み重ねによる自己革新により，F1 肥育，和牛肥育，さらには繁殖を取り込んだ一貫経営を確立し，異業種・水平的・垂直的な組織間連携によって，経営発展と地域貢献の両立を実現している。いずれの事例も，近年，増加傾向にある肉用種一貫経営による産地再編の実態を捉えたものである。

注

1）阿部廣雄・佐藤義則〔1〕，pp.32-41。
2）農林水産省「畜産物生産費」（2009 年度）より。

3）農林水産省生産局畜産部牛乳乳製品課「最近の牛乳乳製品をめぐる情勢について」（平成 23 年 9 月発行）の推計値による。
4）ここでは栗原〔4〕，栗原〔5〕に基づき，鵜川〔2〕p.17 によって整理された画期区分を用いた。
5）鵜川〔2〕p.38 による。
6）倉知〔3〕による。

引用文献

〔1〕阿部廣雄・佐藤義則『草地農業論』農業図書株式会社，1983 年。
〔2〕鵜川洋樹『価格変動と肉用牛生産の展開論理』農林統計協会，1995 年。
〔3〕倉知哲朗「和子牛生産の地域間異動」『農業研究センター研究報告』1 号，1983 年。
〔4〕栗原幸一「肉牛経営の動向と特徴点」『農業経営研究』13 号，1969 年。
〔5〕栗原幸一「肉用牛肥育経営の発展方向」竹浪重雄・吉田忠編『肉用牛経営の変革』農林統計協会，1987 年。

第３章　酪農・肉用牛産地の事例分析

〔1〕「有機牛乳ブランド」の確立による産地再編の取り組み
―小規模・畑地型酪農地帯における付加価値生産の効果―

山田　洋文

中山間地域を中心として，担い手の高齢化や後継者不足による農家戸数の減少に歯止めがかからず，産地の発展に向けて新たな展開が模索されている。こうしたなか，北海道津別町では，「津別町有機酪農研究会」が中心となって，平成18年９月に有機牛乳の販売を実現し，「有機牛乳ブランド」を確立することで産地再編を進めている。

本節では，有機牛乳生産の核となった「津別町有機酪農研究会」と構成農家を対象に，有機牛乳の生産を可能とした有機飼料生産と飼養管理における取組内容やブランド確立による収益性，担い手の確保および都市と農村との交流に与えた影響を明らかにし，今後の展開を踏まえた産地再編の要件について考察する。

１．「津別町有機酪農研究会」の設立による産地再編の契機

(1)　北海道津別町における酪農展開

津別町は北海道網走地域の内陸部に位置し，町の総面積の86％を森林が占める山地と河川流域の平野によって形成された中山間地域である。平成22年時点の農業経営体数は185戸であり，作付面積は約4,750haとなっている。主な作付構成をみると，小麦，てん菜，馬鈴しょを中心とした畑作物が3,610haと全体の76％に達し，他に飼料作物が910ha，放牧地等が230haとなってい

る[1)]。同町は平成９年３月に「津別町クリーン農業推進方針」を策定し，耕種と畜産の連携による堆肥の製造・利用および土づくりを進めるとともに，町全体で「こだわり栽培（クリーン農業等）」に積極的に取り組んでいる。

表Ⅲ-3〔1〕-1は，北海道，網走地域，津別町および酪農専業地域である根室地域における酪農生産構造について，昭和60年から平成22年までの推移を示したものである。津別町における乳用牛の飼養農家戸数は，北海道や他の地域と同様に減少傾向を示しており，平成22年には34戸となっている。乳用牛飼養農家戸数割合の推移をみると，根室地域が90％前後で推移する一方で，同町では18％前後で推移し，22年では18.4％となっている。飼養頭数は増加傾向を示しており，22年で2,349頭となっている。また，1戸当たりの飼養頭数をみると，北海道をはじめ各地域で100頭を超える大規模な展開がみられるなか，同町では22年においても69頭と小規模な展開をみせている[2)]。

以上から，津別町における酪農生産は中山間地域という条件のもと，畑作酪農地帯という特徴を反映して，飼料基盤を伴った規模拡大を容易に進めることができず，小規模な展開にとどまらざるを得なかったことがうかがえる。その

表Ⅲ-3〔1〕-1　酪農生産構造の推移

年次	飼養農家戸数（戸）				乳用牛飼養農家割合[2)]（%）			
	北海道	網走地域	津別町	根室地域	北海道	網走地域	津別町	根室地域
昭和60	16,432	2,719	76	2,175	15.0	24.8	18.0	92.6
平成2	14,301	2,331	65	2,023	16.5	24.8	17.3	92.1
7	11,573	1,885	56	1,843	15.7	23.8	17.4	92.8
12	9,685	1,536	30	1,677	15.5	23.1	11.5	94.4
17	8,390	1,304	36	1,507	16.1	23.2	17.8	93.7
22	7,564	1,130	34	1,406	16.3	21.8	18.4	88.6
年次	飼養頭数（頭）				1戸当たりの飼養頭数（頭／戸）			
	北海道	網走地域	津別町	根室地域	北海道	網走地域	津別町	根室地域
昭和60	773,578	114,601	2,119	152,407	47	42	28	70
平成2	824,901	121,164	2,269	164,305	58	52	35	81
7	840,901	122,426	2,392	171,944	73	65	43	93
12	800,868	117,241	1,823	174,424	83	76	61	104
17	772,385	109,532	2,264	169,215	92	84	63	112
22	866,058	120,694	2,349	183,559	114	107	69	131

注：1）農（林）業センサス各年次により作成。
2）昭和60年は総農家戸数，平成2年，7年，12年および17年は販売農家戸数，平成22年は農業経営体の総数に占める割合。

ため，付加価値生産による経営の発展と安定化が模索される環境にあったといえよう。

(2)「津別町有機酪農研究会」の設立と活動内容

津別町では，先述したように経営規模の拡大によるスケールメリットが発揮されにくい生産環境のもとで，耕種，畜産を問わず，生産性の向上を目指した農業経営が展開されてきた。一方で，町内を流れる河川や湖における環境保全と両立した農業経営展開の重要性が認識されるようになり，関係機関を中心に環境保全型農業の推進に向けた取組が進められてきた。この一環として，酪農では，微生物発酵によって家畜ふん尿を処理する「ゆう水」施設の導入や堆肥舎の整備が実施された[3)]。あわせて，飼養管理や牛舎環境の整備を徹底することで，乳質の改善と向上を図ろうとする取り組みも実施されていた。

こうしたなか，明治（当時，明治乳業）が北海道内で有機牛乳の生産に取り組む産地を探しており，当時から，ふん尿の適正処理や乳質の改善と向上に積極的に取組んでいた津別町を選定し，連携を求めた。農協の酪農生産部会である「酪農振興会」では，既存の取り組みが評価されたことに加え，産地として新たな展開を可能とする契機ととらえ，有機牛乳生産に取り組むことを決定した。これを受けて，平成12年4月に酪農家20戸によって「津別町有機酪農研究会（以下,「研究会」と記す)」が組織され，会長には，当時から環境保全型の酪農経営を目指した取り組みを実践していた山田照夫氏が就任した[4)]。

研究会の構成農家は平成23年で7戸であり，うち5戸が設立時から有機牛乳の出荷を行っており，2戸が24年春期からの出荷を目指して有機転換中である。研究会では設立当時から，有機牛乳の生産と販売を支援する地元関係者をはじめ，行政や研究機関等の職員も参加する総会を毎年開催し，取組方針を決めている。表Ⅲ-3〔1〕-2は研究会における実施重点項目を示したものであるが，有機牛乳の生産・販売を推進するための取り組みが網羅されており，これに基づいて活動が進められている[5)]。有機牛乳生産においては，特に，有機穀物飼料の確保が重要だと認識されているため，大豆や飼料用とうもろこしといった穀類の自給生産量（自給率）の向上を意識した取り組みが重要視されて

表Ⅲ-3〔1〕-2　研究会における実施重点項目

1. 自給飼料の自給率向上に向けた取り組み
(大豆, 混播穀類の試験, イアコーンサイレージ, 越冬ライ麦)
2. 自給飼料農家間利用システムの取り組み
3. 津別町有機農業推進協議会の耕畜連携の取り組み（講習会・視察・研修）
4. 有機酪農経営転換後の経営診断
5. 有機酪農支援連絡会議との連携
6. オーガニック牛乳販売拡大の取り組み（有機酪農理解促進の取組）
7. 有機牛肉販売の確立に向けた取り組み
8. 有機酪農に関する視察の実施（海外研修）
9. 有機酪農研究会会員の拡大と推進
10. コントラクター利用の積極的な推進および協力
11. 環境負荷に係る調査, 軽減に向けた取り組み

注：第12回「津別町有機酪農研究会」総会資料より作成。

表Ⅲ-3〔1〕-3　研究会における取組経過

年次	構成農家戸数(戸)	経過	取組内容	
			飼料作	家畜飼養管理
平成12	20	・「津別町有機酪農研究会」の設立	・飼料用とうもろこし：有機栽培試験実施（会員の一部）	
13	20		・飼料用とうもろこし：有機栽培試験実施（全会員, 全圃場） ・牧草：有機栽培試験実施（会員の一部）	
14	8		・牧草：有機栽培試験実施（全会員, 全圃場）	
15	8	・試験場等を加えた「支援連絡会議」の設立	・特栽に係る圃場認証取得	
16	8		・有機栽培に係る圃場認証取得	
17	8	・全面的な有機転換		・濃厚飼料の有機転換（H17.4） ・搾乳方法の統一
18	5	・有機畜産物認証取得（H18.5.25） ・抗生物質の使用制限 ・有機牛乳の販売開始（H18.9.25）		
21	7	・有機酪農研究会へ2戸加入		
22	7		・実取りとうもろこし（イアコーン）の飼料化試験実施（5戸）	

注：聞き取り調査（平成23年）により作成。

表Ⅲ-3〔1〕-4　構成農家（有機牛乳出荷農家）の概要（平成21年）

農家番号	労働力[2]（人）	作付面積[3]（ha）						飼養頭数（頭）			牛舎形態
		採草地	飼料用とうもろこし	放牧専用地	兼用地	普通畑作物	計	経産牛	育成牛	計	
No. 1	4	20.0	18.5	6.5	0.0	0.0	45.0	61	35	96	TS
No. 2	3	28.9	9.2	13.5	0.0	3.4	55.0	53	38	91	TS
No. 3	3	17.7	12.0	7.0	2.5	11.2	50.4	45	37	82	TS
No. 4	1	28.0	9.6	5.2	0.0	2.6	45.4	41	35	76	TS
No. 5	3	20.5	9.5	8.0	0.0	0.0	38.0	33	21	54	TS
合計		115.1	58.8	40.2	2.5	17.2	233.8	234	164	398	

注：1）聞き取り調査により作成。
　2）労働力は，労働実態に応じた換算値。
　3）作付面積には，借地も含む。

いることがわかる。また，表Ⅲ-3〔1〕-3には，研究会における年次毎の取組経過について示した。12年の設立時から飼料作，飼養管理面で様々な取り組みを実施し，17年4月より濃厚飼料も含めた有機転換を果たし，18年9月に有機牛乳の販売に至っている。研究会は今後も，現在の活動を継続するとともに，新たな自給飼料確保に向けた取り組みを開始する等，有機牛乳の生産・販売に当たって，中心的な役割を果していく方針である。

表Ⅲ-3〔1〕-4には，平成21年時点の有機牛乳出荷農家5戸の概要を示した。各経営の労働力は1～4人で，5戸による飼料作物の作付面積は合計233.8ha，経産牛頭数は234頭となっている。牛舎は全戸で，タイストールが利用されている。また，生産内容を5戸平均で確認すると，生産乳量314トン，1頭当たり乳量6,718kg，平均乳脂肪分率4.10%，平均無脂固形分率8.60%，平均乳タンパク質率3.11%，分娩間隔14.3ヶ月，平均産次数3.0産となっている。

2．有機牛乳生産に向けた取り組み

ここでは，有機牛乳の生産を可能とした取り組みについて，有機飼料生産および飼養管理技術の確立を新たな「技術革新」としてとらえ，その内容をみていく。

(1) 有機飼料生産技術の確立

前掲表Ⅲ-3〔1〕-3に示したとおり，研究会では，設立された平成12年から飼料作物の有機栽培に取り組み，16年に有機栽培に係る圃場認証を取得している。

飼料用とうもろこしの栽培試験は，平成12年より一部の会員による圃場で開始され，13年から，全会員の圃場で取組まれている。15年には特栽に係る圃場認証を取得し，16年には有機栽培に係る圃場認証を取得している。

飼料用とうもろこしの栽培体系をみると，慣行栽培の場合，堆肥散布，砕土・整地，施肥・播種，除草剤散布が行われ，収穫・調製が実施されている。研究会で実施している有機栽培では慣行栽培と異なる作業として，まず，施肥作業があげられる。ここでは，化学肥料に代わり，堆肥や鶏ふん等を施用することから，作業回数の増加につながっている。また，除草作業では除草剤を使用することができないため，カルチベータを用いた機械除草が実施されている。栽培試験をとおして，作業実施のタイミングと回数が適切でないと，除草効果が得られないことがわかり，様々な試行錯誤を重ねてきた。現在では，発芽後すぐに初回の培土・中耕を実施し，その後1週間おきに圃場や生育状況をみながら，合計5回の中耕・除草を実施するといった作業ノウハウを確立している。有機栽培においては，こうした作業の掛かり増しを反映して，10a当たりの投下労働時間は2.26時間となり，慣行栽培（1.71hr／10a）と比較すると長時間化している。生育状況をみると，1年目の栽培試験では飼料用とうもろこしが「腰の高さ」までしか生育しないといった状況もみられた。そのため，全圃場で土壌診断を実施し，結果を踏まえて鶏ふん等の施用量や施用方法について構成農家や研究機関等を交えて検討を進めてきた。現在では，栽培技術も定着し，単収は慣行栽培並みの水準に達している。

牧草の栽培試験は，平成13年より一部の会員による圃場で開始され，14年より全会員の全圃場において取り組まれている。飼料用とうもろこしと同様に，15年には特栽に係る圃場認証を取得し，16年には有機栽培に係る圃場認証を取得している。牧草の栽培試験1年目には，1番草で有機区の乾物収量が化学肥料使用区の3分の1程度まで減少した圃場もあったものの，栄養分に差はなく，2番草については収量差が小さくなる等の結果が明らかとなった[6)]。さらに，有機栽培に転換したことで，マメ科牧草が増えるといった草種の変化もみられた。施肥は，鶏ふんや尿等を施用しているが，圃場内での施用量の違いが収量差に影響することも明らかとなった。こうした栽培試験を踏まえ，施肥方法を改善するとともに，共同で草地を所有したりマメ科牧草の追播を実施することによって，収量の安定確保に努めている。

また，研究会では平成22年より，新たな自給飼料確保の取組みとして，「イアコーンサイレージ」の調製を開始している。イアコーンサイレージは飼料用とうもろこしの実や芯を中心とした雌穂のみをサイレージ化したものであり，圧ぺんとうもろこしに代替する飼料としての利用が期待される[7)]。23年の給与結果は，良好であると判断していることから，今後も自給飼料確保の一助として期待し，収穫面積の拡大を計画している。

以上のように，研究会では飼料作の栽培試験において蓄積したノウハウをもとに，「自給飼料栽培マニュアル」を作成し，栽培方法を統一することによって，安定的に慣行栽培並みの収量を実現するとともに，自給飼料の確保に向けた新たな取り組みを進めている段階にある。

(2) 飼養管理技術の確立

ここでは，有機牛乳の生産に当たって確立した飼養管理技術として，放牧地の管理方法と牛舎における衛生管理方法についてみていく。

有機牛乳を生産している5戸では各経営とも放牧を取り入れており，所有している放牧地面積は5.2haから13.5haとなっている（前掲表Ⅲ-3〔1〕-4）。山田経営では毎年5月上旬から11月上旬までの7ヶ月間，搾乳牛のみを対象として放牧を実施している。放牧地の所有面積は6.5haであり，4牧区に分け3日間ごとに利用している。有機転換以前にも同じ規模で放牧を取り入れていたが，有機転換を契機に，放牧地の有効利用の重要性を再認識し，その方法を模索していた。こうしたなか，牧草地における「掃除刈り」の回数を増やすことで有効活用している事例[8)]を参考にして，山田経営においても実施回数を1年に2

回から4回に増やした。これにより，伸過ぎて採食されない箇所や繁茂した雑草を除去することができ，牧草地全体の有効活用が可能になった。研究会としても，こうした効果を構成農家に定着させるために，今後，「マニュアル」を作成し，技術の高位・平準化を図りたいと考えている。

牛舎等の衛生管理については，平成17年より農場HACCPの手法を導入し，各生産工程について記帳し，履歴を残している。また，構成農家全戸で毎年，牛舎内に石灰塗布することで，衛生面での環境整備を徹底している。研究会では，これらの取り組みについて「飼養管理マニュアル」を作成し，統一した衛生管理方法を採用するとともに，搾乳方法も統一することで，飼養管理技術の高位・平準化を可能としている。

3．有機牛乳の生産と販売による効果

ここでは，有機牛乳の生産と販売による効果について，収益性，担い手の確保および都市と農村の交流における効果をみていく。

(1) 収益性の向上

表Ⅲ-3〔1〕-5は，すでに有機牛乳を生産している5戸における，平成16年から21年の経営収支と乳飼比の推移を示したものである。これにより，有機牛乳の販売が18年から実施されていることを考慮し，17年の価額を基準として特徴をみていく。

酪農部門の収益と生産費用は，平成17年から21年にかけて1.4倍に増加し，売上総利益は1.3倍に増加した。また，家族労働費を踏まえた農業所得は，同期間で1.2倍に増加したことがわかる。当期間には，総飼養頭数が維持されていることから，収益の増加には乳価の上昇が寄与し，生産費用の増加には，有機飼料や有機質肥料の購入費の増加が要因となっていた。山田会長は，現在の乳価について，「有機牛乳の出荷によって受け取る乳価は，プレミアム分も含めて，かつての平均乳価の2倍程度となっている」と述べていることからも，有機牛乳生産によるプレミアム上乗せの効果を確認できる。また，乳飼比をみる

表Ⅲ-3〔1〕-5　有機牛乳生産・販売による経営収支および乳飼比の推移

	平成16年	17	18	19	20	21
酪農部門収益	76	100	119	119	132	141
うち，生乳販売収入	57	100	118	118	134	136
生産費用	78	100	115	125	133	142
売上総利益	68	100	134	93	128	133
販売管理費	84	100	95	109	113	105
事業利益	53	100	170	77	143	160
事業外収支	103	100	86	38	61	94
当期純利益	68	100	145	65	119	141
家族労働費	102	100	101	115	114	108
農業所得	85	100	122	91	116	124
乳飼比（%）	30	27	28	30	30	32

注：1）聞き取り調査により作成。
　　2）欠測値を除いた平均値について，平成17年値を100とする指数で表記した。乳飼比は%表記した。

と21年までに30%台で推移しており，近年は上昇傾向にあることが指摘できる。

このように，有機牛乳の生産と販売においては，収益と農業所得が増加しているものの，有機穀物飼料のほとんどを輸入に依存し，生産費用に購入費の影響が大きく反映される状況を踏まえると，安定的な生産に当たっては，穀物飼料の自給が重要だといえる。

(2) 担い手の確保

研究会の構成農家戸数は，平成21年における2戸の新規加入を経て，23年で7戸となっている。この2戸が加入した理由は，化学肥料や農薬を使用しない飼料作を通じた牛乳生産に共感したことであり，24年春期からの出荷を目指している。研究会ではこの2戸に対して，すでに作成している飼料作と飼養管理に係る「マニュアル」にもとづいて，サポート体制を構築している。2戸による有機牛乳生産が開始されると，経産牛が約110頭増え，750トン程度の増産が見込まれることから，販路の拡大が可能となる。このように，産地の縮小傾向が懸念されるなかで，有機牛乳生産における新たな担い手を確保できることは，「有機牛乳ブランド」の確立による産地再編の効果といえる。

また，各経営における後継者の確保状況をみると，構成農家7戸のうち，平成23年で5戸において後継者が確保されている。他1戸についても，経営主が40歳代であることを考慮すると，構成農家のうち6戸で経営継承の担い手となる若年労働力が確保されているといえる。後継者のなかには，有機牛乳による付加価値生産を担っていきたいと考え，父親世代の取り組みを意識して，就農を決意する者もいる。現在，構成農家は町内に広く立地しており，直接会って情報交換する機会が限られている。こうしたなかで，飼料用とうもろこしの栽培を一例にすると，後継者を中心とした共同作業が採用されており，耕起・整地，播種等の作業日程に係る打合せにおいて連携が生まれ，作業が継承されている。山田会長は，有機牛乳生産をとおして，飼料作を中心に後継者同志の連携がうまれ，家畜飼養全般についても情報交換が密に行われるようになったと評価している。

(3) 都市農村交流の促進

山田会長は，有機牛乳生産を開始する以前から，食育の重要性を認識するとともに，消費者における酪農への理解を醸成するために，都市と農村の交流が不可欠だと考えていた。また，研究会においても，実施重点項目に有機牛乳の販売拡大の一環として，有機牛乳に対する理解促進の取組を掲げ，消費者への理解醸成に努めてきた。そのため，構成農家全戸が北海道の推進する「ふれあいファーム」[9)]への登録を行うとともに，山田経営を含めて2戸が中央酪農会議の推進する「酪農教育ファーム」[10)]の認証を取得している。さらに，全戸が平成19年に発足した「津別町グリーンツーリズム運営協議会」に参加して，構成農家自身が消費者との連携を保つように意識を高めるとともに，積極的に有機牛乳への理解を拡大しようと努めている。

山田牧場では毎年8月に，牧場内において，消費者との交流イベントを開催している。開催は平成23年で9回目を迎え，来場者は毎年350名に達している。このイベントは，有機牛乳への理解を広めるための消費者との直接交流の場であり，有機牛乳への理解を広める機会となっている。来場する消費者のほとんどが有機牛乳の購入者であり，生産者に直接会い，生産現場をみることで，有機牛乳への理解を一層深めている。また，有機牛乳生産への関心の高まりを受けて，搾乳体験，乳製品づくりや視察を中心に，山田牧場への年間の訪問者は約1,000人に達している。山田会長は，こうした交流をとおして，消費者における有機牛乳生産に対する理解を醸成したいと考えている。今後は，有機牛乳の販売拡大に当たって，各地で実施される有機農業のイベントに積極的に参加することで，有機牛乳生産への理解を広めていきたいと考えている。

4．産地再編の要件と今後の展開

津別町は中山間地域における畑地型酪農地帯として位置づけられ，酪農経営は小規模な展開にとどまらざるを得ない環境にあった。こうしたなか，有機牛乳の生産と販売による高付加価値化によって，収益性の向上や担い手の確保といった産地再編における効果がもたらされた。

今後も，安全・安心を求める消費ニーズは高まりをみせることから，増産や出荷量の安定化が求められる。一方で，飼料作，飼養管理技術の転換が必須である有機生産には，数年を要するとともに，現状では出荷先が限定されている等の理由から，速やかに有機牛乳生産技術が普及し，生産者を増やすことは容易ではない。そのため，研究会をとおして構成農家を確保・定着させ，飼養頭数を何頭まで増やすことができるのかが，今後も産地再編を進めるうえで鍵といえよう。この際，飼料作や飼養管理において作成している「マニュアル」が技術の高位・平準化の一助になると考えられる。今後とも，こうした研究会の活動をとおした展開が不可欠であり，その活動への期待は高まるものと考えられる。最後に，市場対応ともいえる有機牛乳の生産は，出荷・販売先となる明治の販売戦略も踏まえて実施されている。研究会としては，今後，首都圏を中心として販路の拡大を望んでいることから，新たな構成農家の定着と明治との販売戦略の共有による連携強化も産地再編に当たって欠かせない要件になるといえよう。

注

1）作付面積はJA資料による。また，鵜川［3］および菅沼［6］によって，「畑地型酪農」に関する概念規定がなされており，畑地型酪農地帯は地代をめぐる畑作部門と酪農部門の土地利用競争によって形成され，普通畑において飼料作が展開していることが特徴であると指摘されている。

2）津別町における1戸当たりの乳用牛飼養頭数は，網走地域内の市町村で最少であることが平成22年農林業センサスにおいても確認できる。

3）津別町では，平成7年度に「網走湖浄化対策事業」によって微生物浄化システムである「ゆう水」施設を11戸で，平成10年度には「畜産環境整備特別対策事業」によって堆肥舎整備を実施している。

4）山田経営では昭和61年に経産牛1頭当たり平均1万978kgで全道1位，翌年にも2位を記録する等，全道上位の乳量を実現していた（北海道新聞，平成23年4月5日）。山田会長は，研究会の設立当時，放牧酪農の実践と自給飼料を主体とした「こだわり牛乳」生産の道を模索しており，環境保全と両立する酪農展開を目指していた。

5）「津別町有機酪農研究会」会則第1条には，「無農薬・無化学肥料にて生産された粗飼料およびポストハーベストフリー・非遺伝子組み換え飼料をもって乳牛を飼養，生乳を生産することが経済的物理的に可能かを調査研究し，オーガニックミルクの生産と生産技術体系の確立，コスト低減に向けた技術改善および消費者に対する有機酪農の理解促進と消費拡大を図ることを目的とする」と掲げられている。また，環境保全に一層配慮した取り組みを実践するために，平成23年事業計画（第12回総会議案）より実施重点項目として，「11．環境負荷に係る調査，軽減に向けた取り組み」を加えている。

6）飼料用とうもろこしおよび牧草の有機栽培試験における取組内容および結果については，山田［12］に詳しい。

7）平成22年には5戸の圃場でイアコーン収穫を行い，収穫面積は5.9haであった。23年6月中旬から7月中旬にかけて給与した結果，乳用牛の嗜好性が高く，夏季の高温にもかかわらず総採食量が維持される等の効果が認められた。イアコーン飼料化の取組は，平成23年で2年目となり，収穫面積は約10haを予定している。

8）放牧における「掃除刈り」の効果については，長谷川他［7］に詳しい。

9）北海道では，都市と農村の交流に意欲的な農場を対象とした「ふれあいファーム」の登録を推進している。「ふれあいファーム」は消費者に気軽に農場を訪問してもらい，農作業体験や農業者との語らいを通して，農村の魅力を感じてもらうための，交流拠点としての役割を果たしている。平成23年3月現在，登録を受けた「ふれあいファーム」は全道で988農場となっており，農作業体験，手づくり体験，動物とのふれあい体験等が実施されている（北海道ホームページ）。

10）「酪農教育ファーム」は，平成10年7月に日本における酪農場での教育の推進を目指して，社団法人中央酪農会議の提唱により設立された。酪農教育ファーム活動への関心や期待の高まりを受けて，平成20度末に認証を受けている牧場は全国で257牧場となっている（中央酪農会議ホームページ）。

参考・引用文献

〔1〕飯澤理一郎「関係機関とスクラムを組み有機酪農に挑む「津別町有機酪農研究会」」『畜産の情報』195，独立行政法人 農畜産業振興機構，2006年，pp.6-12。
〔2〕飯澤理一郎「わが国における有機酪農の可能性と課題 ―「津別町有機酪農研究会」に見る―」『酪農ジャーナル』60（3）（通号 708），酪農学園大学エクステンションセンター，2007年，pp.13-15。
〔3〕鵜川洋樹他「畑地型酪農経営におけるアルファルファの導入条件」『北海道農業研究センター研究報告』174，北海道農業研究センター，2002年，pp.47-68。
〔4〕門脇充「酪農家による津別町有機酪農研究会の取り組み ―無農薬・無化学肥料栽培による循環型酪農―」『畜産コンサルタント』47（4）（通号 556），中央畜産会，2011年，pp.20-22。
〔5〕清水池義治『生乳流通と乳業 ―原料乳市場構造の変化メカニズム』デーリィマン社，2010年。
〔6〕菅沼弘生「畑地型酪農における土地利用の方向性に関する一考察」『北海道大学農経論叢』54,北海道大学農学研究院，1998年，pp.133-144。
〔7〕長谷川信美他「放牧地の掃除刈りが草生と乳用育成牛の摂取栄養および採食行動に及ぼす影響」『帯広畜産大学学術研究報告』15（4），帯広畜産大学，1988年，pp.271-277。
〔8〕原仁「有機酪農への経営転換における生産者と関係機関の役割分担」『北農』74（4）（通号 723），北農会，2007年，pp.369-374。
〔9〕發地喜久治「酪農家による環境保全活動と酪農地帯における環境教育 ―北海道A町と熊本県B市の事例より―」『酪農学園大学紀要』第31巻第1号，酪農学園大学，2006年，pp.39-48。
〔10〕三宅陽「技術普及事例 津別町有機酪農研究会への支援活動 網走農業改良普及センター美幌支所」『北農』76（1）（通号 728），北農会，2009年，pp.45-49。
〔11〕柳村俊介「中山間地帯農業の構造変動」岩崎徹・牛山敬二編著『北海道農業の地帯構成と構造変動』北海道大学出版会，2006年，pp.421-462。
〔12〕山田照夫「～「自然」・「人」・「牛」全てにやさしい循環型酪農を目指して～津別町有機酪農研究会が取り組む濃厚飼料自給の意義と課題」『イアコーンサイレージの自給生産利用の意義と課題』グリーンテクノバンクセミナー資料，2010年，pp.1-13。
〔13〕吉野宣彦「放牧による低コスト化への動き」岩崎徹・牛山敬二編著『北海道農業の地帯構成と構造変動』北海道大学出版会，2006年，pp.399-412。

〔2〕酪農協主導による産地再編
―小規模酪農産地における牛乳直売と後継者就農―

鵜川　洋樹

1．背景と目的

これまで繰り返されてきた配合飼料価格の高騰は「畜産危機」と呼ばれ，その度に酪農家数は大きく減少してきた。一方，この間，乳用牛の飼養頭数は北海道ではほぼ維持されてきたのに対し，都府県では大きく減少した。その結果，これまでわが国の生乳生産量の過半を占めていた都府県の割合は，2010年には50％を割り込んでしまった。北海道と都府県の生産基盤の違いがこうした結果を招くことになるが，農業所得の変動が直接的な要因と考えられる。2008年の「畜産危機」は酪農経営の農業所得を大きく減少させ，酪農離脱の引き金になったが，頭数規模が大きいほど，所得の減少幅も大きかった（図Ⅲ-3〔2〕-1）。頭数規模が大きくなると所得率は低下する傾向があり，配合飼料価格変動の影響を受けやすくなるからである。このことから，「畜産危機」を乗り越えるには，所得率を高めるような生産基盤の充実が重要である。

酪農経営における生産基盤といえば，飼料生産圃場や牛舎施設が想定されるが，これらは低コスト生産のための基盤である。所得率を高めるもう一つの方策として高価格販売がある。都府県酪農の強みは，消費者に近く，飼料基盤としての水田（転作田）も豊富に存在していることから，消費者交流や耕畜連携に取り組みやすいことである。これまでも酪農経営が地域農業の中心的な担い手となり，転作田や堆肥を媒介とする耕畜連携や資源循環が地域農業の発展に大きく寄与してきた事例は少なくない。こうした取り組みをさらに進め，高乳価に結びつけ，所得率の高い生産基盤を形成することが必要である。一方，酪農経営の持続的発展のためには，後継者の育成が不可欠であるが，酪農生産の技術革新は急速であり，後継者就農のため革新技術にキャッチアップしようと

図Ⅲ-3〔2〕-1　搾乳牛頭数規模別にみた農業所得の推移（都府県）

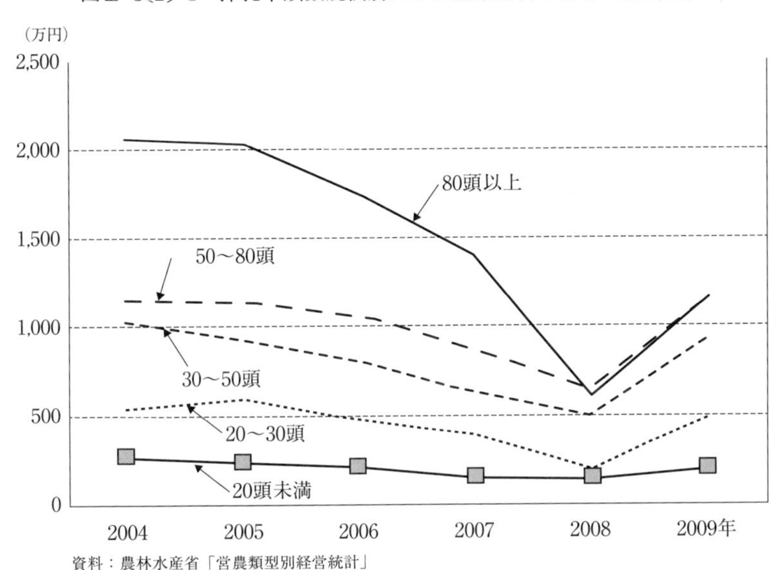

資料：農林水産省「営農類型別経営統計」

すれば多額の投資が必要になる。

本節では，都府県酪農の典型ともいえる，東北地域の水田酪農の小規模産地（酪農家数11戸）において，酪農生産力の回復と発展を達成した事例を対象とする。ここでは，雄勝酪農協（雄勝酪農農業協同組合）の主導により，牛乳の直売（産直）や稲WCS（ホールクロップサイレージ）利用，消費者交流会，酪農ヘルパー，搾乳ロボット・フリーストール牛舎のリース事業などが取り組まれ，高乳価販売と後継者就農を実現している。こうした取り組みの実態について分析し，その成果について検討する。

2．雄勝酪農協の事業展開

雄勝酪農協は，秋田県の平坦水田地帯に位置する湯沢市と羽後町（一部）を範域とする専門農協であり，1951年に酪農家21戸（乳用牛40頭，年間乳量93t）で設立された。同年に牛乳処理工場を建設し，認可後の1955年に新工場が建設されてから牛乳販売（市乳事業）を始め，1957年には集約酪農地域に指定された。その後，1960年に大手乳業会社の工場が湯沢市に誘致されたことから，市乳事業は一旦中止したが，同工場が1979年に閉鎖されたのを契機に，市乳事業を再開し，独自ブランドである「雄勝牛乳」が誕生した。

現在（2010年）の雄勝酪農協は，酪農家数11戸，乳用牛飼養頭数（経産牛）314頭，出荷乳量2,229tという小規模な組織であり，常勤役員（組合長）1名と職員5名で運営されている。酪農家の1戸当たり平均出荷乳量は203t，1頭当たり個体乳量は7,099kgである。また，酪農家のほとんどは「酪農＋稲作」経営であり，家族労働力主体で経産牛12～50頭，飼料作（転作田）0.5～20haの経営規模である。

雄勝酪農協の独自ブランドである「雄勝牛乳」は，1979年の当初より直接販売され，1983年には近隣の生協への供給も始まった。後述するように，牛乳の直売（産直）事業はその後も拡大し，雄勝酪農協の基幹的な事業として継続している。また，この事業を補完，強化する取り組みとして，消費者交流会（1992年～），飼料の共同購入（2000年～），自給飼料生産（2001年～）が行われている（表Ⅲ-3〔2〕-1）。消費者交流会は生協や市民団体を対象に牛舎見学や搾乳体験，草地・トマト畑見学，野菜の産直などが行われ，牛乳産直事業を通して，消費者の酪農への理解を深めることに貢献している。この取り組みから，生協に「産直牛乳（雄勝牛乳）生産者にタオルを送る会」が組織され，2010年には2,000枚余りのタオル（搾乳作業で使用）が贈呈された。配合飼料の共同購入は1989年の委託生産から始まり，2000年には配合飼料の一部をNon-GMO（非遺伝子組み換え作物）に切り替え，2002年からは配合飼料の全量をNon-

表Ⅲ-3〔2〕-1　雄勝酪農協の取り組み

	年次	内容
牛乳直売	1957～59 1979～	生協，宅配，学校給食，卸売会社
配合飼料の共同購入	1989～	Non-GMO配合飼料は2000年～
酪農ヘルパー	1991～	定休型，専任ヘルパー1名
消費者交流会	1992～	生協
自給飼料生産	2001～	稲WCS，細断型ロールベーラ（2010年～）
牛舎リース	2007～	搾乳ロボット・FS牛舎（3戸）

GMOに切り替えている。配合飼料のNon-GMO化は直売牛乳の安全・安心感を高めている。自給飼料生産は，後述するように，地域資源である水田（転作田）の活用として稲WCS利用が2001年から取り組まれ，直売牛乳の差別化に貢献している。

また，その他の事業として，酪農ヘルパーと牛舎リース事業，チーズ工房の取り組みがある。このうち前二者は後継者の就農に結びつき，後一者は牛乳販売の付加価値を高めるものである。このなかで，酪農ヘルパーは雄勝酪農協の直営事業として取り組まれている。専任ヘルパー1名を雇用し，当初より定休型（2〜3日利用／月）としてスタートした。ただし，設立時34戸の組合員のうちヘルパー利用農家は20戸にとどまり，残りの小規模酪農家は緊急時に利用することになった。牛舎リース事業は，後述するように，フリーストール牛舎と搾乳ロボットをセットで導入し，そこに後継者を就農させる事業である。また，チーズ工房は2005年頃からチーズ製造の研修や講習を重ねて習得した技術で，2011年からチーズの製造・販売がスタートした。

3．牛乳直売の取り組み

雄勝酪農協は牛乳製造プラントを所有していないことから，雄勝酪農協が出資している二つのプラント（湯田牛乳公社と秋田県農協乳業）に委託製造した牛乳を販売している。牛乳直売は1979年から本格的に取り組まれ，以降，生協産直や学校給食を加えながら，2010年には五つの販路に三つのブランドで販売し，100％直売を達成した（図Ⅲ-3〔2〕-2）[1)]。一つめのブランドである「雄勝牛乳」は，低温殺菌・Non-GMO・瓶詰めが特徴で，地域資源の活用をセールスポイントとして，生協・宅配・学校給食に販売している。二つめのブランド「こまち牛乳・おばこ牛乳」はNon-GMOが特徴で，卸売会社をとおして量販店で販売されている。三つめのブランドもNon-GMOで生協のPB（プライベート・ブランド，雄勝酪農協の産地指定）として販売されている。

つづいて，直売牛乳の商流についてみると，雄勝酪農協が指定団体に出荷するところまでは共通で，生協（雄勝牛乳）・宅配・卸売会社向けは湯田牛乳公社

図Ⅲ-3〔2〕-2　雄勝酪農協の牛乳販売（2010年）―物流―

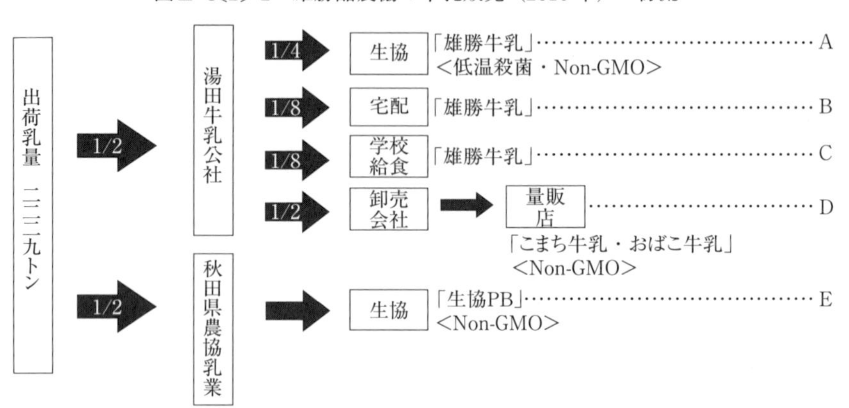

表Ⅲ-3〔2〕-2　雄勝酪農協の牛乳販売 ―商流―

販路	商流
A・B	生乳を指定団体（東北生乳販連）に出荷・販売（委託）し，湯田牛乳公社が購入。酪農協が湯田牛乳公社から牛乳を仕入れ，酪農協が販売。
C	生乳を指定団体に出荷（販売）してから買い戻し，湯田牛乳公社に牛乳製造を委託し，酪農協が販売　(販売乳価100円／kg，買い戻し乳価120円／kg)。
D	生乳を指定団体に出荷・販売（委託）し，湯田牛乳公社が購入。酪農協が湯田牛乳公社から牛乳を仕入れ，卸売会社に販売。卸売会社は量販店に卸し，量販店が小売り。
E	生乳を指定団体に出荷・販売（委託）し，農協乳業が購入。生協が農協乳業から牛乳を仕入れ，小売り。(産地指定：生協の産直基金から酪農協に支払いあり）

が指定団体から生乳を購入し，製造された牛乳を雄勝酪農協が仕入れ，それぞれに販売している。学校給食向けは，雄勝酪農協が生乳を指定団体から買い戻し，湯田牛乳公社に牛乳の製造を委託している。また，生協（PB）向けは，秋田県農協乳業が指定団体から購入し，生協に販売しているが，雄勝酪農協の産地指定があり，産直基金から雄勝酪農協への支払い（プレミアム）がある。

こうした取り組みにより，雄勝酪農協の2010年の乳価は102円／kg（補給金を含む）となっている。また，2009年の乳価は104円であり，同年の秋田県平均97円に比べ高い乳価を実現しているといえる。また，2011年に始まったチーズの製造・販売は6次産業化の取り組みをさらに広げるものであり，付加価値の増加が期待できる。

４．地域資源としての稲 WCS 利用

牛乳直売の基盤となる地域資源活用の取り組みとして，稲 WCS 利用がある。湯沢市における稲 WCS 生産は耕種経営（個別）が栽培まで行い，収穫調製を畜産経営（集団）が行う方式で，湯沢市農業再生協議会（旧水田協）が全体計画を策定し，両者の連携をとっている（図Ⅲ-3〔2〕-3）。湯沢市には二つの集団があり，そのうちの一つが雄勝酪農協のコントラクタ組織（雄勝酪農生産組合）で，2001 年にスタートし，2010 年の収穫面積は 36ha である。なお，コントラクタのオペレータは酪農経営から出役し，作業時間に応じて賃金が支払われる。酪農経営では稲 WCS が経産牛に通年給与（原物 6～8kg ／日）され，購入粗飼料（ストロー乾草）の節減につながっている。

図Ⅲ-3〔2〕-3　湯沢市における稲 WCS の生産・利用主体

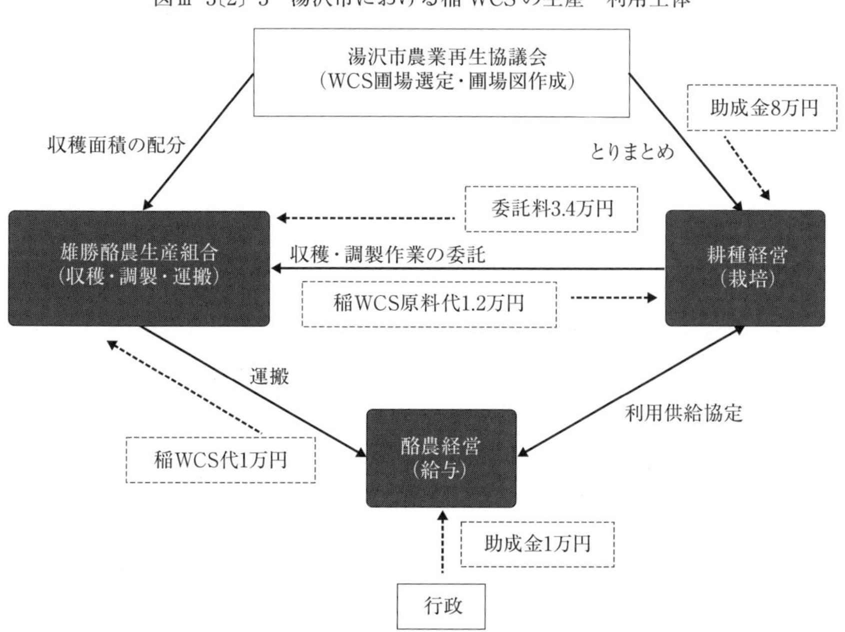

注：助成金等は10a当たり

そこでの助成金等のやりとり（2010年）についてみると，再生協議会から耕種経営への助成金が10a当たり8万円，耕種経営がコントラクタに支払う収穫委託料が3.4万円，コントラクタが耕種経営に支払う稲WCS原料代が1.2万円（生育状況に応じて減額あり）である。また，酪農経営には行政からの助成金（国産粗飼料緊急対策事業）が10a当たり1万円交付され，酪農経営は同額をコントラクタに稲WCS代として支払っている。なお，2009年までは収穫委託料は5,000円，耕種経営に支払う稲WCS原料代は無償であったことから，一部で捨て作り的な栽培もみられたが，助成金単価の引き上げを契機に，耕種経営における栽培へのインセンティブが生まれるような仕組みに改善されている。

取り組み主体における経営収支をみると，耕種経営の10a当たり費用は64,000円程度（うち収穫委託料34,000円，労働費を含む）[2)]，同じく収益は92,000円（助成金80,000円，稲WCS売上12,000円）になり，純利益が確保されている。一方，2008～2009年までは助成金が4～6万円程度であったため，経営収支がほぼ均衡する状況であった。次に，雄勝酪農協のコントラクタ組織では，10a当たり費用が23,000円に対し，収益が33,000円となり，こちらも純利益を確保している。これらの結果，酪農経営は10a当たり1万円の支払いで稲WCS（約1.8t）を利用することができ，原物1kg当たり5～6円という低コスト粗飼料が調達できている。

その他にも，コントラクタ組織の取り組みとして，2010年に細断型ロールベーラを導入し，トウモロコシの収穫調製作業を行っている。2010年には，転作田で栽培されたトウモロコシ25haが収穫された。こうした地域資源の活用が生協などとの消費者交流の契機となり，牛乳のブランド化と直売につながっている[3)]。

5．リース事業による技術革新と後継者就農

雄勝酪農協が事業主体となり，2006年度「強い農業づくり交付金」事業で，搾乳ロボットを基幹とする一連の牛舎施設（総事業費は3戸分で約3億円，補助率50%，3戸はネットワーク型共同経営として運営）を建設し，これを新規就農者に

リースすることにより，技術革新と後継者の就農を同時に実現している。酪農生産分野の最新施設は一般に極めて高額で，しかも新規就農では，酪農施設に加えてトラクタや乳用牛の導入資金も必要なことから，全額自己負担で参入することは困難である。そこで，補助事業と低利融資を巧みに組み合わせたリース事業とすることにより，新規就農でも参入できる条件を整えたのである[4)]。

このなかで，県外から参入した新規就農の事例では，2007年6月に経産牛40頭，飼料作面積5ha（すべて転作田借地でトウモロコシ栽培）の規模で営農を始めている。労働力は夫婦2人で，営農開始時の年齢は26歳と23歳であった。2009年の営農実績は，経産牛47頭で出荷乳量は480tであり，就農3年目であるにもかかわらず経産牛1頭当たり乳量1万kg（搾乳回数2.5回／日）を達成し，ロボット搾乳の効果が発揮されている。この経営の資金繰りについてみると，牛舎施設や乳用牛（40頭），トラクタ等購入のための借入金が約8,000万円（スーパーL資金5,000万円，後継者育成資金1,800万円，農業改良資金650万円など）あるが，そのほとんどが無利子資金で，その元利償還金が500万円，加えて乳用牛（15頭）の預託料支払いが300万円である。したがって，年間800万円の支払い額になるが，牛乳売上高が約5,000万円あることから，返済可能な財務状況といえる

このように，行政の助成事業と低利融資を活用することにより，技術革新の著しい酪農の最新技術をキャッチアップし，若い後継者の就農を実現している。

6．考察

都府県酪農の生産基盤が縮小する中にあって，雄勝酪農協では，牛乳直売による高乳価を背景に，助成事業を活用して最新型の酪農施設を整備し，新規就農を実現し，酪農産地として出荷乳量の維持・発展を図っている。そこでの取り組みは（図Ⅲ-3〔2〕-4）のように整理することができる。牛乳のブランド化と直売が高乳価をもたらすが，その基盤（契機）になっているのが稲WCSなどの地域資源利用である。また，後継者の就農では助成事業を活用した最新酪農

図Ⅲ-3〔2〕-4　雄勝酪農協の産地発展方式

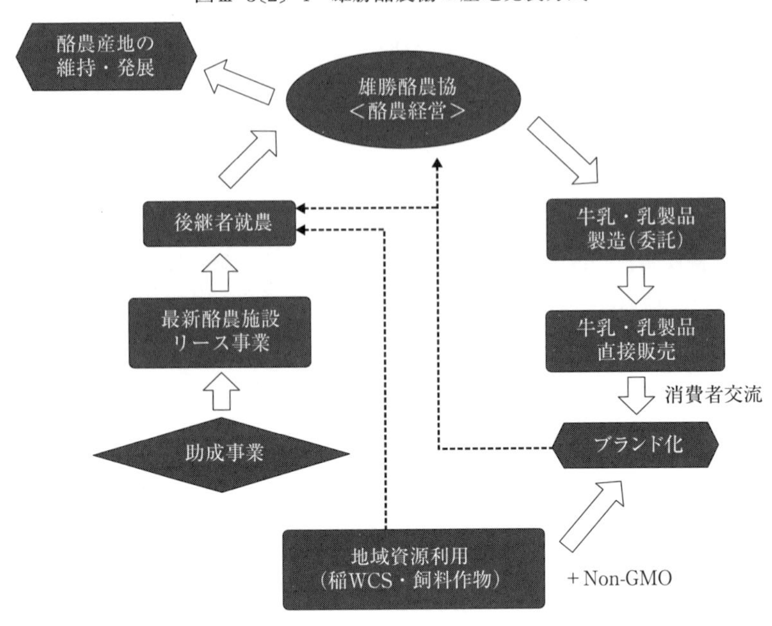

施設が基盤になっているが，そこでの営農を可能にしているのが高乳価と地域資源利用による飼料基盤である。こうした取り組みの結果，雄勝酪農協の出荷乳量は1999年の2,568tから2006年に1,433tまで減少したが，2008年には2,509tまで回復することができた。牛乳直売と転作田利用は，飲用乳地帯である都府県酪農に共通する経営資源である。こうした資源を活用して酪農生産力を回復することができれば，酪農産地の維持・発展につなげることができる。また，これまでみてきたように，雄勝酪農協は典型的な都府県酪農の小規模産地でありながら，酪農の生産現場でおよそ考えられるほとんどの事業に取り組んできている。こうした積極的な姿勢がもう一つの経営資源として欠かせない。

注

1）東日本大震災の影響でNon-GMO飼料の供給が一時的に停止した際に，生協への販売も中止せざるを得なくなり，調査時点（2011年9月）でも中断が続いている。

2）2008年調査結果に基づき，収穫委託料と助成金を2010年数値に置き換えて算出した。

3）消費者交流と牛乳のブランド化については，鵜川洋樹：『平成21年度 畜産物需給関係学術研究情報収集推進事業 報告書「ミニプラント型酪農経営の生産方式と流通実態」』農畜産業振興機構，1-20（2010年3月）を参照。

4）牛舎施設の建設事業の補助残は，新規就農した経営が借り入れた資金で支払っている。

〔付記〕本研究はJSPS科研費24580326の助成を受けたものです。

〔3〕大消費地周辺における酪農の産地再編と経営展開
—個別展開型メガファームの事例—

畠山　尚史・藤田　直聡

1．朝霧メイプルファームの経営展開

(1) 開拓の歴史

朝霧メイプルファーム有限会社（以下，朝霧メイプル）は富士山西麓の「朝霧高原」（静岡県富士宮市）に立地している。戦後の開拓事業として「自作農創設事業」が開始され，長野県出身の若い人達が，この地に集団入植して開拓が始まった。入植後は肥沃な土壌とはかけ離れて，農作物は充分に実らず，困難な時期を経た。そこで次第に天候に左右されない畜産業が発展してきた。畜産業の選択的拡大を進めた農業基本法の振興路線ともマッチしていた。その後，「高度集約酪農地域」の指定を受けて，ジャージー種250頭余の導入を図り，本格的に酪農専業地帯としてその基盤固めがなされてきた。

1970年代には草地基盤事業が行われ，草地造成・改良や整備事業が立て続けに採択されて，自給飼料の草地基盤が形成された。また呼応する形で，酪農施設の近代化計画が策定された。家畜生産性の向上を目指し，生産性の高いホルスタイン種が選択されて，高度な遺伝改良技術を背景に高泌乳への拍車がかかった。1980年代には畜産基地建設事業により共同利用の促進，高性能機械技術の進展で，ますます酪農専業地帯としての名を馳せることになった。

1990年代になると，乳製品プラントの製造事業が全国各地で策定され，管内の農協でも「農業構造改善事業」で建設されたミルクプラントが本格的に稼働した。乳製品加工処理施設の他にも，地元特産物の販売施設，グリーンツーリズムのための宿泊施設，農産物の直販施設，高い消費が見込まれるアイス工房が建設された。このような施設整備により，単なる酪農生産地域から，大消

費地周辺立地のメリットをいかし，消費者に対して牧歌的景観と酪農体験を提供することで，産業としての酪農の位置づけを確立すると共に，農畜産物の消費拡大に努めてきた。

(2) 経営概況

朝霧メイプルの経営概要をみてみる。牧場発展の基盤には，上記の富士開拓で展開された各種事業がある。かつては畑作中心であった経営から1954年の高度集約酪農地域指定を受けた後は，酪農専業経営にシフトした。さらに1970年代の飼料基盤整備事業では，飼料作と牧草地の基盤が形成されて，粗飼料主体で，一部は放牧体系を導入した経緯がある。1980年からは近代的大規模草地酪農地帯として，自家育成牛の飼育で，さらなる頭数規模拡大を図り，1988年には年間生乳生産量300トンに達した。さらに拡大を目指し，自家育成牛の充実化や外部からの初妊牛の導入を図り，常時100頭，生乳生産量1,000トンの目標を設定した。この目標は1999年に達成された。

現在の朝霧メイプルの構成員（牧場出資者）は代表取締役丸山富男氏と妻の2名，従業員が6人，外国人研修者が5人からなる。従業員の中には丸山氏の息子も参画して，牧場のハーズマン的存在である。経産牛は370頭，生乳生産は3,500トン，生乳売上高は3億8,000万円規模を誇るメガファームである（表Ⅲ-3〔3〕-1)。ちなみに乳価はここ数年で96円から98円の水準で推移している。

飼料面ではエコフィードとしてカス類，シトラスパルプ（ミカンの絞りかす）を副産物利用している。施設地は6haに及び，3棟のフリーストール牛舎，搾乳施設，哺乳牛舎，事務所などからなる。1980年代に丸山氏はフリーストール飼養形態を独学で学び，100頭以上規模に対応する牛舎構造を研究したうえで，フリーストール飼養を始めた。その結果，規模拡大や低コスト

表Ⅲ-3〔3〕-1　朝霧メイプルの牧場概要

構成員	2名
従業員	6名
海外研修生	5名
搾乳牛	321頭
経産牛	370頭
うち3産	183頭
うち2産	61頭
うち1産	126頭
牧草地	70ha
分娩間隔	410日
生乳生産量	3,548トン
生乳売上高	380,209千円

資料：2010年経営データより

化が果たされ，経営は順調に進んでいった。その一方で酪農飼養の技術革新は日ごとに進展し，これからの飼養技術の革新を考えれば，規模拡大が可能となることを見出し，今後の経営動向を見通した時に，さらなる規模拡大を目指した。その際，地域で増大する耕作放棄地をいかにして地域で解決していくのかを考えたときに，自分が規模拡大することで耕作放棄地を活用しようと考えたのである。規模拡大にあたっては，アメリカのサンベルト地帯で主流である500頭規模層を想定し，第一段階として450頭を目指して，牧場を法人化，企業化し，2006年8月に「朝霧メイプルファーム有限会社」を設立した。事業費は総額約5億円，事業名は「強い農業づくり交付金等事業」と「バイオマスの環づくり交付金事業」である。

2．産地再編の取り組み

(1) 乳量の安定と飼料費の低コスト化

2006年の4月に牛舎が完成したが，諸事情で本格的に搾乳体制が完備されるには8月まで待つことになった。この4ヶ月の計画倒れは経済的にダメージをもたらした。また，新牛舎を建設した早々，牛の疾病が多発した。そのため，売上高が低迷し，飼料費など直接費の支払いに困窮してしまった。そこで，愛知県の開業獣医師に包括的な技術コンサルタントを依頼した。飼料設計，繁殖管理，衛生管理などすべての飼養面の改善指導を受けた。まずは経営悪化の根源が乳房炎であったため，乳房炎対策を優先的に講じた。牛舎内での衛生，搾乳の手順，偏りのない飼料給与，免疫力アップの飼養などコンサルタントの指導を着実に実践した。その結果，2009年には完全に回復した。乳房炎罹患牛がピーク時には牛群の20%ほどであったが，いまでは1%以下に抑えられている。売上高も順調に伸びた。2007年から3回搾乳を開始，さらに子牛販売価格も上向きになり，子牛売上高も伸びた。導入牛の調達に際して，血統や種の明確な受け入れ基準を設定した。図Ⅲ-3〔3〕-1には2006年から2010年までの朝霧メイプルの生乳生産量を示したが，2007年には2,600トンに達し急に増加した。飼養上の牛群トラブルもなく，売上高，利益ともに向上した。同時に自給飼料生産にも力を入れてより栄養価の高い粗飼料が摂取できるように乳牛用飼料の充実化がなされた。この結果，2008年では58.9％と高かった乳飼比が，2009年には43.4％に低下した（図Ⅲ-3〔3〕-2）。これによる経済的メリットは大きく発現した。2010年には子牛売上は高品質，高値で取引されたため前年に比べても良好に推移，成牛の増加でヌレ子の販売高も増加した。売

図Ⅲ-3〔3〕-1　生乳生産量の推移

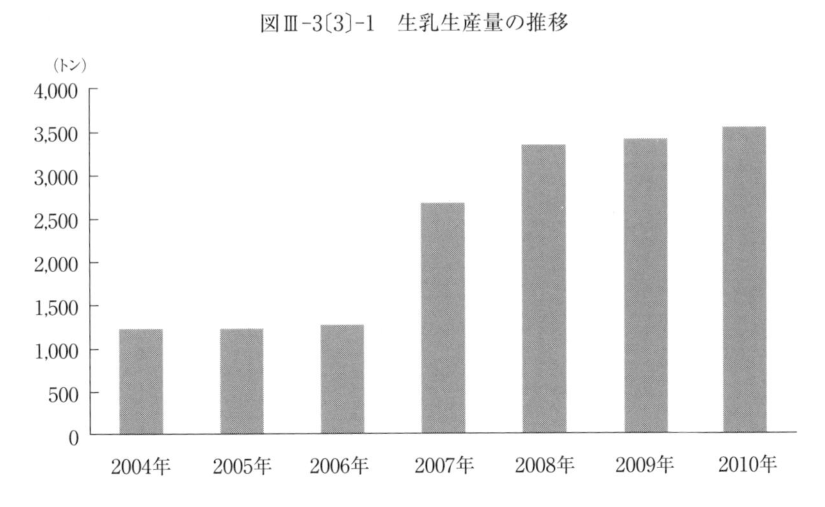

図Ⅲ-3〔3〕-2　乳飼比の推移

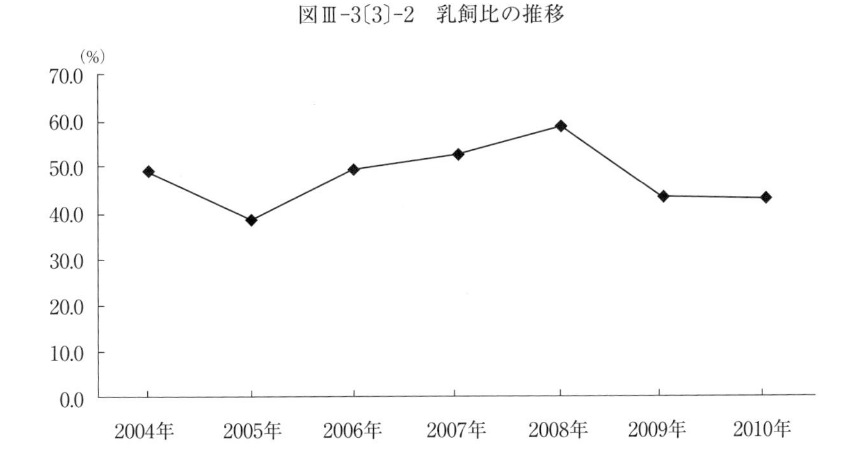

上高利益率は前年が6.2％に対して10.5％と順調に伸び，疾病も少なく，乳量が安定した。

牧草地は主に借地で，約70haの採草地である。2006年の牧場設立時は16haであったが，次第に増やしてきた。牧場関係者や農業振興公社も含め27人（団体）から，30haは近隣の育成牧場から借りている。毎年の地代は約500万円発生している。少しでも粗飼料の自給に力を入れようと，草種はオーチャード，白クローバー主体，貯蔵技術はスタックサイロで調製し，より良い発酵，高品質な自給飼料作りに励んでいる。時に収穫時の天候を見計らって，適期刈り取りをしている。効率良く作業をするため，一部は地元の土木・建設業者に委託している。スタックサイロは安価でできる貯蔵技術で，朝霧地区の酪農経営では長い間，標準的な貯蔵方式になっている。スタックサイロは朝霧地区内では画一された技術であり，安定した粗飼料の基礎となっている。牧草の収穫は5月下旬から1番草，2番草は7月下旬から，3番草は8月末から始め，9月には堆肥散布するという自給飼料生産のスケジュールである。デントコーンは獣害のため現在は作付けしていない。府県型酪農でありながら，牧草地という資源を有効に活用し，有利性を発揮して粗飼料自給率を高めていこうとしている。これからも，頭数拡大と草地取得は軌を一にした牧場の発展方向を目指している。朝霧高原の牧場経営者の社会的意義は，一にも二にも，地域に残った営農主体が耕作放棄地を極力少なくし，粗飼料基盤の充実化のために積極的に牧草地利用を果たすこととしている。労働人材として，海外外国人を積極的に受け入れる牧場が増えているが，朝霧メイプルでは5人の海外研修生がいるが，今後の受け入れについてはもう少しわが国の受け入れ制度の拡充化度合いをみてから本格的に着手する予定である。

(2)　メガファームの高度な飼養技術革新

2011年の経産牛は順調に推移して460頭に達する。ホクレンの市場から初妊牛を毎月15頭ほど導入している。飼養は大規模経営では典型的なフリーストール方式，給餌はTMRミキサーを用いながらの合理的な飼養体系を完備している。特にウエイトを置いている作業が牛群のモニタリングと乳房炎対策である。これら作業を牧場飼養の重点対策として，牧場スタッフの全員が一丸となり取り組んでいる。この地道な取り組みが，牧場成長の基盤になっている。繁殖管理は専任スタッフが担う。すべての乳牛に万歩計を付けて，歩数のデータ管理により発情兆候や牛群チェックを実施している。牛群管理ソフト（「デイリープランC21」）を用いて，パーラーからの乳量をベースに，牛の疾病対策，人工授精の適期，高泌乳ステージにおける牛群管理，乾乳と廃用のタイミングなど定量化された乳量や繁殖データの把握，一方では繁殖用で牛群の繁殖状況が色別で捉え見える化された「円盤ボード」の活用といった総合的な繁殖対策を講じている。

(3) 効率優先の搾乳作業と飼養管理のレベルアップ

図Ⅲ-3〔3〕-3には，朝霧メイプルの日乳量の推移を示した。酪農作業の根幹である搾乳において，朝霧メイプルは重点的に，効率よく行っている。搾乳形態は21頭ダブルのパラレルパーラーで，4人の担当で1日3回の搾乳作業である。搾乳部門には2人の専任がいる。搾乳時間は1回目が5時20分から7時20分，2回目が13時20分から15時20分，3回目が20時20分から22時20分でそれぞれ約2時間の作業である。ふん尿処理は1日3回の除ふん作業で，敷料を入れたベットメイクも欠かせない。給餌は1日4回，飼料設定は日

図Ⅲ-3〔3〕-3　乳量レベルの推移

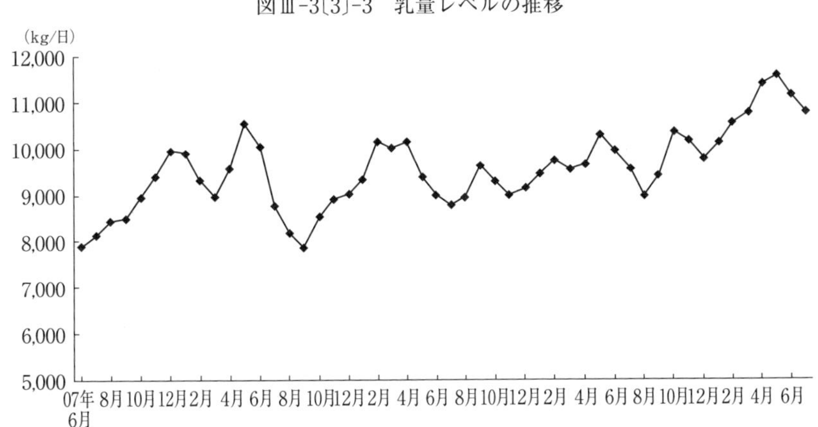

量35kgである。猛暑の対策として，パーラー内にはシャワー・ミストが設置してある。搾乳手順は徹底してマニュアル化されている。乳頭へのプレディッピング処理，牛へのアプローチ，前搾り，乳頭の自動洗浄，ミルカー装着，ミルカーの自動離脱後の水洗浄，ディッピング処理という流れである。この作業手順は未経験者でも，継続することで，高度な搾乳テクニックの体得が可能となる。乳房炎対策のポイントは，敷料としてのオガクズの豊富さと，搾乳手順のマニュアル化，さらには乾乳期の治療，無駄な治療をなくすこととしている。蹄浴手順をマニュアル化して蹄病牛が減った。これにはアフターケア，従業員間で情報の共有化を図ったことも寄与している。このように牧場のスタッフが乳房炎対策に一丸となった組織力，問題の意識化があり，いま一つは徹底した敷料交換で１日３回交換するほどである。かつての乳房炎の多発は敷料の不衛生に起因していることから敷料交換は惜しみなく丁寧に行っている。さらに敷料のカビ対策として，消石灰を頻繁に散布している。

３．産地発展の可能性

(1) エコフィードの取り組みと乳飼比の削減効果

朝霧メイプルでは飼料調達が穀物市況の変動に左右されることによる不安定性を懸念して，自給飼料生産の基盤強化とエコフィードに取り組むことで，飼料費の低減を図っている。この成果は前掲図Ⅲ-3〔3〕-2に示したように，乳飼比の低下に表れている。通常の給与はサイレージ20kg/頭，通年給与で指定配合としょう油カスとシトラスパルプ（柑橘類）である。これらのすべてが低コスト対策に結びついている。おからカスも将来的には利用する方向である。しかし，衛生面でも不安が残り，さらに情報を入手して，新たなエコフィードを考えていくことである。また，産業の残渣物も扱うことから，そのための資格が必要になり，代表者の妻が産業廃棄物処理業の処分業許可免許を取得した。このようにエコフィードの利用には，それを取り扱いながら，適切に処理する資格が必要で，そのことを妻が担い，牧場のエコフィード技術の確立を可能としている。また，大量に生じるパーラー排水の利活用にも心がけるという環境保全対策を講じている。これは地元の環境保全の研究を行っている中小企業の研究会社が牡蠣殻を触媒とした浄化システムの開発に成功し，朝霧メイプルで導入している。

(2) 循環農法を重視した都市近郊型環境保全対策

環境保全対策として，家畜ふん尿処理から堆肥製造は地元の環境関連の製造メーカーに依頼している。さらに地元管轄の富士開拓農協が組合員の堆肥供給のリストを作り，それぞれの堆肥の特徴を紹介して，販路につなげている。朝霧メイプルの堆肥は「メイプルパワー」という名称で，窒素，リン酸，カリ，水分，炭素率の成分を明記している。副資材におが粉，剪定枝で，堆肥化の方法は強制撹拌，切り返しは3日に1回，堆肥化までの日数が40日である。堆肥の庭先価格はバラ（1m^{3}あたり）で1,000円から1,500円である。ある程度のロットが確保されているので，価格は供給農家群の中では安価で提供している。さらには，家畜ふん尿を食品残渣と混ぜた堆肥も製造し，山梨県に販路がある。そこでは，県内の農協が朝霧メイプルの堆肥をブランド化して販売し，全体の取り扱い量の80%に及んでいる。

(3) 経営マネジメント機能充実と定期的な戦略会議

朝霧メイプルでは，定期的な経営戦略会議を開催している。メンバーは静岡県富士宮市，静岡県信連，日本政策金融公庫，地元の信金，富士開拓農協，あかばねクリニック（飼養技術コンサルタント）から成る。数ヶ月に1回開催で，35回に及ぶ。朝霧メイプルのモットーは，常に行政サイドや地域関連団体との協調的歩みを目指している。特に金融面では，静岡県の条例「金融円滑化法」により，償還期間の変更と県が単独で利子補給をしている。朝霧メイプルでは，牧場立ち上げ時に発生した乳房炎，分娩後の起立不能などによる多数の淘汰と多額の損失で，2006年から2008年に償還困難に陥った。この状況下で，適切な資金繰り対策として，静岡県の金融支援に依存した。これも地元団体や行政も関与した定期的な経営戦略会議を行い，経営問題について広範囲のメンバーで共有化した結果と考えられる。

次に経営効率の向上策を目指した取り組みとして，主要な経営分析指標を定期的に捉えて，牧場の成長軌道を把握している。1日当たり乳量，出荷乳量，入金乳単価（乳代÷出荷乳量），実質入金額（乳代として入った額），乳飼比の対前期比較グラフをすべて月別に捉えて作成し，牧場の経営動向の指標としている。また，指定配合飼料の単価の動き，飼料以外にも，生産コスト大きな変動要因となる敷料費と人件費の動きを詳細にチェックしている。売上高に対するそれぞれの費目の比率を算出し，敷料費は4%以内に，人件費は10%以内に抑えることを目安としている。

(4) 都市と農村を結ぶ消費者向け交流

朝霧メイプルの消費者向け取り組みとして，搾乳作業のガラス張りがある。常に他者から見られていても，堂々として搾乳作業に従事している姿勢である。代表の丸山氏は牛乳乳製品の消費拡大のために，「開かれた牧場」でなければならないとの見解をもつ。普段のルーチン化された搾乳作業，給与作業，さらには人工授精作業など，生乳生産のプロセスを一般消費者に見てもらい，あるいは体感してもらうことは消費拡大への近道であると考えている。搾乳作業を誰から見られていてもよいような体制を敷いている。また，これまでに林間学校として小学生向けに牧場体験の実施，観光客には牧場内から富士山をバックにした写真撮影場の提供し，牧場からみる富士山の雄大な景観を観光客と共有している。小学生との交流はまさに酪農教育ファームの実践である。このことで小学生に対して酪農や農業の魅力を伝え，関心をもってもらうことを目指している。また，検討中であるが，富士開拓農協の「富士ミルクランド」のヨーグルト工場を完全に朝霧メイプルが担う計画もある。これには従業員スタッフが日頃からヨーグルト製品のニッチを目指し，提案し合っている。毎年9月には朝霧JAM（ロックフェスティバル）があるが，このイベントに参加する人達に対しても，朝霧高原のイメージアップに努めている。朝霧メイプルの牧歌的なイメージと富士山の景観をマッチさせ，朝霧地区の価値を高めようとしている。このイベントでは環境問題の啓発や富士宮市の地場産品のPRなども行っている。イベントで発生したゴミを堆肥化し，その堆肥を使って農作物を栽培することも行っている。さらに富士山の観光地としての機能がますます盛り上がる兆しである。

4．まとめ

朝霧メイプルの産地再編と産地発展の可能性について検討したが，そこには，乳房炎を抑えた安心安全の対策，経営効率を目指したコスト・コントロール，食品残渣や副産物の飼料化（エコフィード）による有効な飼料調達，循環農法を考慮した堆肥製造，都市と農村を結ぶ交流活動などの取り組みがあった。これらの牧場での個々の取り組みが，産地再編の大きなうねりとなる。特に消費者に向けた対策を講じる上で，朝霧高原の牧場には，いくつか酪農作業の体験型牧場や牛乳・乳製品プラントがあるが，朝霧メイプルはそれら牧場や関連団体と協調し，派生しながら取り組んでいる。この牧場間の繋がりには富士開拓農協の観光や乳製品販売に向けた企画が挙げられる。組合の中でも規模が大きい朝霧メイプルが周辺農家をリードする形で，この企画を遂行してきた。

朝霧メイプルを事例に産地再編を考察すると，都市近郊で観光地，さらに国道139号線沿いに立地していることは，規模拡大を目指す酪農経営にとっては大きなデメリットであるが，それが販売や観光客相手と考えると大きなメリットになり，まさにデメリットをメリットに替えることで牧場発展に拍車がかかる。その個別的な発展が産地発展に結びつく可能性が示唆できる

〔4〕新たな牛肉需要に対応した肥育産地の再編と展開方向

福田　晋

1．はじめに

牛肉の品質については，枝肉の格づけが指針となっている。中でもBMSナンバーによるサシの程度は格づけの重要な基準となっている。このような市場の格づけ情報に従って，多くの肉牛肥育経営者は肉用牛の飼養を行ってきた。その結果として，和牛を中心に輸入穀物を主原料とする配合飼料多給飼養体系が確立されてきた。

一方，牛本来の粗飼料を主体とした飼養に加えて，条件不利地域における低コスト飼養体系として放牧飼養は繁殖部門において長年追及されてきた〔1〕。しかし，その普及はあくまで一部にととどまり，繁殖と肥育過程が分離する中で穀物多給型の肥育体系から遡及した繁殖飼養体系という構造ができあがった。

ところで，消費者のニーズも多様化し，健康志向による赤身肉需要は，牛肉購買の際にサシをあまり重視しないという行動にも反映されてきた〔2〕。さらには，耕作放棄地等を利用した放牧等も推進されつつある。

以下では，上述した肉牛産地の動向を踏まえて，次の二つの観点からアプローチしてみたい。まず第1に，肉牛繁殖部門と肥育部門との連携という観点である。放牧等を取り入れて粗飼料多給型の子牛を繁殖部門が供給しても，その飼養体系が肥育部門に連続せず，サシを重視した穀物多給型飼養に向かうという現状を打破して，繁殖部門と肥育部門が連携した粗飼料多給型飼養体系を構築できるかという課題へのアプローチである。第2に，多様化した牛肉需要が存在する中で，牛肉市場の中の粗飼料多給型＝健康・赤身肉志向のセグメント需要を把握し，そこにターゲットを絞ったマーケティングをいかに行うかという課題である。

以上の二つの課題についてアプローチする実証事例として，熊本県産山村上田尻牧野組合の事例をとりあげる。当該牧野組合は，上述の二つの課題にチャレンジして産地再編を図った一つの事例である。

以下では，まず放牧飼養の位置づけを簡単に整理する。次にその課題にアプローチして粗飼料多給型飼養体系を繁殖－肥育連携で取り組んだ当該牧野組合の実態について分析する。さらに，黒毛和種に席巻されてきたあか牛産地団体のマーケティングの課題について考察し，マーケットインの発想からターゲットを絞ったマーケティング戦略に取り組んできた経緯とその実態について検討する。あか牛は，黒毛和種と比較して，サシが少ないため市場での価格は低いものの，低価格で脂身の少ない健康志向な商品として市場で販売されている。しかし，全国的にみて生産されている頭数は少なく，消費者にあまり認知されていない。そのような中で，いかにあか牛の特性を出し，差別化したマーケティング戦略を採用するかが重要なポイントとなる。最後に，当該地区の事例を普及・拡大するための課題について言及する。

2．放牧飼養の課題

自給飼料増産と環境と調和した資源循環型畜産の推進という点で，放牧の推進はその大きなポイントとなるものである。効率性追求一辺倒の畜産から環境，安全，資源循環というキーワードに代表されるゆとりある畜産への方向の一極に放牧飼養が存在すると考えられる。そして，放牧の推進は，中山間地域で低利用，未利用状態にある土地資源を有効利用するという観点から，すなわち地域資源の管理という面からもその推進が要請されているといえよう[3]。

ところが，従来放牧利用は以下のような要因から停滞ないし減少してきた。すなわち，①酪農においては，乳用牛の高能力化が進み，これに伴って貯蔵飼料を主体とした周年舎飼体系へ移行し，肉用牛経営においては，放牧子牛の発育速度の遅延とこれに伴う市場評価の低さ等から放牧に対する意欲が低下した②技術面では，このような乳量・乳質や肉質の低下に対する飼養管理技術の対応の遅れに加え，ピロプラズマ病等の多発，放牧に適した牧草の制約等技術的な問題に対する解決策が十分確立されていなかった③土地利用面では，放牧に適したまとまった土地を確保する必要があるが，そのような土地の集積が困難である④林間放牧については，牧養力が低く大面積を必要とすることから牧柵の維持管理や林地の貸借料の占める割合が高くなり，樹木の生育等の関係から利用年数が制約されること，また放牧に伴う林木，林地被害の懸念から林業関係者の理解，協力が得がたいことなどである。もちろん，これらの阻害要因がすべて克服されてきたわけではないが，技術的な進歩により多くの課題は解決されているし，畜産を取り巻く社会・経済的環境や農業・農村をめぐる環境が放牧利用を促進する時宜にあるといえる。

そして，農林水産省の報告による「今後の飼料政策の展開方向」でも放牧の持つメリットとして，①労働力・資本の投入が少なく，畜舎等の設備についても最小限ですむことなどにより低コストで生産されること②家畜本来の生態にあわせた飼養形態となり，家畜のストレスが最小限となる飼養管理の下で健康な家畜から生産された畜産物が供給されること③草地の飼料生産量や土壌中の有機物の分解量に見合った家畜を飼養することにより，窒素，二酸化炭素等の土－草－家畜をめぐる物質循環が成立し，持続的で環境にやさしい生産が行われることを指摘している。すなわち，低コストでなおかつ環境や家畜に優しい畜産形態であると指摘している。しかしながら，条件の良い農地を持つところですべて放牧形態の畜産が展開されるわけではない。むしろ，中山間地域の地域資源である牧野，林野や傾斜地といった土地資源でこそ放牧は相対的に望ましい飼養形態となるべきである。

3．肉牛経営と付加価値形成としての６次産業化

今日の肉牛産業を見ると，肥育素牛となる子牛を放牧しても，市場で評価されないから放牧しないのが実態である。また，放牧を取り入れて粗飼料多給飼養した肥育牛は低い格づけで評価されていることも実態である。したがって，放牧の取り組みは，肉牛繁殖経営における繁殖メス牛に限定されてきた。サシ

志向の肥育経営では，放牧は忌避され，肥育素牛となる子牛も放牧飼養されるケースは稀であった。しかし，国民にそのような生産プロセス情報が伝わっているとは言えない。肉用牛で見た場合，子牛生産（繁殖）の現場と肥育の現場との相違と分離が理解されていないのが事実である。このことは，これまで，阿蘇・久住の広域農業開発事業により放牧の推進が行われてきたが，肝心の提携を進める施策が遅れたため，放牧技術と繁殖経営レベルのみの推進に終わったことを意味する。

以上のことを踏まえると，放牧飼養や粗飼料多給型飼養が評価されるシステムを自ら構築すべきである。放牧飼養した子牛が粗飼料多給型の肥育素牛として望ましいのであれば，それが評価されるシステムを構築すべきであり，粗飼料多給型の肥育牛を正当に評価してくれる顧客を探索し，正当に評価される取引過程を構築すべきである。それは，換言すれば，繁殖過程と肥育過程の提携である。そして，肉牛経営と実需者（顧客）との提携である。

繁殖経営にとって肥育経営を統合するか，提携するかということは，6次産業化の議論における統合を選択するか提携を選択するかという論理とまったく同一である。現状は，多くが市場出荷に依存しており，肥育との統合である個別一貫は進まず，地域一貫も遅々として進んでいない。繁殖と肥育による連携，とりわけ放牧メリットをつなげる連携を確立することが6次産業化のスタートである。

肥育との提携は，肥育サイドが川下ニーズをいかに汲み取り，統合化や提携を図れるかに関わってくる。産地団体レベルで食肉センターを所有し，実需者のニーズに向けてマーケティングできれば理想的であるが，それに準じるシステムをいかに構築するかが問われてくる。

ひるがえって，放牧という生産プロセスをシグナルとした統合や提携はどれだけ行われてきたであろうか。肥育との情報の断絶，川下の多様なニーズ情報との断絶，これらは，情報の経済学でいう情報の不完全性・非対称性といわれるものである。健康で低コストの肉牛を生産するという観点は，多くの消費者に受け入れられるはずである。この目標のもとに，繁殖産地，肥育産地，卸・小売との提携をいかに図るかが大きな課題となる。

4．熊本県産山村上田尻牧野組合における繁殖・肥育提携による粗飼料多給型飼養システムの確立

(1) 牧野組合の概況

熊本県阿蘇郡産山村の上田尻牧野組合は，入会権を持つ上田尻集落48戸が集落での話し合いで入会権の調整を行い，昭和50年に24戸で設立されている。昭和55年に肉用牛生産に意欲的な農家が広域農業開発事業に参加し入会地280haのうち100haを草地造成して採草・放牧を行い，繁殖牛の生産を中心として一部子牛を肥育する経営内一貫および牧草の生産・販売を行っている。現在，農家戸数は繁殖農家10戸，繁殖・肥育農家3戸，無家畜農家2戸の15戸であり，組合員の飼養する153頭の繁殖雌牛を放牧し，生産された子牛の一部常時85頭を肥育している。

草地畜産の展開において特筆すべきは，当牧野組合を対象にして昭和52年から4年半ほどかけて九州農業試験場（現在の（独）九州沖縄農業研究センター）と熊本県による肉用牛の草地畜産技術実証研究がなされたことである。この研究の成果は，阿蘇の改良牧野で普及可能な「和牛の生涯生産技術マニュアル」として昭和56年に公表された。その研究成果を基本とし，褐毛和種を用いて親子放牧した子牛を肥育素牛として，全期間粗飼料を飽食させる全期粗飼料多給型肥育方式を取り入れ，さらに発展させて確立していることである。

この間，広域農業開発事業の償還金返済に加えて，あか牛価格の低迷によって肉用牛部門を離脱し，施設園芸に移行したことで組合員が脱退し，肉用牛飼養頭数の減少に拍車がかかり，改良草地100haの維持が困難となり，一部荒廃し野草化していった。このような経過は，当該牧野組合に限ったことではなく，阿蘇・久住において広域農業開発事業に参加した多くの入会牧野組合が経験している。むしろ，このような経緯で草地畜産を断念したところが多いともいえよう。当該組合では，残った組合員の協力により平成12年に事業費の償還が完了したことから，平成14年から計画的な草地更新に着手し，平成20年までに改良草地面積63.5haの約50%の31.7haの更新を行っている。

一方，草地管理については，組合員全員が複合経営の中で牧野の作業が最優先と決められているなど組合内での協力体制が整えられ，牧野管理運営の理解を深める対策として組合員家族が除草剤処理等の年数回の草地管理に出役している。

現時点では，肥育事業のほかに牧草の生産・販売も行っており，組合の重要な収入源となっている。

(2) 全期粗飼料多給型肥育とマーケティング革新

この草地畜産技術革新を明確なマーケティングにのせてブランド化していることが当該牧野組合の取り組みとして評価しなければならない第2のポイントである。その第1段階は，牛肉卸業者との連携である。昭和57年に愛知県の卸売業者の社長が産山村を訪れて以来，褐牛の粗飼料多給型肥育による牛肉生産販売の産直委託契約を締結し，子牛生産者（繁殖）－牧野組合（肥育）－肉牛流通のチェーンを構築している。また，卸売業者の顧客との産直交流会を実施するなど顔の見える農業を実践してきた。

継承してきた革新的肥育技術である褐牛による粗飼料多給型肥育牛肉について，昭和58年12月に覚書をかわし，上田尻牧野組合生産の「うぶやまさわやかビーフ」を放牧和牛として，内臓疾患や薬剤の使用がなく，赤身肉であることによって脂肪が厚くならず低コスト低価格で，健康な肉牛から安全・安心な

表Ⅲ-3〔4〕-1　肥育牛取引における覚書の例

調印日	平成5年12月17日
前文	①放牧褐毛和牛の肥育に当たり，滝本理論に基づく粗飼料多給および十二分な放牧による牛本来の肥育システムを確立し，健康な生体作りを進める。 ②消費者に十分な説明と理解を求め，放牧褐毛和牛の固定客作りを推進する。
牛品種	褐毛和種
肥育方法	粗飼料多給24か月齢以上（放牧牛のマニュアル（九州農業試験場）を基本として肥育）
品質	A2～A3歩留等級72～74％
枝肉価格	1,400円/kg，BCS5～7は100円引き，皮下脂肪厚28㎜以上は100円引き。
組合員名	上田尻牧野組合
備考	24か月齢以下100円引き，歩留等級72％以下100円引き。

資料：上田尻牧野組合資料より作成。

牛肉であることをブランドとしてJAグループを通じて販売してきた。覚書については，その後4回の改定が行われ，平成5年時点の覚書の概要は表Ⅲ-3〔4〕-1のようなものである。

(3) 産山村・褐毛和牛物語のプロデュース

以上の第1段階を踏まえて広域農業開発事業費の償還返済のめどがたったことから，第2段階のチャレンジが始まっている。大手百貨店A社のアプローチにより，健康で安全な牛肉を顧客に提供したいというA社の思いから，すべての飼育過程・環境に徹底したこだわりを持ち，生産履歴が明らかな「産山村・上田尻産褐毛和牛」を，どこにもない安全な牛肉のステータスブランドとして再構築するというものである。

そのタイプ別生産体制を整理すると，表Ⅲ-3〔4〕-2のようである。スタンダードやプレミアムは，他の牧野でも取り組み可能な飼養体系であるが，2シーズン放牧を取り入れたスーパープレミアムは，理想的放牧技術を取り入れた飼養体系として位置づけられる。

昭和55年の肥育牛舎完成以降あか牛を肥育し，昭和60年から粗飼料多給型肥育牛生産を始め，平成19年度で年間140頭を全て経済連経由で出荷している。その内訳は，大手百貨店A社に約120頭，愛知県犬山市の食肉加工業者B社に15頭である。

(4) 繁殖過程と肥育過程の提携

肥育部門も軌道に乗ったことから，牧野組合を中心とした肥育部門（2戸の肥育農家含む）では，肥育素牛となる子牛の買い支えを行っている。

買付基準は，放牧と授乳・給餌について設けられている。①放牧は，3〜7

表Ⅲ-3〔4〕-2　草うしブランド化におけるタイプ別生産体系

タイプ	内容	粗飼料	濃厚飼料	自給飼料
A：スーパープレミアム	2シーズン放牧肥育	50%	50%	100%
B：プレミアム	全期粗飼料多給型（屋外自由運動）	40%	60%	100%
C：スタンダード	全期粗飼料多給型	35%	65%	100%

か月期間の親子放牧した子牛（冬季生まれでも裏山放牧など行った子牛）であること。②授乳・給餌は，母牛からの初乳・哺乳で人工乳，代用乳は原則認めない。③離乳時から粗飼料飽食・配合飼料制限給餌で予防目的の抗生物質や成長ホルモン剤投与は不可。④病気治療については，獣医師の指示と内容の記録保存，情報開示，が求められている。

以上のような買付基準のもとに，9～10か月齢で280kg以上の去勢あか牛が購入対象となり，購入価格は，取引前２か月の去勢子牛市場平均価格＋３万円で35万円を上限としている。市場平均価格よりも３万円高い価格で買い支えを行うことで，牧野組合を始めとして産山村の繁殖農家も安定した経営が可能となっている。

５．熊本県産あか牛の流通構造と差別化したマーケティング戦略の展開

(1) ２つの出荷団体と肉牛の取り扱い頭数

熊本県では，阿蘇地方を中心として5,354頭のあか牛が生産・出荷されている（平成19年データ）。肉牛の出荷を担う主たる団体が，経済連と畜連の２系統存在していることが特徴として指摘できる。

経済連は，総合農協を中心に傘下に入れており，肉牛における取扱品種と品目名として，黒毛和種を『くまもと黒毛和牛』，あか牛（褐毛和種）を『くまもとあか牛』，交雑種を『くまもと味彩牛』と銘打ってブランド化を図っている。一方，畜連は14の県内会員（畜産農協が4，総合農協が6，酪農協が4）から構成され，畜産物のみを取り扱っている。事業内容は県内畜産物の集荷販売，素畜の斡旋，直営店ミートショップやレストラン「カウベル」（あか牛のみ取り扱う飲食店）の運営である。肉牛の取扱品種は経済連と同様であるが，平成20年7月から『くまもとあか牛』を『阿蘇王』と銘打ってブランド化を図っている。

一般に熊本県畜産関係者の中では，「黒毛は経済連，あか牛は畜連」という見方が浸透している。しかし，データをみると必ずしもそれが正しいわけではないことがわかる。平成19年度の肉牛の取扱頭数を経済連と畜連で比較した

ものが表Ⅲ-3〔4〕-3である。

表Ⅲ-3〔4〕-3
肉牛取扱頭数の比較（平成19年度）
（単位：頭／年）

	経済連	畜連
黒毛和牛	10,519	1,948
あか牛	2,590	2,466
あか×黒	62	239
交雑種	6,933	306
ホルス	4,571	0
合計	24,675	4,959

資料：聞き取り内容から筆者作成。

肉牛取扱頭数合計もさることながら，黒毛和牛については，経済連が10,519頭，84.3％を占めている。これは，「黒毛は経済連」という関係者の常識に合致するものである。しかし，あか牛に関していえば，畜連にとって主力品種であることに変わりはないが，経済連が2,590頭，畜連が2,466頭と取り扱い頭数はすでに逆転しており，すでに「あか牛は畜連」ではなく，両団体で連携して販売しなくてはならないことを示している。まず，この点は販売戦略上，注目しておかなければならないポイントである[4]。

(2) 各団体のあか牛販売のプロモーションと問題点

経済連にとってみれば，あか牛の取り扱い頭数は増えてきたが，肉牛合計の取扱頭数の中では10％程度であり，肉牛に関しては取扱頭数の多い黒毛和牛や交雑種の方の販売により力を入れ，あか牛の販売に関しては立ち遅れているというのが現状である。そうした中でも，消費者に対するあか牛販売のプロモーションとして，『くまもとあか牛』を紹介したパンフレットの配布や，生産者と消費者との交流会の場を設けるといった取り組みを行っている。

一方，畜連は，取り扱い頭数は減少してきたとはいえ，取扱頭数合計の約50％をあか牛が占めており，その販売に関して積極的に取り組んでいる。上述したように，『阿蘇王』の名称を新聞や広告などで宣伝し，テレビCMでの大々的な宣伝活動も検討中である。PR内容は「脂身が少なく赤身肉の味がおいしい健康志向な商品であるということ，ビタミン豊富で草を飽食させて肥育させている」というあか牛の特性を前面に出したものである。

以上のように，あか牛は二つの出荷団体に販売を委託され，それぞれが仲卸業者等と相対取引をしている。さらに，物流では，約70％が地元の畜産物流通センターでと畜されているが，残り30％は福岡を中心に県外でと畜されている。このように，産地段階，と畜段階が一元化されておらず，多様な流通チャネルとなっている。出荷頭数が減少している中で産地出荷チャネルが一元化されておらず，結果的にあか牛の特性を有効に売り出す統一した戦略が採用されにくい構造となっている。とりわけ，取扱頭数の拮抗する2つの産地団体が異なるブランドで出荷していることは，産地マーケティングと言う観点から大きな制約である。

そのような中で，独自の飼養体系により製品差別化を試み，健康な牛肉と安心を打ち出して消費者の需要に応えている事例について以下で考察する。

(3) 上田尻牧野組合のマーケティング戦略と成果

本節では，はじめにあか牛の差別化販売戦略をとっている各事例の概要について述べ，製品戦略，流通経路戦略，価格戦略，販売促進戦略というマーケティングミックスの観点から整理し，差別化販売戦略の内容を吟味する。

① 事例A：上田尻から大手百貨店A社への販売

平成14年度から取引が開始され，現在では関西地区にある大手百貨店A社の7店舗で販売されている。夏山冬里方式の周年放牧かつ粗飼料率35%以上で育てられたあか牛に，A社は『草うし』の商標登録を取って販売している。流通経路は，JA阿蘇に販売を委託し，そこからさらに経済連に委託され，畜産物流通センターでと畜された枝肉が全農近畿畜産センター（以下「全農近畿」と記す）へと出荷され，部分肉となってA社へと出荷される。あか牛の平均枝肉価格は1,200円～1,300円／kgが相場であるが，A社には市場相場よりも高

図Ⅲ-3〔4〕-1

店舗に置いている小冊子「草うし」

図Ⅲ-3〔4〕-2

牧草摂取は35%，放牧は3カ月以上の「草うし」商標

めの価格で出荷している。A 社の店舗に『草うし』に関して説明されている小冊子を置くことや消費者にアンケートを取ることによって販売促進を図っている。

このケースでは，健康な牛を「草うし」という製品戦略で売り出している。このブランドは A 社側が積極的に関与している点が特筆される。流通経路戦略は，畜産物流通センターでと畜され，県経済連，全農近畿を経由して A 社に届くが，系統経由はあくまで部分肉加工を行う物流上の経路である。一方，価格戦略は，市場相場よりも高めの価格戦略が採用されている。また，掲載している「草うし」の小冊子がきわめて特筆される販売促進活動であり，そのほかにも消費者アンケートを続けている。このように，消費者目線を欠かさないことが大きな特徴となっている。

② 事例 B：上田尻から卸売業者への販売

卸売業者社長が産山村のあか牛に関心を示したことで昭和 58 年度から取引が開始された。かつては年間 60 頭程の出荷があったが，牛肉輸入自由化や BSE 問題，経営者の交代があり平成 19 年度には年間 15 頭の出荷に減少した。減少傾向にあるものの，販売名を『放牧和牛』とし，安全・安心を掲げ，消費者に近い販売先の存在と消費者の生産者に対する理解が，生産者のあか牛生産に対する自信と意欲につながるきっかけとなった。卸売業者が顧客産直交流会を実施することで，消費者の農業・あか牛に対する理解が深まり販売促進につながっている。

6．むすび

放牧や粗飼料多給型の肉牛飼養が普及・拡大しなかったのは，繁殖と肥育の提携が構築されておらず，製品差別化を意識したマーケティングが実践されてこなかったという仮説の下に，熊本県産山村上田尻牧野組合の事例を対象に検証してきた。

放牧を取り込んだ粗飼料多給型飼養という生産プロセス情報を全面的に出した差別化販売が有効であることは当該事例からも明らかとなった。つまり，あか牛の生産者サイドが主体的に差別化販売戦略をとることによって，消費者にあか牛の特性をアピールし理解してもらうことで，結果的に高付加価値商品としての販売が可能となっている。

これらの生産者サイドの主体的な取り組みは，「関係性のマーケティング」として捉えることができる。この考え方は，従来のマーケティングと異なり，「顧客との関係を創造し維持すること」をマーケティングの中心的な課題と位置づけている。ここで言う「顧客との関係」とは，長期的に持続する相互依存的な関係である。つまり，産地と消費者が交流を重ね，産地における生産過程を消費者が理解し，場合によってはその生産過程に消費者からの要求が入り，その上で契約が成立するというものである。これは単に消費者との関係だけにとどまらず，産地組織と卸売，小売業者との取引にも該当する。両者の交流促進が相互の考えを引き出し，固有の関係性を作り出すことで取引につながる。今後は，粗飼料多給型飼養体系の生産プロセスを付加価値としたマーケティング戦略を生産者，出荷団体が連携を取って導入し，消費者サイドと意図的な関係性を持った販売戦略をとれるかが重要な課題となる。

参考文献

〔1〕福田晋「資源循環型畜産の展開と政策支援」日韓畜産研究会『貿易体制の変化と日韓畜産の未来』農林統計出版，2010年，pp.136-174。
〔2〕福田晋「世界の畜産事情と日本畜産の可能性」日本農学会編『世界の食料・日本の食料』養賢堂，pp.23-38。
〔3〕福田晋『多様な地域資源利用による放牧の展開』日本の農業227，農政調査委員会，2002年，pp.4-5。
〔4〕福田晋「あか牛の流通構造と差別化販売戦略」『畜産の情報』農畜産業振興機構，2009年，pp.52-60。

〔5〕資源循環型の大規模畜産経営による産地再編
—組織間連携による経営発展と地域貢献の両立—

井上　憲一・森　佳子

1．はじめに

近年，農山漁村や都市から発生する未利用有機資源の循環利用の重要性が再認識されつつある。とりわけ，酪農・肉用牛産地においては，家畜ふん尿や食品残渣をはじめとする未利用有機資源を堆肥や飼料として活用することが社会的責務として要請されている。しかし，高度経済成長期以降の酪農・肉用牛産地は，経営規模拡大による生産性の向上を実現してきた反面，輸入飼料依存による飼料自給率の低下と家畜ふん尿過剰の課題を抱えてきた。それに対して，企業的な大規模畜産経営では，日々発生する大量の家畜ふん尿を堆肥に調製してさまざまな用途で販売するなど，生産性と環境保全を両立させる取り組みが進展しつつある[1)]。また，農業生産法人の大規模化に伴い，食品・関連産業と連携しやすい環境が整いつつあるとされている（斎藤〔7〕）。しかし，食品リサイクル法のもと，食品・関連産業の環境負荷を吸収できる点で今後の展開が期待されている食品残渣の飼料化は，再生利用率の点で，いまだ展開の余地が大きいのが現状である[2)]。

そのようななか，島根県益田市の株式会社松永牧場（以下，松永牧場）では，食品残渣を含む資源循環型の大規模畜産経営を確立し，異業種との組織間連携をはじめとする取り組みによって，経営発展と地域貢献を両立させた産地再編を実現している。そこで本節では，松永牧場を事例に，資源循環型の大規模畜産経営の確立過程を明らかにし，産地再編の特徴について考察する。

2．経営概要

1973年に農事組合法人になる以前の松永牧場は，現代表取締役である松永和平氏の父が自宅の敷地内で乳用種肥育経営を行っており，和平氏の弟の松平直行氏（現取締役・生産工程管理者）が後を継ぐ予定であった。しかし，1973年に和平氏の父が交通事故に遭ったため，当時高校生であった直行氏ではなく，銀行員として働いていた19歳の和平氏が家業を継ぐことになった。和平氏は，銀行員としての経験をふまえ，畜産経営の大規模化と近代化を念頭に置いていた。そこで，畜舎を自宅の敷地内から開拓地に移転することと，経営の法人化を早急に決定した。松永牧場が農事組合法人となったのは，和平氏が経営に参画した同じ年の1973年8月で，当初は乳用種肥育経営（184頭）としてスタートしている（表Ⅲ-3〔5〕-1）。法人設立と同時に，益田市の中心部から自動車で約20分の山間部にある開拓地において，公社営畜産基地建設事業による敷地造成を完了している（2011年現在23ha；施設用地5ha，草地9ha，山林8ha）。

法人化後の10年間は，和平氏の父が代表理事となり，和平氏は経理担当として経営のノウハウを蓄積した。松永牧場は1974年から島根県農業公社牧場として施設と草地の開発を続け，1978年に直行氏が農業短期大学を卒業して経営に参画したことを契機に，草地放牧をとりやめて完全な舎飼方式に移行し，牛舎の増設と近代的な飼養管理技術の導入を進めた。

1984年に和平氏が代表理事に就任してからは，堆肥販売，繁殖肥育一貫体制，黒毛和種の本格導入，石見空港着陸帯工事，地域貢献イベント「牛肉祭」などに次々に取り組み，これらの実績が認められて法人化21年目の1993年に日本農業賞を受賞している。90年代以降も，全自動堆肥袋詰機，全頭除角施設，血中ビタミン分析，集団哺育施設，800頭繁殖牧場，900頭収容肥育牛舎，食品残渣飼料化プラントなどを次々と導入し，生産技術面，経営面での賞を数多く受賞している[3)]。また，1998年から，全国の20代前半の畜産業後継者を研修生として受け入れて教育し（2013年までに18名），畜産業後継者育成にも大きく貢献している。

表Ⅲ-3〔5〕-1　松永牧場の沿革

年	事　項	肉用牛総飼養頭数（頭）
1973	松永和平氏が経営に参画 農事組合法人登録	184
74	島根県農業公社牧場として開発を開始	335
77	公社牧場事業終了	467
78	松永直行氏が経営に参画	512
79	牛肉価格の高騰により赤字を解消	531
83	山陰水害による被害発生	704
84	和平氏が代表理事に就任 T地区有機物稲藁利用組合を結成 地域畜産総合対策事業を導入	739
85	堆肥の販売を開始	704
87	自動堆肥攪拌機を導入	1,001
88	繁殖を開始	894
89	F1クロス，ETあわせて57頭出産	1,077
91	全自動堆肥袋詰機を導入	950
92	黒毛和種を本格的に導入 石見空港着陸帯工事を請け負う 地域貢献イベントとして第1回「牛肉祭」を開始（2011年に第19回を数える）	1,080
93	日本農業賞を受賞 パレット積みロボットを導入 乳用種肥育から撤退	1,258
95	除角施設を導入して全頭除角を開始 血中ビタミン分析を開始	1,793
97	全国肉牛共進会（交雑の部）最優秀賞を受賞	2,122
98	集団哺育施設を導入 研修生の受け入れを開始	2,288
99	体外受精卵産子枝肉共励会最優秀賞を受賞（2000年と2001年も）	2,477
2000	「豊かな畜産の里づくり」畜産局長賞を受賞 株式会社石見ウッドリサイクル設立	2,529
01	西川賞を受賞	2,645
02	800頭繁殖牧場の建設を開始	3,244
03	ISO14001認証を取得 獣医師4名による専属診療体制を開始	3,759
04	生産情報公表牛肉JASを取得	4,151
05	生産情報公表牛肉JASによる出荷を開始 株式会社メイプル牧場設立	4,636
06	農林漁業金融公庫「輝く経営大賞」を受賞	4,991
07	全国優良畜産経営管理技術発表会最優秀賞を受賞 1棟目の900頭収容肥育牛舎完成	5,161
08	食品残渣飼料化プラント完成 農林水産祭内閣総理大臣賞を受賞	5,676
09	畜産大賞特別賞を受賞	5,865
10	FOOD ACTION NIPPON アワード2009製造・流通・システム部門優秀賞を受賞 益田市「キラリと光る益田の企業」を受賞	5,874
11	2棟目の900頭収容肥育牛舎完成 島根県「美味しまね認証」に登録 「東京都生産情報提供食品登録制度」に登録	6,632
13	山口県萩市に支場完成 農事組合法人から株式会社に変更	6,924*

資料：松永牧場資料および聞き取り調査結果をもとに作成。
注：*は2013年8月31日現在。

2000年代からは，関連企業2社を設立して素牛と敷料の安定確保を実現する一方，ISO14001認証と生産情報公表牛肉JASを取得し，環境保全と食の安心・安全に向けた取り組みを開始している。さらに，最先端の飼養管理技術を基礎に，2003年から益田市内の獣医師4名（当時，2013年現在7名）による専属診療体制をスタートし，低コストと高品質を両立させた肉用牛生産と，中国中山間地域としてはトップレベルの約7,000頭の経営規模拡大を実現している。飼養頭数の内訳をみると（図Ⅲ-3〔5〕-1），1990年代にF1を中心に拡大し，2000年代には黒毛和種とF1の拡大により，最近10年間だけで頭数規模が2倍以上に拡大している。そして，2011年に2棟目の900頭収容肥育牛舎が完成し，本場での頭数規模拡大は完了している。2013年には山口県萩市に支場（2,500頭規模）の施設が完成し，さらなる頭数規模拡大を計画している。

現在の経営概要は表Ⅲ-3〔5〕-2のとおりである。松永牧場は2013年11月から法人の形態を農事組合法人から株式会社へ変更している。人数構成は常勤取締役4名，常時雇用従業員24名からなる。就業時間は一般企業並に標準化されており，当直は2名で対応している。2012年，肉用牛は年間2,565頭出荷さ

図Ⅲ-3〔5〕-1　松永牧場の飼養頭数の推移

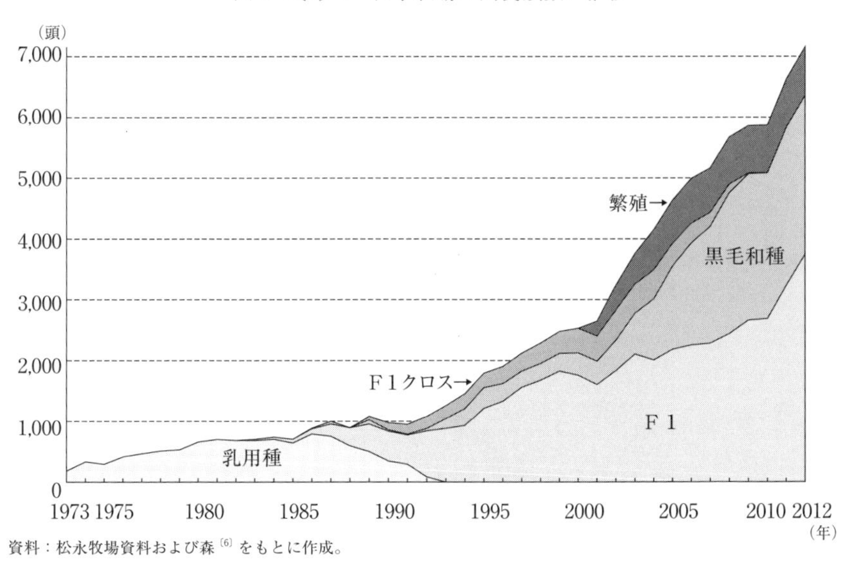

資料：松永牧場資料および森[6]をもとに作成。

表Ⅲ-3〔5〕-2 松永牧場の経営概要（2013年）

法人種類（期間）	農事組合法人（1973年8月～2013年11月） 株式会社（2013年11月～）
資本金	9,204万円（うちグループ企業2社から8,010万円）
事業内容	肉用牛繁殖・肥育 堆肥製造・販売
関連企業	株式会社メイプル牧場 （800頭規模の酪農業，素牛500～600頭/年の提供） 株式会社石見ウッドリサイクル（敷料と河川敷刈草の提供）
常勤取締役	4名
常時雇用従業員	男性15名（研修生2名を含む），女性9名，計24名
就業条件	4週6休 8:00～17:00 当直2名（出産対応，肥育牛対応各1名）
部門構成（人数）	代表取締役（1），生産工程管理者（1） 餌部（9），哺育部（2），堆肥部（2），繁殖部（7），総務部（4）
土地	本場（益田市）：施設用地5ha，草地9ha，山林8ha，計22ha 支場（萩市）：施設用地1.7ha
飼養頭数 (8月31日現在)	肥育牛：4,199頭（和牛：1,865頭，F1：2,331頭，他：3頭） 繁殖牛：836頭（和牛のみ） 育成牛：1,345頭（和牛：453頭，F1：892頭） 哺育牛：544頭（和牛：244頭，F1：300頭） 計：6,924頭
主な先進技術	肉用牛： ・専属契約の獣医師による疾病予防管理 （飼料設計，血中ビタミン分析，病理解剖など） ・食品残渣飼料化プラント ・集団哺育施設（哺育ロボット・自動ミルク調整機） ・全頭除角施設 ・800頭繁殖牧場 ・900頭収容肥育牛舎 堆肥： ・高圧エアー粉砕堆積醗酵装置 ・全自動堆肥袋詰機 ・パレット積みロボット
出荷市場・販売先の割合	肉用牛：東京食肉市場84%，島根県食肉公社16% 堆肥：ホームセンター47%，農家・造園業53%
2012年売上高	肉用牛：20億3,687万円 堆肥：7,412万円 計：21億1,099万円
食の安心・安全に向けた取り組み	生産情報公表牛肉JASの取得 格づけにおける自主基準の設定 独自に「ウシのパスポート」を発行
地域貢献	人材育成： ・畜産業後継者（のべ18名）を研修生として受け入れて育成 環境保全： ・ISO14001認証の取得 ・食品残渣の飼料化 ・株式会社メイプル牧場とあわせた家畜ふん尿を堆肥化して全量を販売 ・牧場外の環境整備 地域住民との交流： ・「牛肉祭」を毎年開催

資料：松永牧場資料および聞き取り調査結果をもとに作成。

れ，出荷先は東京食肉市場が84％（2,150頭）を占める。堆肥は年間14,630t生産され，出荷先は中国地方と関西地方に130店舗以上を展開するホームセンターに47％（6,826t），残りは農家，ケール生産農場および造園業である。

３．産地再編の取り組み

本小節では，松永牧場における産地再編の取り組みについて，①技術革新，②市場対応，③担い手と収益性に分けて検討する。

(1)　技術革新

松永牧場の技術革新の目的と特徴は，次の３点にまとめることができる。まず第１は，肉質の高位平準化と低コストの両立を目的とした，群飼養・精密飼養技術の開発と導入である。これは，繁殖肥育一貫体制，全頭除角，血中ビタミン分析，集団哺育施設，自動ミルク調整機，個体の電子管理，効率性を追求した大型牛舎，食品残滓飼料化プラントなど，最先端の飼養管理技術の導入と，高圧エアー粉砕堆積醗酵装置などの独自技術の開発・導入に代表される（表Ⅲ-3〔5〕-2）。また，2005年からは関連企業の酪農業（株式会社メイプル牧場）と連携した新たな繁殖肥育一貫体制を展開し，素牛の安定確保の体制も構築している。これら最先端の技術の導入と，酪農業との水平的連携により，高品質と低コストを両立させた肉用牛・堆肥生産を可能にしている。

第２は，従来の対症療法による診療から，病気・事故の徹底予防を目的とした診療体制の確立である。松永牧場では，獣医師７名によるメイプル牧場とあわせた専属診療体制を構築し，繁殖牛，肥育牛，乳用牛の専門担当制により，それぞれの専門的な診療と飼養管理を実施している。これにより，ワクチンプログラムの作成や飼料設計をはじめ，哺育からのきめ細かな牛群管理，病理解剖の実施などにより，病気の予防と枝肉成績の向上に大きく寄与している。その顕著な一例として，2010年の松永牧場の哺育・育成期間の事故率（流産，死産を含む）は，同期間のF1の事故率が通常１割程度とされているのに対し，わずか1.9％にすぎない。

第3は，消費地と供給先のさまざまなニーズへの対応を目的とした飼養管理技術の開発と導入である。松永牧場では，独自の市場調査によって，肉質（脂の質，肉色，甘み）のニーズが消費地と供給先（スーパー，焼肉店など）によって異なることを明らかにした上で，給与飼料の調整やビタミンコントロールによって，これらの肉質を調整する飼養管理技術を獣医師とともに開発している。この新技術の導入により，消費地と供給先のニーズに適合した牛肉の安定供給を可能にしている。

(2) 市場対応

松永牧場の市場対応は，リスクの高い相対取引を避け，市場を経由しつつ，提携している特定の業者と取引を行い，取引先からの要望に対応した生産に徹している。この市場対応により，リスクの回避に加え，松永牧場ブランドの確立と高付加価値化を実現している。総合商社との垂直的連携により関東のスーパーでは「石見牛」，その他では「まつなが黒牛」，「まつなが牛」のブランド名で販売されている。また，大阪と東京の割烹焼肉店，地元業者による牛丼の素やカレーの素にも松永牧場の牛肉が使われている。松永牧場のA4ランクの黒毛和種のみを使用している大阪の割烹焼肉店の屋号には「松永牧場」が使用されており，松永牧場のブランドに対する業者の信頼の高さを表している。

(3) 担い手と収益性

松永牧場の組織マネジメントの特徴として，日常業務の精確な遂行を可能とする従業員と専属獣医師のスキルアップを重視している点が指摘できる。松永牧場では，餌部（肥育），哺育部，堆肥部，繁殖部，総務部の担当従業員をほぼ固定してそれぞれに責任者を置き，各部門のスペシャリストとしてのスキルアップを図っている。また，技術研修・視察や共進会・共励会などへの積極的な参加を奨励し，新しい知識の習得と向上心の醸成にも配慮している。これらの成果は，これまでに数多くの賞を受賞していることが証明している（表Ⅲ-3〔5〕-1）。従業員と専属獣医師の日常業務の精確な遂行により，直行氏は生産工程全般の管理業務に専念し，和平氏は長期的な経営戦略の策定や日々のマネジ

図Ⅲ-3〔5〕-2　松永牧場の当期利益の推移

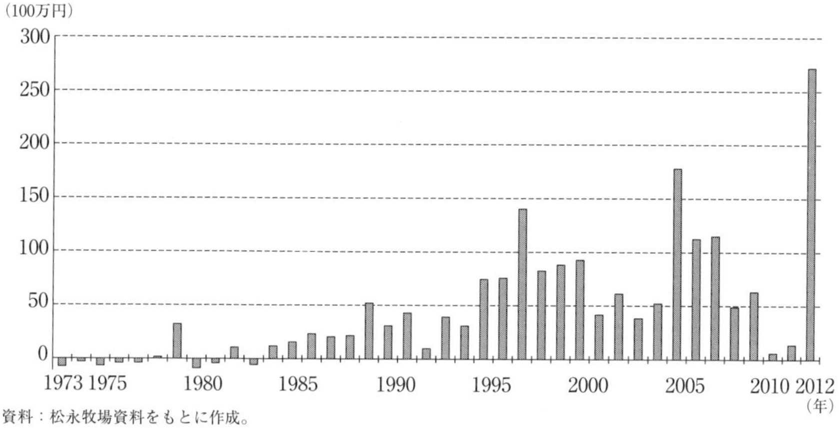

資料：松永牧場資料をもとに作成。

メントに専念することが可能となっている。

松永牧場の収益性は，技術革新，市場対応および担い手育成により，法人化 6 年目（1978 年）にして当期利益の黒字を実現し，法人化 12 年目（1984 年）以降，単年度赤字を一度も計上していない（図Ⅲ-3〔5〕-2）。当期利益の年代別の平均をみると，1980 年代が 1,373 万円 / 年であるのに対し，1990 年代が 6,143 万円 / 年，2000 年代が 8,033 万円 / 年と拡大傾向にある。そして，2012 年には 2.7 億円もの当期利益を計上している。このように，1990 年代から本格化する経営規模拡大（図Ⅲ-3〔5〕-1）と正比例する形で高収益化を実現している。

4．産地発展の契機

次に，松永牧場における産地発展の契機について，①安心・安全な牛肉の供給，②低コスト生産と競争力の向上，③環境保全，④地元住民・消費者との交流活動に分けて検討する。

(1) 安心・安全な牛肉の供給

松永牧場では，消費者や市場のニーズに応えるため，3. (1) でみた高品質のこだわりに加えて，安心・安全な牛肉の供給と，そのための徹底した情報公開に取り組んでいる。安心・安全な牛肉の供給に向けた取り組みとして，生産情報公表牛肉JAS規格が施行された翌年の2004年にいち早くJAS認定牧場となっただけではなく，松永牧場独自に次の2点の取り組みを実施している。第1は，JAS規格を満たしている牛であっても，出荷前6ヶ月間抗生剤の不投与，動物用医薬品の種類制限，手術牛や催眠鎮静剤・ホルモン剤使用牛の排除に関する自主基準を公開し，実施している点である。第2は，出荷する全頭に対して松永牧場独自に「ウシのパスポート」を発行し，品種・導入先・給与飼料が松永牧場のウェブサイトから確認できるようにしている点である。

(2) 低コスト生産

松永牧場では，3. (3) でみたように，法人化後の早い段階から高い収益性を実現してきた。その要因としては，低コスト生産の実現と，高品質・安心・安全な牛肉生産とブランド化による高付加価値化の実現が指摘できる。低コスト生産の実現には，経営規模拡大による規模の経済性の実現だけではなく，食品残渣の飼料化による飼料費の低下，900頭収容肥育牛舎など最新の飼養管理技術による作業の効率化，予防医療による事故率の低下など，固定費のみならず，変動費の大幅削減を実現してきたことによる。

(3) 環境保全

松永牧場が果たす環境保全の取り組みとして特筆されるのは，主に次の3点である。第1は，長年にわたる家畜ふん尿の堆肥化への取り組みである。法人化後12年目（1984年）にT地区有機物稲藁利用組合を結成して，いち早く耕畜連携に取り組み，その翌年には堆肥販売を開始している。その後，独自に開発した高圧エアー粉砕堆積醗酵装置（直行氏が代表をつとめる会社で製造販売）をはじめ，全自動堆肥袋詰機やパレット積みロボットなどの先進技術を用いて，高品質堆肥の短期調製（4か月）と，年間約1.5万t生産される堆肥の全量販売を実現している。調製される堆肥の内容そのものは同一だが，顧客層と荷姿・付加サービスについては，ホームセンターを介した40L袋詰堆肥から，運搬散布サービスを付加した農家・ケール生産農場向け，造園業向けまで幅広く設定し，松永牧場のウェブサイトからも袋詰堆肥の注文を受け付けるなど，顧客の細かな要望に対応している。

第2は，食品残渣の飼料化への取り組みである。松永牧場では，専属獣医師の飼料設計のもと，2008年に牧場敷地内に建設した飼料化プラントにおいて，オカラ，焼酎粕，豆腐粕，大豆粕，そうめん，もやし，果物，ミカンジュースの絞りかすなどの食品残渣を35日間かけて乳酸発酵させてTMRに調製し，それを基礎配合飼料に混ぜて，繁殖牛，前期の肥育牛，メイプル牧場の乳用牛に給与している。乳用牛は，全給与飼料の5割（重量比）をこのTMRで賄っている。また，産業廃棄物処分業務許可資格を有する関連企業（株式会社石見ウッドリサイクル）が取得する春季の河川敷刈草も飼料として活用している。

第3は，ISO14001認定規格による環境マネジメントシステムを構築して環境負荷の軽減目標を独自に設定し，松永牧場のウェブサイトなどで公開，実践している点である。

これらの取り組みにより，松永牧場は，立地する地域の自然環境との調和はもとより，高品質堆肥の安定供給，西日本の食品・関連産業から日々発生する食品残渣のリサイクルに貢献している[4)]。

(4) 地元住民・消費者との交流活動

松永牧場は，2001年まで東京食肉市場への出荷のみを行い，地元を含む島根県内の消費者が松永牧場の牛肉を直接購入できる機会はなかった。松永牧場の牛肉の市場評価が高まるにつれ，地元では松永牧場の牛肉を一度食べてみたいとの要望が高まり，1992年から「牛肉祭」を毎年地元で開催することになった。「牛肉祭」では，松永牧場の2頭の肉用牛を提供するだけではなく，地元住民組織や取引業者などと協力し，出店・演奏・神楽・抽選会などの各種イベントを工夫して，地元住民・消費者との交流の場を提供し続けている。2013年の「牛肉祭」には2,000名以上が参加し，地域の一大行事に発展している。

5．産地再編の特徴

これまでに明らかにしたように，松永牧場では，資源循環型の大規模畜産経営を確立する過程において，経営発展と地域貢献の両立を実現している。これを支える土台であり，なおかつ松永牧場による産地再編の大きな特徴の一つとして，異業種・水平的・垂直的な組織間連携が指摘できる。そこで，本小節では，松永牧場による産地再編の特徴について，主に組織間連携の側面から検討する。

松永牧場の主な組織間連携は図Ⅲ-3〔5〕-3のとおりである。まず，異業種連携では，製材業や鉄骨建設などの事業を展開する地場の企業グループYなどと連携して，関連企業の共同設立・運営，施設の建設などに取り組んでいる。松永牧場による産地再編における事業拡大にとって，異業種の企業グループYとの連携が不可欠であることがこの図から読みとれる。また，事業拡大に連動

図Ⅲ-3〔5〕-3　松永牧場の主な組織間連携

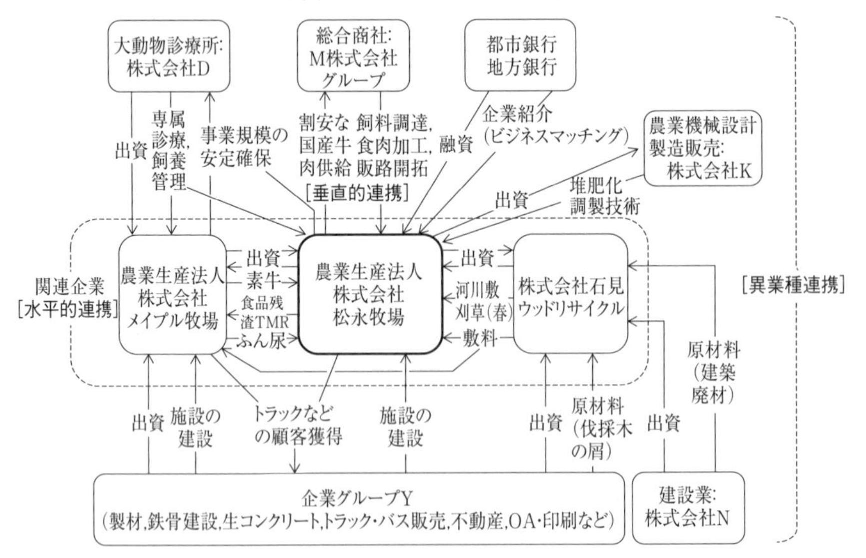

資料：聞き取り調査結果をもとに作成。
注：M株式会社グループと銀行以外は益田市内に所在する。

する形で，融資を受けている都市銀行と地方銀行から，食品残渣を提供する食品・関連企業を紹介してもらうなどのビジネスマッチングを受けるなど，さらなる連携が発生している。

水平的連携では，企業グループＹなどと関連企業２社を設立することにより，素牛と敷料の安定確保を実現している。また，専属獣医師（株式会社Ｄ）の診療をメイプル牧場と合わせて受けることにより，より安定的な専属契約を可能にしている。メイプル牧場の側からみると，素牛を安定的に供給できる上，食品残渣 TMR の安定確保や，日量 20t[5] を除いた家畜ふん尿を松永牧場に引き取ってもらえるという利点がある。松永牧場とメイプル牧場の水平的連携は，肉用牛と酪農とが戦略的に連携した産地モデルの一つとして位置づけることができよう。

垂直的連携では，全国で事業展開している総合商社のＭ株式会社グループと 2010 年から本格的に連携している。これにより，Ｍ株式会社傘下の飼料会社からの飼料調達，Ｍ株式会社傘下の食肉加工会社による食肉加工，Ｍ株式会社と業務提携している関東圏のスーパーでの牛肉供給が実現している。飼育の段階から加工・販売の段階まで連携することで，安全管理やコスト削減をさらに追求することが可能となっている。

このように，松永牧場の組織間連携は，異業種連携にはじまり，水平的連携，垂直的連携と，事業の成功が次の連携を誘発する形で，その幅と奥行きを広げている点が大きな特徴である。

６．まとめ

本節では，島根県益田市の農事組合法人松永牧場を事例に，資源循環型の大規模畜産経営の確立過程と，産地再編の特徴について検討した。その結果，松永牧場は，小さなイノベーション（津谷・稲本〔8〕）の不断の積み重ねによる自己革新を経て，経営発展と地域貢献を両立させる形で資源循環型の大規模畜産経営を確立し，産地再編においては，異業種・水平的・垂直的な組織間連携が大きな役割を果たしたことが明らかとなった。

伊丹〔3〕は，イノベーションプロセスに共通する段階を次のように整理している。①筋のいい技術を育てる。②市場への出口を作る。③社会を動かす。これを松永牧場に当てはめると，①経営規模拡大，新技術の開発と導入，専属診療体制，肉質を調整できる生産技術などを次々と実現し，②市場のニーズを把握した上で新たな顧客を獲得し，③安心・安全でおいしく，割安な国産牛肉を安定的に供給するという形で社会を動かしてきた，といえよう。松永牧場の産地再編におけるシステム全体やそれを支える個別の技術は，他の酪農・肉用牛産地が模倣することがきわめて難しいといえる。しかし，松永牧場の産地再編におけるコンセプトとプロセスは明確でブレがなく，他の酪農・肉用牛産地はもとより，他作目の産地においても参考になると考えられる。2014年で法人化42年目を迎えた松永牧場は，通常であれば成熟期の段階に入ったといえるが，自己革新に基づいた新たな発展の方策を常に模索している。この点についても，他産地の参考になると考えられる。

注

1) 農業の生産性と環境への負荷に関する統計分析については胡〔1〕を，企業的な大規模畜産経営の環境保全に向けた取り組みについては堀田〔2〕や工藤〔5〕などを参照のこと。
2) 2010年時点で，事業系と食品製造業から排出される食品廃棄物の52%が埋め立て・焼却処分され，飼料化の割合は32%である（環境省編〔4〕）。
3) 1990年代までの松永牧場の経営発展の詳細については，森〔6〕を参照のこと。
4) 今後のさらなる展開として，食品・関連産業から発生する茶殻，ジャガイモの皮，うどんを飼料の原料に加えることや，飼料米と飼料用稲ホールクロップサイレージの利用を検討している。
5) 日量20tの家畜ふん尿は，メイプル牧場敷地内の施設で乾燥して燃やされ，その廃熱をアスパラガス栽培に利用している。

引用文献

〔1〕胡柏「農業の生産性と環境」『環境保全型農業の成立条件』農林統計協会，2007年，pp.234-260.
〔2〕堀田和彦「安全・安心を付加した肉牛産地における製品市場戦略の実態と今後の推進方向―関係性マーケティングによる整理をもとに―」『食の安心・安全の経営戦略』農林統計協会，2005年，pp.148-172.

〔3〕伊丹敬之『イノベーションを興す』日本経済新聞出版社，2009 年。
〔4〕環境省編『環境白書・循環型社会白書・生物多様性白書（平成 25 年版)』日経印刷，2013 年，p.183.
〔5〕工藤昭彦「環境適応としての循環型農業経営体構築の課題」日本農業経営学会編『循環型社会の構築と農業経営』農林統計協会，2007 年，pp.99-117.
〔6〕森佳子「肉用牛肥育経営の経営発展の実態」『畜産経営の経営発展と農業金融』農林統計協会，2003 年，pp.59-72.
〔7〕斎藤修「農商工連携をめぐる地域食料産業クラスターと農業の再編戦略」『農村計画学会誌』28（1)，2009 年，pp.11-17.
〔8〕津谷好人・稲本志良「イノベーション戦略経営の論理と課題」八木宏典編集代表，稲本志良・津谷好人編『イノベーションと農業経営の発展』農林統計協会，2011 年，pp.195-203.

第４章　酪農・肉用牛産地再編の論理

鵜川　洋樹

本章では，本書の「はじめに」で論述されている産地再編の仮説（産地再編の構造と機能に関する分析枠組）に沿って，酪農・肉用牛産地（経営）再編の分析事例を整序し，その特徴を産地（農業経営）の展開論理と発展のための課題のなかで検討する。

１．事例分析から得られた結果のまとめ

はじめに，事例経営における産地再編の取り組み概要とその背景を確認する（表Ⅲ-4-1）。

津別町有機酪農研究会（津別有機酪農）は，中山間の畑作地帯に位置し，北海道のなかでは酪農経営の展開に不利な地域条件にあるが，経営規模が小さいというデメリットを有機牛乳という高付加価値生産で克服している事例である。第１章で述べたように，牛乳は一般に品質差が小さく，高品質化の難しい生産物であるが，経営規模が小さいとはいえ，一定の飼料基盤があり，そこでの有機飼料生産と飼養管理の技術を農家グループとして確立し，有機牛乳の生産を実現している。

雄勝酪農農業協同組合（雄勝酪農協）は，都府県で一般的な水田地帯に立地する酪農経営を組合員とする小規模な酪農産地であり，高齢化等に起因する離農により生産乳量の減少に直面していた。この点も都府県酪農に共通する問題であるが，雄勝酪農協では牛乳の直接販売とそのブランド化，助成事業を活用した最新酪農施設の導入と新規就農の実現により，こうした問題を克服してい

表Ⅲ-4-1　酪農・肉用牛産地再編事例の概要

事例	所在地	担い手の企業形態（畜種）	概要	背景・契機
津別町有機酪農研究会	北海道・中山間	家族経営／グループ（酪農）	中規模畑地型酪農経営グループ（7戸）による有機牛乳生産	中山間・畑作地帯で北海道では「小規模」，付加価値生産による経営発展
雄勝酪農農業協同組合	秋田県・水田	家族経営／農協（酪農）	小規模水田酪農産地（11戸）における牛乳直販・稲WCS・搾乳ロボット導入	牛乳生産量の減少，最新酪農技術導入による後継者就農
朝霧メープルファーム(有)	静岡県・富士開拓	法人経営（酪農）	生産乳量3,500t（経産牛370頭）の大規模酪農経営，雇用依存型の会社経営	急速な技術革新，耕作放棄地の活用，アメリカのメガファーム（500頭規模）目標
上田尻牧野組合	熊本県・阿蘇高原	農家組織（肉用牛）	牧野組合による褐毛和種牛の放牧肥育による牛肉生産とA社への直販	あか牛価格低迷による牧野利用の衰退，繁殖・肥育提携による生産技術とマーケティング革新
農事組合法人松永牧場	島根県・中山間	法人経営（肉用牛）	交雑種と黒毛和種の大規模肥育経営（肥育牛4,000頭，繁殖牛800頭），酪農経営（800頭）の設立と連携	後継者就農で大規模化と近代化，異業種連携

る。この事例でも，直販とブランド化により牛乳の高品質化を実現している点が津別有機酪農と共通している。

朝霧メイプルファーム（有）（朝霧メイプル）は，静岡県の西富士開拓地に位置する酪農経営で，個別展開でメガファームと呼ばれる規模に拡大した事例である。都府県酪農の立地は水田地帯と戦後開拓地に大別できるが，朝霧メイプルは後者の事例である。都府県の開拓地酪農は北海道酪農と相似した展開をたどり，都府県の中では恵まれた飼料基盤をもちながら，土地利用型酪農としての規模拡大が進んでいる。北海道との違いは，乳価が高いこと，飼料基盤の拡大が北海道ほど容易ではなく，十全な環境保全対策が求められることである。朝霧メイプルでは耕作放棄地の活用などによりこうしたデメリットを克服し，生産乳量増加＝規模拡大によるスケールメリットを追求している。

上田尻牧野組合は，阿蘇地域に多くみられた入会地の共同放牧組織であり，この地域では褐毛和種繁殖牛の共同放牧が続けられていたが，褐毛和種子牛価格の低迷などによる共同放牧の衰退が問題になっている。和牛生産では黒毛和種が支配的で，牛肉の評価も黒毛和種を基準とする脂肪交雑が決定的な規定要因となっている。そのため，同じ和牛のなかでも褐毛和種や日本短角種の生産は衰退傾向が続いている。これに対し，上田尻牧野組合では新たに肥育牛部門を導入し，地域の草資源を活用した粗飼料多給型の肥育牛生産技術を確立するとともに，その牛肉のブランド化にも成功し，肥育牛部門で得られた収益で牧野組合を運営するとともに，地域の褐毛和種子牛生産の振興にも寄与している。肉用牛生産の高品質化を繁殖と肥育の連携により褐毛和種肉用牛で実現した事例である。

農事組合法人松永牧場（松永牧場）は大規模な肥育牛経営であり，牛肉の輸入自由化対策として，乳用種から交雑種・黒毛和種に転換した事例である。畜種の転換とともに，飼養頭数規模の拡大も進め，肥育牛4,000頭という規模に達している。大規模飼養による低コスト化と一定の牛肉品質の確保を可能にする飼養管理技術を確立している。また，スケールメリットを活かしたエコフィード利用や交雑種素牛確保のための大規模酪農経営の創設をはじめとする異業種との連携により，規模拡大は継続している。松永牧場は島根県の中山間地に位置し，飼料基盤に乏しく，牛舎の立地でさえも分散せざるを得ないような地域条件であるが，エコフィードは中国地域以外からの利用が主であるように，スケールメリットがそれを可能にしている。地域資源に基づかない生産方式には規模の制約要因がなく，規模の大きさが日本全国の資源を視野に入れた肉用牛生産を可能にしている。

これらの事例を第1章で述べた経営対応の視点から整理すると，朝霧メイプルと上田尻牧野組合，松永牧場は，酪農生産における規模拡大による低コスト化と肉用牛生産における高品質化というそれぞれ経営対応として主流に位置づく経営展開である。一方，津別有機酪農と雄勝酪農協は酪農生産では一般的な経営対応とはいえないが，ともに酪農生産にとって不利な地域条件を乗り越えた限界地からの新たな取り組みと位置づけることができる。

2．酪農・肉用牛産地再編の論理

次に，産地再編に求められる四つの要件（①安全・安心な食品，②低コスト・競

表Ⅲ-4-2　酪農・肉用牛産地再編の要件

事例	①安全・安心な食品	②低コスト生産・競争力・ブランド	③環境保全型農業	④都市農村交流
津別町有機酪農研究会	有機食品	有機牛乳ブランド（明治）	有機飼料生産	有機牛乳消費者との交流イベント
雄勝酪農農業協同組合	Non-GMO, 地域資源利用	雄勝牛乳ブランド	堆肥利用・地域資源利用	生協組合員を中心とする消費者交流
朝霧メープルファーム(有)	乳房炎対策の徹底による衛生化	スケールメリットによる低コスト	堆肥の生産と販売，エコフィード利用，排水浄化システム	消費者・観光客との交流
上田尻牧野組合	機能性，健全性	卸会社・百貨店との産直，草うしブランド	地域資源利用	産直先との交流会や意見交換会
農事組合法人松永牧場	生産情報公表JAS規格，牛のパスポートの発行	経済合理的な肥育目標，自社ブランド	ISO14001取得，堆肥の生産と販売，エコフィード利用	“まつなが牛肉祭り”で地元消費者交流

争力・ブランド，③環境保全型農業，④都市農村交流）についてみる（表Ⅲ-4-2）。

津別有機酪農の生産物は有機牛乳であることから，①については商品そのものが直接的に当てはまり，有機牛乳生産のための有機飼料生産や飼養管理は③に当てはまる。また，有機牛乳は商品自体にブランド力があり，高い乳価で取引されていることから，②も当てはまり，有機牛乳消費者との交流が行われていることから④も当てはまる。このようにすべての要件が満たされているが，②のブランドは乳業会社（明治）の主導によって実現している。乳業と酪農は表裏一体的な側面が強いが，乳業は乳製品の輸入元でもあることから，乳業の論理がいつも酪農の利害と一致するとは限らない。乳業の経営方針が産地再編のあり方を大きく左右する。

雄勝酪農協ではNon-GMOや地域資源を利用した牛乳生産を基盤としたブランド化を進めてきたことから，①，②，③は一連のものとして当てはまる。また，消費者交流も行われており，④も当てはまる。しかし，第3章の注に記したように，2011年3月の東日本大震災時にNon-GMOが手当てできなかったことが契機になり，これまで通りの牛乳生産ができなくなってしまった。その大きな要因は牛乳生産の委託先が雄勝酪農協の望むような牛乳生産に応じられなくなったからである。小規模産地として小回りの利いた取り組みを行い大きな成果を上げてきたが，その小ささ故に自社プラントを自力で持つことはできず，現在，プラント設置に向けた行政支援を得るべく種々検討が行われている。

朝霧メイプルは，大規模化によるスケールメリットとして低コスト化やエコフィード利用，耕作放棄地の活用などに取り組み，②と③は当てはまり，観光客との交流も行い④も当てはまる。観光地に立地していることから，排水処理などの環境対策はとくに配慮されている。一方，①については，生乳生産における衛生管理としては十分であるが，消費者に特段アピールできるものとはいえない。

上田尻牧野組合の牛肉は，地域資源である粗飼料を多給して生産されることから機能性や健全性に優れ，ブランド力があり，百貨店などで産直されていることから，①，②，③は一連のものとして当てはまる。また，産直先との消費者交流も行われ，④も当てはまる。このようにすべての要件が満たされている。

松永牧場は，販売先のニーズに応じた経済合理的な肥育技術を確立し，収益性を確保することにより②を満たしている。①と③については，生産情報公表JASやISO14001の取得により，目的意識的に安全性や環境保全性を獲得している。また，④に関わる地元消費者との交流は地元企業としての住民サービスとして側面が強い。

このように，産地再編に求められる四つの要件は，事例により強弱はみられるが，いずれもほぼ当てはまる。なかでも，津別有機酪農や雄勝酪農協，上田尻牧野組合では四つの要件は一連のものとして取り組まれていること，朝霧メイプルと松永牧場ではそれぞれが個別に獲得されていることが特徴的である。

続いて，産地再編の「内部論理」を市場対応，技術革新，担い手継承の3点についてみる（表Ⅲ-4-3）。

津別有機酪農の市場対応は，既述のように，乳業会社（明治）に依存しているが，技術革新については濃厚飼料も含めた有機飼料生産に取り組み，マニュアルを作成してグループ経営内の平準化を図るとともに，飼料生産作業において後継者の連携が芽生えるなど，担い手育成効果もみられる。津別有機酪農は，乳業会社の経営方針を前提にしながら，技術革新を基軸にした産地再編が

表Ⅲ-4-3　酪農・肉用牛産地再編の「内部論理」

事例	市場対応	技術革新	担い手継承・高収益
津別町有機酪農研究会	明治のプレミアム乳価	放牧や自給飼料の有機生産	収益向上，担い手確保，後継者連携
雄勝酪農農業協同組合	牛乳の委託生産と生協等へ直販	稲 WCS 収穫調製，搾乳ロボット	補助事業による革新技術導入で後継者就農・高乳価
朝霧メープルファーム(有)	指定生産者団体	最新技術の導入，経営管理手法	牛乳生産力の確保，高収益
上田尻牧野組合	産直，A 社へ直販	粗飼料多給型肥育技術	高付加価値牛肉，褐毛子牛買支事業
農事組合法人松永牧場	・素牛，粗飼料，敷料調達の内部化 ・肥育牛は東京市場経由で特定業者に出荷，自社ブランド確立	群飼養・精密飼養技術，予防的診療体制，消費ニーズに対応した飼養管理技術	従業員のスペシャリスト育成，当期利益の連続黒字と高収益化

行われている事例である。

雄勝酪農協の市場対応は，ブランド牛乳の直接販売であり，ブランド形成の基盤になっているのが稲 WCS など地域資源利用（新技術導入）である。また，助成事業により導入された搾乳ロボットなどの革新技術は後継者就農とセットで取り組まれている。雄勝酪農協では牛乳生産量の確保と高乳価の実現を目指し，そのために様々な取り組みが行われているが，市場対応と担い手育成が基軸になっている。

朝霧メイプルは，助成事業により導入された高度な飼養管理施設・技術の導入により大規模化を実現し，労務管理や経営管理により大規模経営を運営している。従業員 6 名のなかに含まれる後継者はハーズマン（牧場長）の役割を果たすなど，担い手継承に向けた取り組みが行われている。なお，生乳はすべて指定団体に販売しているため，特段の市場対応は行われていない。朝霧メイプルにおける取り組みは，大規模化のための経営管理を含めた技術革新が基軸になっている。

上田尻牧野組合の市場対応はブランド牛の百貨店などへの直接販売であり，ブランド化の基盤になっているのが褐毛和種牛の粗飼料多給型肥育技術である。市場対応と技術革新は一体のものとして取り組まれ，一定の収益を実現している。さらに，その収益の一部を使って，褐毛和種子牛の買い取り制度を始めるなど，褐毛和種牛生産の担い手確保を進めている。上田尻牧野組合は革新技術と市場対応を基軸とする産地再編の事例である。

松永牧場は，肉質の高位平準化と低コストの両立を目指す群飼養・精密飼養技術などにより大規模飼養を実現し，取引先の需要に対応した牛肉の生産と販売を行っている。また，規模の大きさを活かした組織連携により肥育素牛やエコフィード，敷料などを安定的に調達する仕組みを構築している。22名の従業員は生産部門ごとに配置され，それぞれのスペシャリストとしてのスキルアップが図られている。

ここで取り上げた五つの事例は畜種や生産規模などが違うことから，「内部論理」における重点の置きどころも異なるが，技術革新が重要な起点になっていることは共通している。そして，津別有機酪農と雄勝酪農協，上田尻牧野組合の市場対応は技術革新と一体的に取り組まれ，その結果として担い手育成（継承）が進んでいる。朝霧メイプルと松永牧場の市場対応と担い手育成は大規模経営の経営管理の一部として取り組まれていることが特徴である。

3．産地発展のための課題と論点整理

最後に，産地再編の展開論理を「担い手経営の自己革新」「流通，市場・消費地への反作用」「展開条件」の3点について整理し（表Ⅲ-4-4），産地発展の

表Ⅲ-4-4　酪農・肉用牛産地再編の展開論理

事例	担い手経営の自己革新	流通，市場・消費地への反作用	展開条件
津別町有機酪農研究会	有機飼料生産技術，環境意識	明治依存，消費者交流	明治，農家グループ力
雄勝酪農農業協同組合	最新酪農技術，新規参入	直接販売，消費者交流	行政支援，消費者理解
朝霧メープルファーム（有）	規模拡大と法人化，生産管理・経営管理手法の定型化	「開かれた牧場」消費者交流	行政支援，経営戦略会議，規模拡大リスクに対する支援
上田尻牧野組合	粗飼料多給型肥育技術	関係性のマーケティング	生産者サイドの主体的取り組み
農事組合法人松永牧場	先進技術，組織マネジメント，異業種連携	市場経由による販売と総合商社関連スーパーへの販売	小さなイノベーションの不断の積み重ね

ための課題と論点について検討する。

これまでみてきたように，津別有機酪農と雄勝酪農協，上田尻牧野組合では技術革新をキーにしながら，市場対応も一体的に取り組むことにより，担い手確保が図られてきた。

津別有機酪農は，有機牛乳の生産技術を獲得することにより自己革新を図るとともに，環境意識を共有する消費者との交流を進めているが，市場に対しては乳業依存を前提にしている。今後は，乳業にとっての連携性・必要性を高めるため，農家グループの有機牛乳生産力を高めるとともに消費者交流をとおして有機牛乳のコアな消費者を増やしてくことが求められる。そのため，津別有機酪農で取り組まれている自給濃厚飼料としてのイアコーンサイレージのような革新技術は，生産力向上と消費者アピールの両面にとって重要である。

雄勝酪農協は最新酪農技術の導入と新規参入により自己革新を遂げ，直接販売と消費者交流も取り組んでいるが，行政支援が前提になっている。なかでも，酪農施設の導入や直接販売の基盤である地域資源（稲 WCS）の利用では助成事業が不可欠になっている。今後は，消費者交流をとおして酪農に対する理解をさらに深め，行政支援への依存度を少しでも低下させることができるような販売価格の実現が求められる。

上田尻牧野組合は，これまで分断されてきた繁殖と肥育を粗飼料多給技術で結びつけることにより自己革新を図るとともに，生産者サイドの主体的な取り組みにより，市場に対しては顧客との関係を包含した「関係性のマーケティング」を構築してきた。今後は，こうした市場への取り組みをさらに深めることにより，担い手の育成・継承が進むと考えられる。

これらの事例は，家族経営の経営対応として，技術革新により高品質化を実現するとともに，その市場対応は従来の「市場流通」では価値が実現できないことから，直接販売等により高い収益を実現し，担い手確保につなげている。農業生産物の高品質化は，輸入自由化対策として，肉用牛生産では多くみられる経営対応である。一方，酪農生産では大規模化が普遍的な経営対応といえるが，酪農生産にとっての条件不利地域に立地する事例経営ではこうした対応が難しく，高品質化を経営戦略としたのである。しかし，商品としての牛乳には品質差は現れないことから，高価格販売のためには，従来の流通ではなく，直接販売やブランド化が不可欠である。この点については，褐毛和種牛肉を生産する上田尻牧野組合も同じである。これまで，牛乳の直接販売やブランド化では，地域資源利用のための行政支援や乳業の販売力に依存してきたが，今後は，こうした依存を低下させることにより農業経営（産地）として自立度を高めることが共通する課題として指摘できる。

一方，朝霧メイプルと松永牧場は経営管理技術の高度化により規模拡大を実現し，松永牧場では両者の好循環による規模拡大が引き続き検討されている。

朝霧メイプルは，行政支援や地域支援を得て規模拡大と法人化を行い，自己革新を進めてきた。また，松永牧場は，「小さなイノベーション」の不断の積み重ねにより，先進技術や組織マネジメントなどの自己革新を実現するとともに，そのような経営管理の一つとして，顧客のニーズに対応した牛肉の生産と販売を行ってきた。ここで形成された，大規模肉用牛経営を中核とする，異業種の水平的・垂直的な組織間連携は大規模ならではの取り組みと言える。松永牧場で飼養されている肥育牛頭数が島根県に占める割合は和牛で21%，交雑種では64%と高く，同じく繁殖牛では12%，連携企業が飼養する乳用牛でも13%に達する。

これらの事例は，大規模な企業経営の展開論理と把えることができる。生産管理や労務管理，販売管理，財務管理などの経営管理技術の高度化が自己革新や市場対応，担い手確保そのものになっている。また，朝霧メイプルでは，これまで市場に対する特段の対応はなかったが，今後は観光地に近接する立地条件をいかした取り組みが考えられる。その結果，直接販売等により高乳価が実現できれば，行政支援への依存度を低下させることができるからである。

終 章

納口 るり子

1．はじめに

本書では，第Ⅰ部で野菜産地，第Ⅱ部で果樹産地，第Ⅲ部で酪農・肉用牛産地の再編問題を取り上げた。全国的には衰退する産地が多い中で，再編に成功して発展している産地を取り上げて，その要因と条件を明らかにすることが，本書の課題である。また，品目間の産地比較を行うことにより，産地再編の要件や担い手の状況が，より多面的に考察することができると考えた。

野菜・果実・牛乳・乳製品・牛肉は1961年の農業基本法で選択的拡大作物として生産振興の対象とされたが，1980年代ないしは1990年頃をピークにして，現在では既に生産減少局面に入っている。いずれの作目ともピーク時に比べて生産量は減少しているが，その様相は作目により異なる。野菜の場合，1980年代中ごろをピークにして，作付面積と出荷量が減少し，2010年には最盛期に比べて70％程度になっている。果樹では1970年代から80年代前半が生産量のピークであったが，2010年にはピーク時の半分以下に減少した。酪農（生乳生産量）についてはピーク時（1996年）に比べて減少してはいるものの，2009年でも90％以上を保っている。肉牛では1990年代半ばが牛肉生産量のピークで，2009年にはその9割程度である。いずれの作目についても，輸入自由化に伴って輸入量が増加し，国内自給率は低下したが，酪農（牛乳）と牛肉に関しては，国内消費量の伸びが著しかったために，国内生産量の低下は野菜・果樹に比べてそれほど急激ではなかった。すなわち産地を巡る厳しさから見ると，酪農・肉用牛，野菜，果樹の順に，後者ほど，より厳しい状況で産地再編が迫られたと言えよう。

2．実証分析から得られた産地の実態

序章で述べたように，農産物の産地とは，生産から流通に至る関係者の育成がなされ，主体的にマーケティングを実施しうる，地理的な概念を伴う農業生産者の集合体である。一定地域の圃場とそこから収穫される農産物を想定しているが，生産者のまとまり，すなわち販売の共同の方を優先して産地と理解する。しかし，実際の産地は，この概念規定に基づいていたとしても，作目や地理的条件により異なる特徴を持っている。概念に基づいて産地の事例を選び分析した結果，以下のような実態が明らかになった。

まず，産地には生産から流通に至る関係者が集積しており，産地とは産業集積に近い概念であることが分かった。また，生産や調製・出荷に必要な共同利用施設などが整備されている。同時に，生産者を再生産する担い手育成機能も持ち，特に果樹作では産地内で技術蓄積と技術伝承が行われていた。産地は経営としての収益確保を実現することにより，生産から販売に至る後継者を確保していく単位でもある。マーケティングの主体としては，効率的な生産や販売に必要なロットを確保している。生産に関しては個別農家や農業法人が担当するが，家畜飼料の生産や堆肥の生産などを請け負う会社が存在している場合もある。調製・出荷に関しては，野菜や果実の共選場，真空予冷施設，パッキングセンターなどを地域で整備していることが多い。農協や集荷場に青果物などを集め，トラックに積み込んで市場などへ出荷する手順を考えれば，地域内における一定の生産規模である産地として生産がまとまっていることで，規模の経済が働くことが理解できよう。酪農・肉用牛産地では，関連施設としては飼料プラント，糞尿処理プラント，牛乳製造プラント，チーズ工房・アイス工房などのほか，放牧のための草地も必要となる。ただ，こうした施設類については，経営内に整備する場合もあるので，必ずしも産地に共同利用型のものが整備されなければならないということではない。

また，産地を地域産業としてみれば，生産から販売に至る，一定数の雇用を生み出していることに意義がある。この意味でも，農業によって地域を振興し

維持するためには「産地」としての発展を図ることが重要になる。

3．産地の地理的条件と立地・広がり

農産物産地が地域の自然的・社会経済的な条件により規定されていることは言うまでもないが，特に果樹産地の場合は，栽培に適した気象的・地形的条件が厳しい。その条件次第で，産地の地理的広がりも規制される。露地野菜作も，果樹ほどではないが，作物ごとに作期が限定される。しかし同じ作物でも，暖地と寒冷地，平地と高冷地では作期が異なり収穫時期が相違する。これを利用して，有利に販売を行う産地がある。北海道はこの戦略により，夏場の野菜産地として躍進を遂げている。業務用・家庭用を問わず，夏場の根菜類は北海道産のシェアが高まっている。次に酪農や肉用牛の立地に関しては，畑作などに比較して飼料作物の地代負担力が低いことによる制約がある。しかし，近年の耕作放棄地の増加により，平均的な地代水準は低下してきており，飼料作物の栽培という点では，畜産経営の立地しうる地理的可能性は高まっていると言えよう。ただ，家畜飼養に伴い地域に及ぼす臭いなどの問題もあり，人家周辺の立地は問題がある場合がある。

さらに，産地立地に関しては，輸送費の高低の問題がある。都市近郊の産地に対して遠隔産地では，輸送費用が大きくなるという問題と，輸送による品質低下をどう防ぐのかという課題がある。輸送費の問題は，輸送の手段，製品の重量単価や容積単価の高低により状況が異なるし，鮮度の低下は品目により相違する。特に北海道や九州の産地では，輸送費の問題が大きいが，本書の分析では，輸送費の検討までは行っていない。

「産地」の広がりについては，前述した定義により「生産から流通に至る関係者の育成がなされ，主体的にマーケティングを実施しうる」単位を産地とすると，これを構成する経営の数には，状況により差異がある。すなわち，大規模な法人経営では1経営でも産地となりうるのに対して，小規模な家族経営では一定の戸数がまとまらないと産地とはなりえない。本書で分析したケースの範囲で見ると，酪農で搾乳牛320頭，肉用牛経営では飼養頭数7,000頭におよ

ぶメガファームがあり，これらの場合，単独の経営でも産地としての機能を果たしていると分析されている。これに対して果樹作では，精緻な管理作業を伴うために一戸当たり面積規模の拡大が困難であり，したがって産地は数百戸以上の農家により構成されている。しかし一方で果樹の場合は，気象条件が果実の品質に大きく関わるため，同一産地ブランドで販売する「産地」は地理的に狭い範囲にとどまり，農協合併によっても出荷組織は統合しない事例が多くなっている。野菜の場合も同様の問題はあると思われるが，4事例の中には見られなかった。また野菜作については，本書で扱った事例は基本的に家族経営であり，数百戸から数千戸で産地を構成していた。野菜作の場合も酪農や肉牛と同様に，一経営で産地となるような生産量を持つ養液栽培などの事例もあるが，これについては本書では扱っていない。また，日本農業経営年報第4号で分析を行った「ネットワーク組織」については，冒頭の定義に基づけば「産地」として良いと思われるが，詳細な吟味はしていないので，ここでは残された課題としておきたい。

4．産地の再編要因と産地再編の状況

本書の扱うテーマは，産地再編である。産地が再編される契機としては，市場ニーズの変化，競合産地や輸入農産物との競争，消費量の変化，農産物価格の変化，産地内の農家戸数の減少や高齢化，農家の異質化，革新技術の開発・導入などがある。

厳しい状況変化の中で，的確な生産・販売戦略をとり産地再編を図ってきたところだけが，産地として生き残っている。序章の仮説によれば，産地再編の側面として，①市場対応・販売組織，②技術革新創造・対応，③担い手経営があり，産地再編は3側面の構造と機能の革新を経て行われるとされている。以下，酪農・肉用牛，野菜，果樹について，この3側面を比較してみる。市場対応としては，酪農では特別の飼養方法により差別化商品を生産し差別化商品や産直製品として販売し，牛肉では特定業者に出荷し自主ブランドを確立するなどの方策を取っており，同時に経営規模拡大によるコスト低減を図ってい

た。野菜作では温暖気候や冷涼気候を利用した，他産地での生産が困難な時期の生産・出荷，産地を繋いだリレー出荷による出荷時期の長期化や周年化，業務加工用野菜の生産などが行われていた。果樹作では，供給過剰下の価格低迷を受けて，高い糖度の品質を保証した果実産地が生き残りを果たした。

産地再編のために導入された技術としては，生産技術と出荷・調製技術がある。酪農・肉用牛では，有機酪農技術，粗飼料多給，放牧，ＷＣＳ，エコフィード，搾乳ロボットなどがあり，製品差別化技術，地域資源利用型技術，コスト低減技術など，多方面にわたっている。これに対して野菜作では，減農薬・減化学肥料栽培が導入されているが，製品そのものの差別化は難しいため，産地にパッケージセンターを設置したりして川下業種にとっての利便性を高めるような技術が導入されている。一方，果樹作では，果実の糖度を高めるためのマルチドリップ栽培（柑橘作），光センサーによる糖度の非破壊検査機が新技術として導入された。しかし果樹作ではこれらの新技術導入により，糖度が乗りにくい極早生蜜柑の産地が衰退するなどの事態も招いた。

担い手としては，酪農では規模拡大技術を導入してメガファームへと規模を拡大した経営がある半面，山間地で規模拡大が困難な産地における有機酪農の取り組みも行われるなど，一定の多様性を持った担い手が形成された。肉用牛では，規模拡大が進むが，同時に飼料の地域内自給を進めるための取り組みも行われた。野菜作では，畜産や果樹作と異なり，すべてが主業農家という状況ではなく，担い手に幅があり，高齢農家でも野菜生産者として販売を行っていた。そのため，主業農家には契約販売，高齢農家には直売所というそれぞれの農家の性格により異なる販売チャネルを用意し，それにより多様な消費者・実需者を購入者として持つ産地が形成されている。収穫作業のために雇用労働力を導入している場合も多いが，殆どの農家では，外国人研修生の導入に頼っているのが現状である。今後の規模拡大のためには収穫の機械化が望まれる。次に果樹作では，1960年代あるいはそれ以前から，生産者自身の自主的な技術習得や研鑽の仕組みができ，販売に関しても農家の主体性が発揮されてきた。しかし急激な輸入拡大と消費減退および価格低下の中で，製品差別化により産地再編に成功しているところは多くはない。果実の場合は大量の果物や果汁が外国から輸入されていることもあり，国産果実を業務加工用に振り向けることが難しい。また，収穫作業が手作業であり，家族労働力で作業を行っているため，経営規模拡大を図ることが困難である。

以上のように，酪農・肉用牛，野菜，果樹を比較して，産地再編の3局面を見てみると，単純な比較は難しいものの，酪農・肉用牛において，地域条件に合わせた多様な産地再編の取り組みが見られるのに対して，果樹作では高品質化・高糖度化に特化した戦略が採用されている。第Ⅱ部の中では，大衆化を図った温州ミカンの産地が再編に失敗した旨の記述もあり，唯一成功した産地再編戦略が高品質化・高糖度化であったということであろう。農業生産は本来，地域の自然的・社会的条件に合わせて，多様な農業の形が存在し，多様な産地のあり方が許容されるべきである。これに対して，果樹作における単一的な産地再編の方向性は，極めて厳しい経済的要件の中で，やむを得ず選択されてきたものと思われる。

5．産地マネジメントの主体

産地の再編を行うためには，農家や農業法人・農家グループ・専門農協・総合農協などが，新技術を提供する研究機関や普及組織と一体となって，戦略を策定し実行に移さなければならない。本書のように「産地」の捉え方において，個別の農業法人も含めて幅広く理解している場合，マネジメントの主体として様々な場合が想定される。すなわち，地域により作目により異なり，リーダーシップ能力を持つ人材がどこにいるのか，どの組織に所属しているのかなどにより相違すると思われる。人材の存否により，それぞれの地域における産地マネジメントの主体は異なり，関係組織との連携のあり方にも差異が生じると考えられる。

6．おわりに

今後，さらなる輸入自由化が進み，外国産農産物との競争激化が予想される。また，生産の担い手側も，高齢化により家族経営が減少し，企業などの参入が増加するだろう。加えて，技術開発の状況と農地流動化，労働力調達の状況等により，生産側の規模拡大の可能性，家族経営か企業経営かなどの経営形態も異なってくる。こうした状況を踏まえると，今後さらなる産地再編が求められると思われ，継続的に産地問題を研究課題として扱っていく必要がある。

本書では，野菜，果樹，酪農・肉用牛の先進的な産地の動向から，現段階の農産物産地の現状と課題を整理した。作目としては，稲作や地域作物等の産地問題を扱わなかった点，耕種と畜産の連携について取り扱わなかった点，ネットワーク組織について扱わなかった点など，残された課題は少なくない。分析対象としては限定的ではあるが，産地問題に関する類書が少ない中，一定の研究蓄積となったと自負している。

〔年表〕

2011（平成23）年度
年　表

2011（平成23）年4月　政府が，東京電力福島第1原子力発電所の事故を受け，水田の土壌中の放射性セシウムの濃度が1kgあたり5,000ベクレルを超える場合稲作の作付け制限をかけると発表した。

経済産業省原子力安全・保安院が，東京電力福島第1原子力発電所の事故について国際原子力事故評価尺度（INES）で最も深刻な事故に当たるレベル7と暫定的に評価すると発表した。

「お茶の振興に関する法律（お茶振興法）」が成立した。主な内容は：①茶の改植支援など茶経営基盤の整備に向けた財政支援②消費拡大・輸出促進対策③需給事情や茶の生産状況を踏まえた基本方針の策定④品質向上や商品開発への取り組みの後押し⑤茶を使った食育の推進・茶文化伝統に関する知識の普及などである。

農林水産省が，東日本大震災で生産活動が続けられなくなった農地について，中山間地域等直接支払交付金の扱いを決定した。主な内容は：①交付金の返還を求めない②復旧計画を提出すれば引き続き公布の対象にするなどである。

2011（平成23）年5月　政府が，東日本大震災を受けて重点政策を組み直した

「政策推進指針」を閣議決定した。焦点の環太平洋経済連携協定（TPP）交渉参加の是非の判断時期については先送りを決定した。

農林水産省は，戸別所得補償制度の「再生利用加算」の要綱を決定した。加算は耕作放棄地を活用した畑作に支払われ，加算額は最大5年間で年10a当たり2～3万円である。

農林水産省が，東日本大震災の津波により浸水した農地で農作物を作付けした場合の農業共済での取り扱いを決定した。中身として，水稲は田植え後に1割以上の面積で苗が枯れずに活着すれば引き受けることなどが挙げられる。

2011（平成23）年6月　政府が2010年度食料・農業・農村白書を閣議決定した。今年度は，福島第1原子力発電所の事故や地震と津波による農地や農業への被害，復旧への支援策など東日本大震災を特集した。

農林水産省改正案が成立した。同法では，地方農政局の傘下にある農政事務所や統計・情報センターを廃止し，全国65か所に「地域センター」を創設する。

復興構想会議が，東日本大震災からの「復興への提言」をまとめ菅直人首相（当時）に提出した。農業では：①高付加価値化②低コスト化③経営の多角化を基本戦略とした。

2011（平成23）年7月 農林水産省が，東京穀物商品取引所と関西商品取引所が申請していた米先物取引の試験上場を認可した。

政府が，東日本大震災で生じたがれきなどの廃棄物処理を迅速に行うため，市町村の要請があれば国が処理を代行できるとした特例法案を閣議決定した。①居住地からの撤去が2011年8月末②農地からの撤去が2012年3月末を目標とした。

東京電力福島第1原子力発電所事故による損害に対し，東京電力に代わり国が賠償金を立て替え払いする「原子力事故被害緊急措置法（仮払い法）」が成立した。

2011（平成23）年8月 東京電力福島第1原子力発電所の事故で，東京電力の損害賠償を国が支援する枠組みを定めた原子力損害賠償支援機構法が成立した。

政府が，東京電力福島第1原子力発電所の事故を受けて岩手・福島・栃木の各県に指示していた肉牛の出荷制限を解除した。既に解除されている宮城県と合わせて，出荷制限を受けた4県全てが解除となった。

農林水産省が，東日本大震災の津波で被災した農地の復旧スケジュールを示した「農業・農村の復興マスタープラン」を発表した。復旧までの時間を被害の程度から推計したもの。
民主党の代表選で野田佳彦財務相（当時）が新代表に選出され，第95代内閣総理大臣に就任した。

2011（平成23）年9月　野田新内閣の下，農林水産大臣に鹿野道彦農相が再任した。

政府が，東京電力福島第1原子力発電所から半径20～30km圏内にある福島県の5市町村に設定された緊急時避難準備区域を解除した。

2011（平成23）年10月　日本・中国・韓国と東南アジア諸国連合（ASEAN）の13カ国による「ASEANプラス3農相会合」がインドネシアの首都ジャカルタで開かれ，「ASEANプラス3緊急米備蓄（APTERR）」協定を締結した。13カ国で約80万トンを備蓄し，400万ドル規模の基金を設けて運営することで合意した。

生産者・消費者団体が連携し，環太平洋経済連携協定（TPP）交渉への参加に反対する全国決起集会が東京日比谷で開かれた。農林漁業者や消費者・医療関係者・研究者ら3,000人が参加した。

2011年度（第50回）農林水産祭天皇杯受賞者決まる：株式会社永井農場（農産部門），松浦進経営（園芸部門），株式会社西垣養鶏場（畜産部門），小山林衛経営（蚕糸・地域特産部門），農事組合法人宮守川上流生産組合（むらづくり部門）。

国際連合が2012年の国際協同組合年の開始を正式に宣言した。経済危機による農業開発の遅れや飢餓に対し，協同組合が果たす役割に大きく期待を寄せた。

2011（平成23）年11月	農林漁業・消費者団体主催による環太平洋経済連携協定（TPP）交渉参加に反対する国民集会が東京両国国技館で開かれた。前回の二倍の約6,000人が参加した。
	野田佳彦首相（当時）がAPEC首脳会議で，環太平洋経済連携協定（TPP）について交渉参加に向けて関係国と協議に入る」との方針を表明した。
2011（平成23）年12月	政府が，2012年度税制改正大綱を閣議決定した。農業関係では，環境税創設に伴う石油石炭税の上乗せ分に対し農林漁業用軽油の免税・還付措置を設け，環境税導入に対する農業経営の負担を軽減した。
	世界貿易機関（WTO）第8回定例閣僚会議が，ドーハ・ラウンドの「近い将来」の一括合意を断念するという議長文書を採択して閉幕した。
	農林水産省が，食品に含まれる放射性セシウムの新基準値案の1kg当たり100ベクレルを超える米の特別隔離対策を発表した。具体的には，同省所管の公益法人が東京電力からの損害賠償金で買い上げるとのこと。
2012（平成24）年1月	野田佳彦首相（当時）が改造内閣を発足させた。農林水産大臣にはTPPに慎重な鹿野道彦農相（当時）が留任した。
	農業経営に乗り出しているJAが2011年度中に218になり，全JAの3割を超えることがJA全中の調査で分かった。このことを受けJA全中は，担い手の育成

や新規就農者の支援・農地保全等地域農業の課題解決への意識の高まりの結果としている。

2012（平成24）年2月　環太平洋経済連携協定（TPP）の初の日米事前協議がワシントンで行われた。協議の中で米国側は，全品目を自由化交渉の対象にすることを日本に求めた。政府の包括的経済連携に関する基本方針では，「特に，政治的・経済的に重要で，わが国に特に大きな利益をもたらす経済連携協定（EPA）や広域経済連携」に限って全品目を自由化交渉の対象にするとしている一方で，TPPを大きな国益をもたらす経済連携であると位置付けるかについては政府内で合意がなされていない。さらに米国側は，米などの重要品目を含め例外なき関税撤廃を求めた。

2012（平成24）年3月　政府が，東日本大震災の発生前の借金と被災後の経営再建に必要な借金が重なる「二重債務」対策で，株式会社東日本大震災事業者再生支援機構を発足させた。震災や東京電力福島第一原子力発電所の事故で多大な債務を抱える農業者らの支援に焦点を当てた。

農林水産省が，東日本大震災による農林水産関係の被害額を発表した。2012年3月5日時点で農林業が青森・岩手・宮城・福島・茨城・千葉の6県を中心に1兆1,631億円，水産業は北海道を加えた7道県を中心に1兆2,637億円で総額2兆4,268億円となった。

野田佳彦首相（当時）が，首相官邸でカナダのハーパー首相との会談でカナダとの経済連携協定（EPA）交渉を始めることを合意した。

農林水産省が，農業者自らが自己の経営状況を点検し改善するのに活用できる簡易なチェックリスト（点検表）を発表した。内容としては，中長期的な経営目標を定めて家族や従業員と共有しているかなどの 14 項目。

政府が消費税増税関連法案を閣議決定した。法案は，現行 5％の消費税率を 2014 年 4 月に 8％，2015 年 10 月に 10％への引き上げることが主な内容となっている。

（作成：魚谷謙太）

（2013 年 1 月　原稿受理）

執筆者紹介（執筆順，所属）

佐藤　了（さとう さとる）　秋田県立大学 名誉教授

納口るり子（のうぐち るりこ）　筑波大学生命環境系 教授

宮入　隆（みやいり たかし）　北海学園大学経済学部地域経済学科 准教授

志賀　永一（しが えいいち）　帯広畜産大学地域環境学研究部門農業経済学分野 教授

森江　昌史（もりえ まさし）　農研機構九州沖縄農業研究センター 主任研究員

後藤　幸一（ごとう こういち）　元群馬県中部農業事務所

李　哉泫（い じぇひょん）　鹿児島大学農水産獣医学域農学系 准教授

徳田　博美（とくだ ひろみ）　三重大学大学院生物資源学研究科 教授

長谷川啓哉（はせがわ てつや）　農研機構東北農業研究センター生産基盤研究領域

細野　賢治（ほその けんじ）　広島大学大学院生物圏科学研究科 准教授

板橋　衛（いたばし まもる）　愛媛大学農学部 准教授

木村　務（きむら つとむ）　長崎県立大学経済学部 客員研究員

鵜川　洋樹（うかわ ひろき）　秋田県立大学生物資源科学部アグリビジネス学科 教授

平口　嘉典（ひらぐち よしのり）　女子栄養大学栄養学部 専任講師

山田　洋文（やまだ ひろふみ）　北海道立総合研究機構農業研究本部中央農業試験場生産研究部 生産システムグループ 研究主任

畠山　尚史（はたけやま なおふみ）　明治飼糧㈱経営サポートセンター センター長

藤田　直聡（ふじた なおあき）　農研機構北海道農業研究センター 主任研究員

福田　晋（ふくだ すすむ）　九州大学大学院農学研究院農業資源経済学部門 教授

井上　憲一（いのうえ のりかず）　島根大学生物資源科学部農林生産学科 准教授

森　佳子（もり よしこ）　島根大学生物資源科学部農林生産学科 准教授

魚谷　謙太（うおや けんた）　新生銀行

日本農業経営年報 NO.10 産地再編が示唆するもの

2016年2月 3 日 印刷
2016年2月12日 発行ⓒ 定価は表紙カバーに表示してあります。

編集代表 八木宏典
編集担当 佐藤 了・納口るり子
発行者 磯部義治
発 行 一般財団法人 農林統計協会
〒153-0064 東京都目黒区下目黒3-9-13 目黒・炭やビル
http://www.aafs.or.jp
電話 普及部 03-3492-2987
編集部 03-3492-2950
振替 00190-5-70255

Implications from 20 years of evolution of vegetable, fruit, dairy farming and beef cattle production areas in Japan
PRINTED IN JAPAN 2016

印刷 藤原印刷株式会社

ISBN 978-4-541-04034-3 C3061